高等职业教育网络工程课程群教材

Linux 操作系统基础

主　编　宋焱宏　张　勇

副主编　刘媛媛　徐　焱　杨晓雪　胡　娟

主　审　张红卫

中国水利水电出版社
www.waterpub.com.cn
·北京·

内 容 提 要

本书主要讲述 Linux 操作系统的基本应用技术。Linux 操作系统既是客户操作系统，也是网络操作系统，是目前应用最广泛的操作系统之一。

本书共分为 10 个项目，包括安装、启动与关闭 Linux，使用 Linux 的图形界面，目录与文件操作，学习使用 Shell，用户、群组与权限的管理，软件包的管理，进程与服务管理，存储管理，网络配置基础，系统救援管理。每个项目都采用先理论后实践的方式进行讲解，并选用贴近实际工程的案例贯穿始终。每个项目后还有基本理论知识巩固习题。

本书提供了丰富的配套资源，读者可以扫描二维码学习视频资源。同时，本书提供了习题参考答案、教学课件，读者可登录中国水利水电出版社网站（www.waterpub.com.cn）或万水书苑网站（www.wsbookshow.com）免费下载。

图书在版编目（CIP）数据

Linux操作系统基础 / 宋焱宏, 张勇主编. -- 北京：
中国水利水电出版社, 2023.8
高等职业教育网络工程课程群教材
ISBN 978-7-5226-1537-0

Ⅰ. ①L… Ⅱ. ①宋… ②张… Ⅲ. ①Linux操作系统
－高等职业教育－教材 Ⅳ. ①TP316.85

中国国家版本馆CIP数据核字(2023)第097776号

策划编辑：杜雨佳　　责任编辑：张玉玲　　加工编辑：王玉梅　　封面设计：梁　燕

书　　名	高等职业教育网络工程课程群教材 **Linux 操作系统基础** Linux CAOZUO XITONG JICHU
作　　者	主　编　宋焱宏　张　勇 副主编　刘媛媛　徐　焱　杨晓雪　胡　娟 主　审　张红卫
出版发行	中国水利水电出版社 （北京市海淀区玉渊潭南路1号D座　100038） 网址：www.waterpub.com.cn E-mail：mchannel@263.net（答疑） 　　　　sales@mwr.gov.cn 电话：（010）68545888（营销中心）、82562819（组稿）
经　　售	北京科水图书销售有限公司 电话：（010）68545874、63202643 全国各地新华书店和相关出版物销售网点
排　　版	北京万水电子信息有限公司
印　　刷	三河市鑫金马印装有限公司
规　　格	184mm×260mm　16开本　13.5印张　328千字
版　　次	2023年8月第1版　2023年8月第1次印刷
印　　数	0001—2000 册
定　　价	39.00 元

凡购买我社图书，如有缺页、倒页、脱页的，本社营销中心负责调换
版权所有·侵权必究

前　言

  本书从学习者对 Linux 操作系统认知的角度入手，由浅入深、由易及难地设计全书结构。本书共分为 10 个项目，包括安装、启动与关闭 Linux，使用 Linux 的图形界面，目录与文件操作，学习使用 Shell，用户、群组与权限的管理，软件包的管理，进程与服务管理，存储管理，网络配置基础，系统救援管理。在教学实施的过程中，教师可以根据课程标准规定的学时要求，灵活选取内容。建议项目 10 选学，其余项目重点讲解。各个项目的任务在教学过程中根据学时、实验条件选取相应的软件实施。

  党的二十大报告指出，"坚持尊重劳动、尊重知识、尊重人才、尊重创造""完善人才战略布局，坚持各方面人才一起抓，建设规模宏大、结构合理、素质优良的人才队伍"。加快建设国家战略人才力量，既要努力培养更多"大师、战略科学家、一流科技领军人才和创新团队、青年科技人才"，也要努力造就更多"卓越工程师、大国工匠、高技能人才"。随着职业教育本科建设的步伐不断推进，职业教育开始注重学生的实践，切实落实党的二十大精神，因此，本书在理论知识够用的前提下，更加强调实践，每个项目都以任务和实例贯穿始终，从一个入门 Linux 的新手角度出发，递进式安排理论知识和实践，通俗易懂，易于上手。

  本书可作为高职院校、专科院校、应用型本科及成人高校电子信息类专业和其他非计算机类专业的 Linux 操作基础课程教材，也可作为有关技术人员的自学参考教材。

  本书由宋焱宏和张勇任主编，刘媛媛、徐焱、杨晓雪、胡娟任副主编，张红卫任主审。参加编写的还有崔慧怡、阮婉莹、黄舒、许璁、李洁、水海红等，他们为本书资源建设做了很多有益工作。张红卫教授针对本书的内容编排、案例选取、文叙风格、难易程度把握等提出了非常宝贵的意见。本书得到了中国水利水电出版社相关领导的大力支持和用心指导。在此对以上所有人员表示感谢。

  由于时间有限，书中不妥之处在所难免，希望广大读者提出宝贵意见，以使本书不断完善（编者 E-mail：442410537@qq.com）。

编　者
2023 年 2 月

目 录

前言

项目 1 安装、启动与关闭 Linux 1
1.1 项目基础知识 1
1.1.1 Linux 的起源与发展历史 2
1.1.2 Linux 的版本 3
1.1.3 Linux 操作系统的特点 4
1.2 项目准备知识 4
1.2.1 Linux 中物理设备的命名 4
1.2.2 Linux 中的磁盘分区 5
1.2.3 Linux 的启动与关机命令 6
1.3 项目实施 6
任务 1.1 安装和配置 VMware Workstation 6
任务 1.2 在 VM 虚拟机上安装 Linux 操作系统 10
任务 1.3 Linux 的启动与关机 19
1.4 习题 20
拓展阅读 GNU 计划 20

项目 2 使用 Linux 的图形界面 21
2.1 项目基础知识 21
2.1.1 GUI 的发展 21
2.1.2 Linux 的桌面环境 23
2.1.3 查看桌面环境 25
2.2 项目准备知识 25
2.2.1 GNOME 桌面的安装 25
2.2.2 KDE 桌面的安装 26
2.3 项目实施 29
任务 2.1 GNOME 桌面的使用 29
任务 2.2 KDE 桌面的使用 34
2.4 习题 38
拓展阅读 姚期智院士——中国唯一图灵奖获得者 39

项目 3 目录与文件操作 41
3.1 项目基础知识 41

3.1.1 Linux 文件系统 41
3.1.2 Linux 文件 42
3.1.3 Linux 目录结构 43
3.1.4 绝对路径与相对路径 45
3.2 项目准备知识 46
3.2.1 目录操作命令 46
3.2.2 文件操作命令 47
3.2.3 目录与文件的高级操作命令 50
3.2.4 查找与定位命令 51
3.2.5 文本编辑器的使用 53
3.2.6 在 Linux 中获取帮助 56
3.3 项目实施 57
任务 3.1 创建并管理目录和文件 57
任务 3.2 查找、查看复杂条件的目录和文件 57
3.4 习题 57
拓展阅读 日志文件系统 59

项目 4 学习使用 Shell 60
4.1 项目基础知识 60
4.1.1 Shell 简介 60
4.1.2 Shell 解析命令的过程 61
4.1.3 Shell 的类型 62
4.1.4 Shell 的环境变量 63
4.2 项目准备知识 66
4.2.1 bash 基础 66
4.2.2 bash 的功能及特点 69
4.3 项目实施 80
任务 4.1 Shell 常用的环境变量应用 80
任务 4.2 环境变量配置文件应用 81
4.4 习题 83
拓展阅读 倪光南：一生追求"中国芯" 84

项目 5 用户、群组与权限的管理 86
5.1 项目基础知识 86

5.1.1 用户账号文件 …………………… 86	7.1.1 进程的基本概念 ………………… 126
5.1.2 添加用户 …………………………… 88	7.1.2 作业的基本概念 ………………… 128
5.1.3 修改用户 …………………………… 88	7.1.3 进程的图形化管理 ……………… 129
5.1.4 删除用户 …………………………… 89	7.1.4 服务管理的基本概念 …………… 130
5.1.5 群组账号文件 ……………………… 89	7.2 项目准备知识 ………………………… 131
5.1.6 添加群组 …………………………… 90	7.2.1 进程的管理命令 ………………… 131
5.1.7 修改群组 …………………………… 91	7.2.2 作业的管理命令 ………………… 136
5.1.8 删除群组 …………………………… 91	7.2.3 服务管理的常用命令 …………… 142
5.1.9 添加、删除组成员 ………………… 91	7.3 项目实施 ……………………………… 144
5.1.10 显示用户所属组 …………………… 92	任务 7.1 ps 命令的应用 ……………… 144
5.2 项目准备知识 ………………………… 92	任务 7.2 top 命令的应用 ……………… 146
5.2.1 启动图形界面 ……………………… 93	任务 7.3 终止进程工具的应用 ………… 148
5.2.2 图形界面中用户与群组的操作 …… 94	7.4 习题 …………………………………… 150
5.3 项目实施 ……………………………… 97	拓展阅读 鸿蒙系统 …………………… 150
任务 5.1 用户和群组的创建 …………… 97	**项目 8 存储管理** ………………………… 151
任务 5.2 文件权限的更改 ……………… 99	8.1 项目基础知识 ………………………… 151
任务 5.3 文件和目录群组的更改 ……… 99	8.1.1 磁盘的组成 ……………………… 151
5.4 习题 …………………………………… 99	8.1.2 磁盘挂载 ………………………… 153
拓展阅读 数据安全（data security）…… 101	8.2 项目准备知识 ………………………… 154
项目 6 软件包的管理 …………………… 102	8.2.1 磁盘阵列 ………………………… 154
6.1 项目基础知识 ………………………… 102	8.2.2 RAID 0 的工作原理与设置 ……… 155
6.1.1 Linux 软件包介绍 ………………… 102	8.2.3 RAID 1 的工作原理与设置 ……… 156
6.1.2 源码包与二进制包 ………………… 103	8.2.4 RAID 5 的工作原理与设置 ……… 157
6.2 项目准备知识 ………………………… 103	8.2.5 LVM 的原理和基本操作 ………… 158
6.2.1 rpm 软件包 ………………………… 103	8.3 项目实施 ……………………………… 163
6.2.2 yum 软件包 ………………………… 105	任务 8.1 Linux 磁盘分区和格式化 …… 163
6.2.3 tar 软件包 ………………………… 108	任务 8.2 文件系统的挂载与卸载 ……… 167
6.2.4 Linux 其他压缩工具 ……………… 109	任务 8.3 磁盘阵列 RAID 0 的配置 …… 169
6.3 项目实施 ……………………………… 112	任务 8.4 磁盘阵列 RAID 1 的配置 …… 173
任务 6.1 rpm 软件包查询 ……………… 112	任务 8.5 磁盘阵列 RAID 5 的配置 …… 177
任务 6.2 rpm 软件包安装 ……………… 116	任务 8.6 LVM 的创建 ………………… 181
任务 6.3 rpm 软件包升级安装 ………… 119	8.4 习题 …………………………………… 186
任务 6.4 rpm 软件包卸载 ……………… 120	拓展阅读 中国操作系统往事 ………… 186
任务 6.5 rpm 软件包验证 ……………… 120	**项目 9 网络配置基础** …………………… 188
任务 6.6 yum 的相关操作命令 ………… 123	9.1 项目基础知识 ………………………… 188
6.4 习题 …………………………………… 124	9.1.1 常用网络配置文件 ……………… 188
拓展阅读 开源软件 …………………… 125	9.1.2 查看网卡信息 …………………… 189
项目 7 进程与服务管理 ………………… 126	9.1.3 DNS 配置文件 …………………… 190
7.1 项目基础知识 ………………………… 126	9.1.4 网络配置文件 …………………… 190

9.1.5 本地主机名解析文件 …………… 190
9.2 项目准备知识 ………………………… 191
 9.2.1 DHCP 配置 ……………………… 191
 9.2.2 图形化配置网络 ………………… 193
9.3 项目实施 ……………………………… 194
 任务 9.1 常用网络配置命令详解
     与运用 …………………… 194
 任务 9.2 DHCP 服务器配置 ………… 198
9.4 习题 …………………………………… 199
拓展阅读 神威·太湖之光——中国最快
   超级计算机 ………………… 199

项目 10 系统救援管理 ………………… 200
 10.1 项目基础知识 …………………… 200

10.1.1 用户模式的分类 ……………… 200
10.1.2 单用户模式与救援模式的区别 …… 201
10.2 项目准备知识 ………………………… 201
 10.2.1 单用户模式的启动 …………… 201
 10.2.2 救援模式的启动 ……………… 203
10.3 项目实施 ……………………………… 205
 任务 10.1 密码破解 ………………… 205
 任务 10.2 启动文件的救援 ………… 207
10.4 习题 …………………………………… 208
拓展阅读 中国又创世界第一，光量子计算
   原型机"九章二号"研制成功 …… 208

参考文献 ………………………………… 209

项目 1 安装、启动与关闭 Linux

 项目导读

Linux 操作系统是当前应用非常广泛的计算机操作系统,其开放与自由的特点,使它成为最受全世界计算机专业人员欢迎的操作系统之一。

操作系统是管理和控制计算机硬件与软件资源的计算机程序,是用户和计算机的接口,同时也是计算机硬件和其他软件的接口。它管理计算机系统的硬件、软件及数据资源,控制程序运行,改善人机界面,为其他应用软件提供支持,并使计算机系统所有资源最大限度地发挥作用。它提供的各种形式的用户界面,使用户能在一个友好的工作环境中,实现人机交互,完成用户的任务。操作系统是计算机系统中最基本的系统软件。

学习完本项目后,我们将了解到 Linux 的起源与发展历史,以及 Linux 的特性等基础知识,对于 Linux 的安装、启动与关闭等基本操作也将有一定的体会。

项目要点

- Linux 的起源与发展历史
- Linux 的版本介绍
- Linux 的特性
- Linux 安装环境介绍
- Linux 中物理设备的命名
- Linux 中的硬盘分区
- Linux 的启动与关机命令

1.1 项目基础知识

Linux 是一种真正的多任务、多用户的网络操作系统。它是运行于多种平台上的源代码公开、免费、自由共享、遵循 GPL(General Public License,通用公共授权)、遵守 POSIX(Portable Operating System for UNIX,面向 UNIX 的可移植操作系统)标准、类似于 UNIX 的网络操作系统。

人们通常所说的 Linux 是指包含 Linux 内核、系统工具程序以及应用软件的一个完整的操作系统,也就是一个 Linux 发行版本。

1.1.1 Linux 的起源与发展历史

1. Linux 的起源

1969 年，贝尔实验室的肯·汤普森（Ken Thompson）在一台 PDP-7 小型机上开发了一种很小的操作系统，后来经过肯·汤普森和丹尼斯·里奇（Dennis Ritchie）的共同开发，诞生了多用户、多任务的 UNIX 操作系统。

谈起 Linux 的起源，就离不开 Linux 发展的五大要素：

- UNIX 操作系统。Linux 是从 UNIX 发展而来的。
- MINIX 操作系统。MINIX 操作系统是 UNIX 的一种克隆系统，它于 1987 年由著名计算机教授安德鲁·S.特南鲍姆（Andrew S. Tanenbaum）开发完成。由于 MINIX 系统的出现及其提供源代码（只能免费用于大学内），全世界的大学刮起了学习 UNIX 系统的旋风。Linux 刚开始就是参照 MINIX 系统于 1991 年才开始开发的。
- GNU 计划。开发 Linux 操作系统，以及 Linux 上所用大多数软件基本上都出自 GNU 计划。Linux 原本只是操作系统的一个内核，没有 GNU 软件环境（比如说 bash shell），Linux 将寸步难行。
- POSIX 标准。POSIX 表示可移植操作系统接口（Portable Operating System Interface）。该标准在推动 Linux 操作系统以后朝着规范化道路发展上起着重要的作用，是 Linux 前进的灯塔。
- Internet。如果没有 Internet 互联网，没有遍布全世界的无数计算机高手的无私奉献，那么 Linux 也不可能达到像今天这样的高速发展和成就。

1991 年 9 月，芬兰赫尔辛基大学的大学生林纳斯·托瓦兹（Linus Torvalds）编写出了与 UNIX 兼容的 Linux 操作系统内核 0.01 版。随后修改升级为 0.02 版，并在 GPL 条款下发布。这个 Linux 内核之后在网上广泛流传，互联网上的许多程序员参与了开发与修改。1992 年，Linux 内核与其他 GNU 软件结合，完全自由的操作系统正式诞生。该操作系统往往被称为 GNU/Linux 或简称 Linux。

2. Linux 的发展历史

1991 年 10 月，Linux 内核首次被上传到 FTP（File Transfer Protocol，文件传输协议）服务器上供自由下载。有人看到这个软件并开始下载分发。每当出现问题时立即会有人找到解决方法并加入其中。最初的几个月里，知道 Linux 的人很少，主要是一些黑客。但正是这些黑客修补了系统中的错误，不断地完善 Linux 系统，才为后来的风靡全球奠定了良好的基础。

- 1991 年 9 月，芬兰赫尔辛基大学的大学生林纳斯·托瓦兹为改进 MINIX 操作系统开发了 Linux 内核 0.01 版。
- 1991 年底，林纳斯·托瓦兹首次在 Internet 上发布基于 Intel 386 体系结构的 Linux 源代码，Linux 逐渐成为一个基本稳定可靠、功能比较完善的操作系统。
- 1994 年，Linux 内核 1.0 版发布。代码量为 17 万行，当时是按照完全自由免费的协议发布的。
- 1995 年 1 月，鲍勃·杨（Bob Young）创办了 RedHat（红帽），以 GNU、Linux 为核

心，集成了 400 多个源代码开放的程序模块，搞出了一种冠以品牌的 Linux，即 RedHat Linux，称为 Linux 发行版，在市场上出售。

- 1996 年 6 月，Linux 2.0 内核发布，此内核有大约 40 万行代码，并可以支持多个处理器。此时的 Linux 已经进入了实用阶段，全球大约有 350 万人使用。
- 1998 年 7 月是 Linux 的重大转折点，Linux 赢得了许多大型数据库公司（包括 Oracle、Informix、Ingres）的支持，从而促进 Linux 进入大中型企业的信息系统。
- 1999 年 3 月，另一个颇具影响力的桌面系统进入了 Linux 的世界，就是 GNOME 桌面系统。在很多主要的 Linux 发行版比如 Debian、Fedora、RedHad Enterprise Linux 和 SUSE Linux Enterprise Desktop 中，GNOME 是默认的桌面环境。
- 2011 年 6 月，林纳斯·托瓦兹发布了 Linux 内核 3.0 版本。
- 2015 年 4 月，林纳斯·托瓦兹发布了 Linux 内核 4.0 版本。
- 2019 年 3 月，林纳斯·托瓦兹发布了 Linux 内核 5.0 版本。目前内核的最新版本是 5.10 版。
- 2022 年 10 月，林纳斯·托瓦兹发布了 Linux 内核 6.0 版本。目前内核的最新版本是 6.1 版。

1.1.2　Linux 的版本

Linux 的版本分为内核版本和发行版本两种。

1. Linux 内核版本

Linux 内核版本号由三个数字组成，一般为"X.Y.Z"形式：

X：表示主版本号。

Y：表示次版本号。偶数表示生产版/发行版/稳定版；奇数表示测试版。

Z：表示修改号，数字越大表示修改次数越多，版本相对完善。

【例 1.1】版本号 2.6.20 的各数字的含义如下：

- 第一个数字（2）表示第二大版本。
- 第二个数字（6）有两个含义：大版本的第 6 个小版本；为偶数，表示生产版/发行版/稳定版。
- 第三个数字（20）表示指定小版本的第 20 个补丁包。

【例 1.2】版本号 2.5.70 则表示一个测试版的内核。

2. 发行版本

操作系统仅有内核是不能使用的，还要有系统工具和应用软件的支撑才能构成完整的操作系统。作为普通用户所使用的 Linux 操作系统，一般是由一些公司或组织将内核、源代码及相关的系统工具、应用程序编译打包成所谓的发行版本，普通用户平时谈论的 Linux 系统就是指这类发行版本。目前发行版本超过 300 多种，其发行的版本号各不相同，但都自成体系。不同的发行版本所使用的内核版本号也不尽相同。现在最常见的发行版本有 RedHat、CentOS、华为 OpenEuler、Ubuntu、SUSE、Debian、Fedora、红旗 Linux 等。

1.1.3 Linux 操作系统的特点

Linux 操作系统与其他商业性操作系统最大的区别在于它的源代码完全公开。它作为一个完全免费、自由、开放的操作系统，正以一种势不可挡的趋势应用于各个领域。这与它所具备的特点是分不开的。具体来说，Linux 操作系统的特点如下：

- 真正的多任务操作系统：可以同时执行多个程序，而同时各个程序的运行互相独立。
- 真正的多用户操作系统：和所有 UNIX 和类 UNIX 版本一样，是一个多用户操作系统。支持多个用户从相同或不同的终端上同时使用同一台计算机，且互不影响。
- 良好的兼容性，开发功能强：因为 Linux 完全符合 IEEE 的 POSIX 标准，和现今的 UNIX、System V、BSD 三大主流 UNIX 系统几乎完全兼容。
- 跨平台、可移植性好：目前各种类型的计算机都可以运行 Linux，迄今为止，Linux 是支持最多硬件平台的操作系统，能够在从微型计算机到大型计算机的任何环境中和任何平台上运行。Linux 支持其他系统，可以同时挂上许多系统的磁盘。
- 高度的稳定性：Linux 继承了 UNIX 的优良特性，可以连续、稳定、高效地运行。
- 强大的网络功能：有着最为完善的网络功能，是其他操作系统所不及的。
- 可靠的安全系统：Linux 采取了许多安全技术措施，包括对读、写控制、带保护的子系统、审计跟踪、核心授权等，这为网络多用户环境中的用户提供了必要的安全保障。

随着 Linux 应用的深入发展，Linux 显示出的优点越来越多，正因如此，Linux 操作系统现在已经成为了一个功能完善的主流网络操作系统。

1.2 项目准备知识

1.2.1 Linux 中物理设备的命名

在 Linux 系统中，每个物理设备都被当作一个文件来对待，几乎所有的硬件设备文件都在 /dev 这个目录内。以下列举几个典型设备的文件名，见表 1.1。

表 1.1 硬件设备在 Linux 中的文件名

设备	在 Linux 中的文件名
IDE 磁盘	/dev/hd[a-d]
SCSI/SATA/USB 盘	/dev/sd[a-p]
打印机	25 针：/dev/lp[0-2] USB：/dev/usb/lp[0-15]
光驱	/dev/cdrom
鼠标	PS2：/dev/psaux USB：/dev/usb/mouse[0-15]

现在的 IDE 设备已经很少见了，只在虚拟软件当中出现，一般的磁盘设备都是以 /dev/sd 开头的。当一台主机上可以有多个磁盘时，系统默认采用 a~p 来代表不同的磁盘，磁盘的分区编号也

遵循一定的规律：主分区或扩展分区的编号从 1 开始，到 4 结束，逻辑分区编号从 5 开始。

1.2.2 Linux 中的磁盘分区

1. 主分区、扩展分区和逻辑分区

一个磁盘上最多只能有四个主分区，其中一个主分区可以用一个扩展分区来替换。也就是说主分区可以有 1~4 个，扩展分区可以有 0~1 个。也就是说，主分区数加上扩展分区数的和不能大于 4。而在扩展分区中还可以划分出若干个逻辑分区。

2. 磁盘分区

在扩展分区上继续切割出来的分区叫逻辑分区。能够被格式化后作为读写数据的分区为主分区与逻辑分区，扩展分区是无法直接被格式化的，即扩展分区是不能直接被使用的。扩展分区只有被分割成逻辑分区并格式化后才可以被使用。逻辑分区的数量依据操作系统而不同，在 Linux 中 IDE 磁盘最多可以有 59 个逻辑分区（5~63 号），SATA 磁盘可有 11 个逻辑分区（5~15 号）。

3. 磁盘分区的命名

IDE0 接口上的主盘称为/dev/hda，IDE0 接口上的从盘称为/dev/hdb。

SCSI0 接口上的主盘称为/dev/sda，SCSI0 接口上的从盘称为/dev/sdb。

/dev 目录下以 hd 开头的设备是 IDE 磁盘，以 sd 开头的设备是 SCSI 或 SATA 磁盘。设备名称中第三个字母为 a，表示为第一个磁盘，而 b 表示为第二个磁盘，并依此类推。

分区则使用数字来表示，数字 1~4 用于表示主分区或扩展分区，逻辑分区的编号从 5 开始。即第一个逻辑分区是从数字 5 开始命名的。

在 Linux 中具体的磁盘命名规则如图 1.1 和表 1.2 所示。

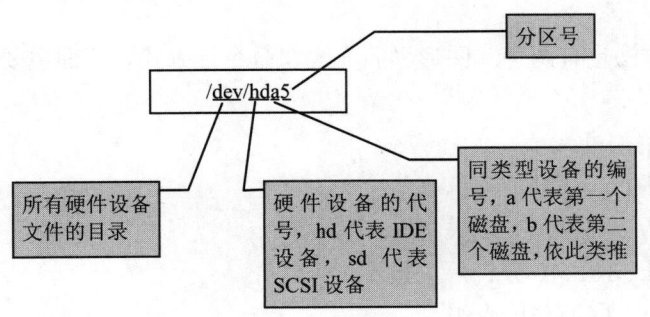

图 1.1　Linux 中的磁盘命名规则

表 1.2　磁盘命名规则详细说明

字母或数字	意义	详细说明
前两个字母	分区所在设备的类型	hd：IDE 硬盘 sd：SCSI 或 SATA 磁盘
第三个字母	分区在哪个设备上	hda：第一个 IDE 磁盘 sdb：第二个 SCSI 磁盘 sdc：第三个 SCSI 磁盘
最后一位数字	分区的次序	数字 1~4 表示主分区或扩展分区，逻辑分区从 5 开始

例如：/dev/sda3 代表的是系统中第一个 SCSI 磁盘的第 3 个主分区或扩展分区；/dev/sdb5 代表的是系统中第二个 SCSI 磁盘的第 1 个逻辑分区。

1.2.3 Linux 的启动与关机命令

1. CentOS 7 系统开机

CentOS 7 系统开机启动要经过如下流程：

- 加电自检：检查服务器的硬件是否正常，在此期间会有指示灯闪烁。
- MBR 引导：读取磁盘的 MBR 存储信息记录，引导系统启动。
- GRUP 菜单：选择启动的内核/进行单用户模式重置密码。这里可以选择不同的系统登录。
- 加载系统内核信息：可以更好地使用内核控制硬件。
- 系统的第一个服务进程 systemd 开始运行（并行）：服务启动的时候，同时一起启动。
- 加载系统启动级别文件 /etc/systemd/system/default.target：默认是 multi-user。
- 初始化脚本运行：初始化系统主机名称和网卡信息。
- 启动开机自启的服务：加载/etc/systemd/system 目录中的信息实现服务开机自启动。
- 运行 mingetty 进程：显示开机登录信息界面。/etc/systemd/system 加载。

2. 登录 Linux

当接通安装好 Linux 的机器电源后，可能会有两种登录界面。一种是纯命令行模式登录。即等待屏幕出现 Linux login:提示时，输入用户名，出现 Password:提示时，输入密码，即可登录。另一种是图形界面登录模式，即出现图形提示框，提示输入用户名和密码，此时输入后即可登录。

3. 关闭 Linux

关闭 Linux 的方法也有两种：图形界面方式和命令行方式。下面主要介绍命令行方式。

关机命令如下：

- init 0：立刻关机。
- shutdown -h now：立刻关机。
- shutdown -h 23:30：23:30 关机。
- shutdown -h +10：10 分钟后关机。
- shutdown -c：取消关机操作。
- poweroff：立刻关机。
- halt：立刻关机。

1.3 项目实施

任务 1.1 安装和配置 VMware Workstation

VMware Workstation 是一种虚拟桌面系统软件，利用该软件可以

安装和配置 VMware Workstation

将多个操作系统作为虚拟机（Virtual Machine，VM）在单台 Linux 或 Windows PC 上运行，进而构建测试或演示环境。本书 Linux 操作系统的实验和运行环境都是建立在 VM 虚拟机上的，因此，我们必须先安装和配置 VMware Workstation。

安装和配置步骤如下：

（1）安装 VMware Workstation 15.5 Pro 版。安装成功后界面如图 1.2 所示。

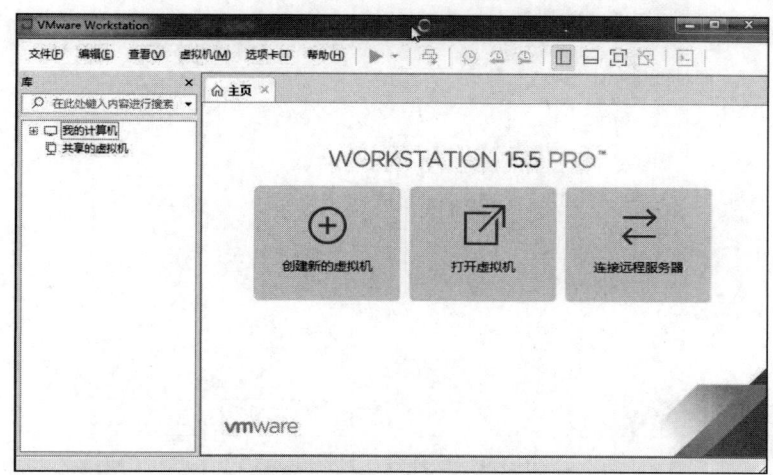

图 1.2　VMware Workstation 软件的主界面

（2）安装成功后，我们开始创建虚拟机，用于以后安装 Linux 操作系统。在图 1.2 中单击"创建新的虚拟机"选项，并在弹出的"新建虚拟机向导"对话框中选择"典型"，然后单击"下一步"按钮。

（3）选中"稍后安装操作系统"单选按钮，单击"下一步"按钮，如图 1.3 所示。

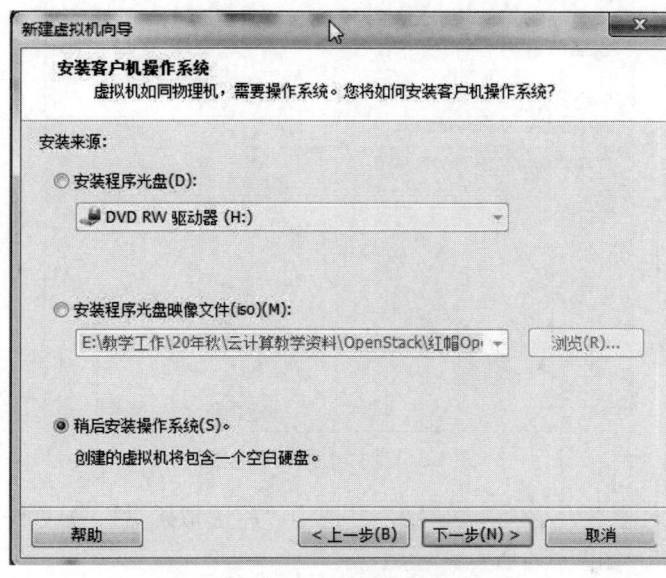

图 1.3　"新建虚拟机向导"对话框

（4）选中 Linux 单选按钮，并在"版本"下拉列表框中选择"CentOS 7 64 位"，单击"下一步"按钮，如图 1.4 所示。

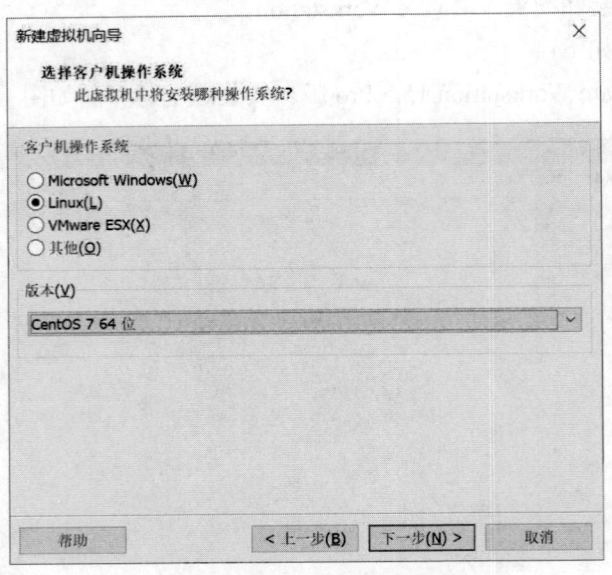

图 1.4　选择客户机操作系统

（5）输入虚拟机名称，并单击"浏览"按钮，选取虚拟机文件的存放位置。单击"下一步"按钮，如图 1.5 所示。

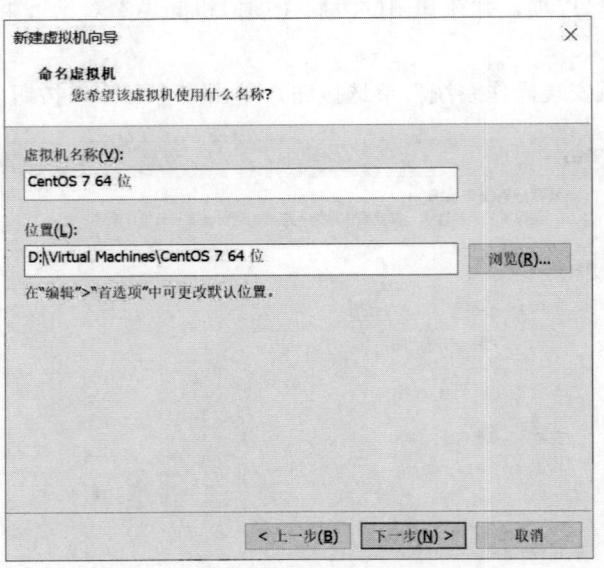

图 1.5　选择虚拟机的位置

（6）选择"最大磁盘大小"为 20GB，并选中"将虚拟磁盘拆分成多个文件"单选按钮，单击"下一步"按钮，如图 1.6 所示。

项目 1　安装、启动与关闭 Linux

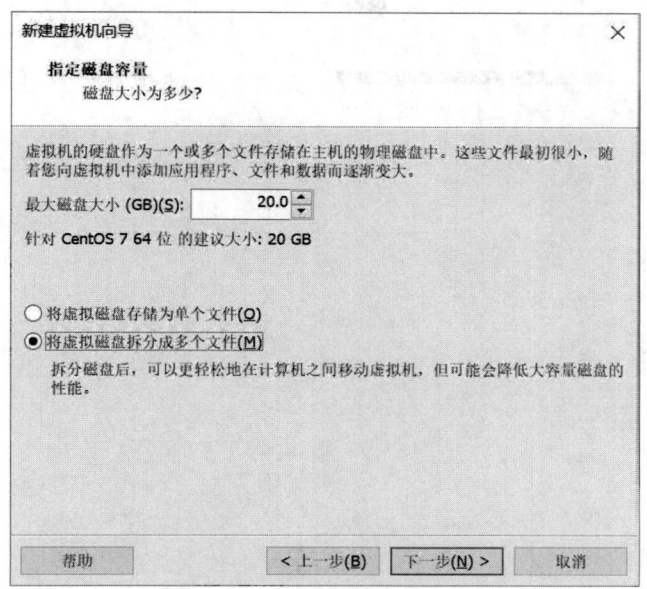

图 1.6　选择虚拟机的磁盘大小和位置

（7）在图 1.7 中，列出了虚拟机的配置信息，如想更细致地配置虚拟机硬件，可单击"自定义硬件"按钮。

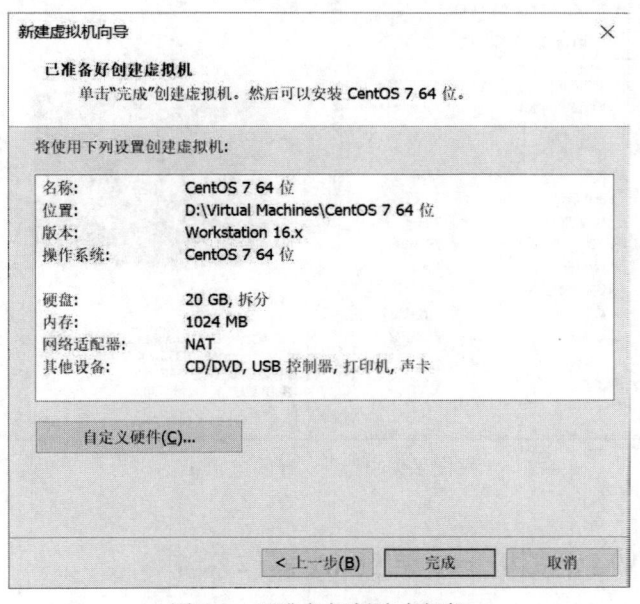

图 1.7　已准备好创建虚拟机

（8）在"硬件"对话框中，可按自己的需要设置虚拟机硬件配置，如图 1.8 所示。设置完成后，单击"关闭"按钮，回到图 1.7。单击"完成"按钮，可看到已经创建的虚拟机，如图 1.9 所示。

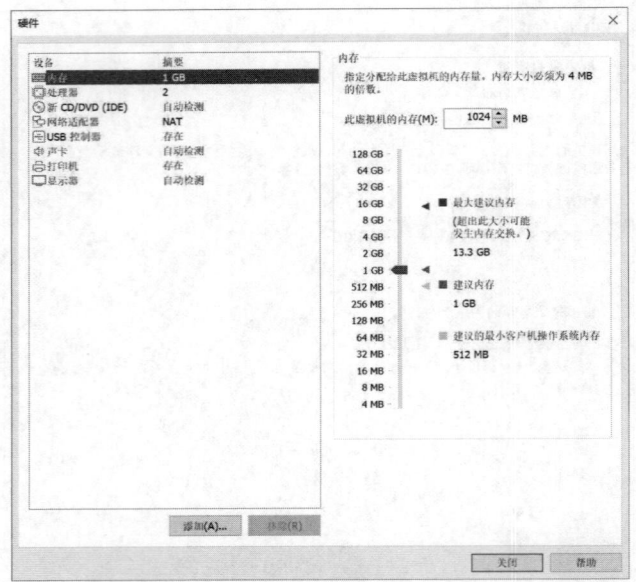

图 1.8 设置虚拟机硬件

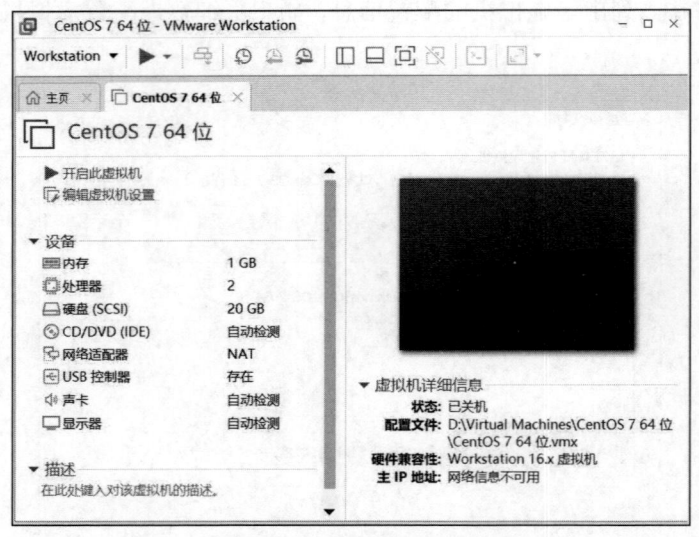

图 1.9 已创建好的虚拟机

任务 1.2 在 VM 虚拟机上安装 Linux 操作系统

VMware Workstation 安装配置成功后开始安装 Linux 操作系统。本书以安装 CentOS 7 为例,示范完整安装过程。安装和配置步骤如下:

(1)设置虚拟机的安装映像 iso 文件。要在 VM 虚拟机中安装 CentOS 7 系统,首先要将 CentOS 7 系统安装光盘的 iso 映像文件放入虚拟机的虚拟光驱中。操作如下:在 VM 虚拟机管理界面中,选中已创建的虚拟机的选项卡,单击"编辑虚拟机设置",打开"虚拟机设置"对

在 VM 虚拟机上安装
Linux 操作系统

话框，选中 CD/DVD(IDE)。在右侧的"连接"框中选中"使用 ISO 映像文件"单选按钮，如图 1.10 所示。

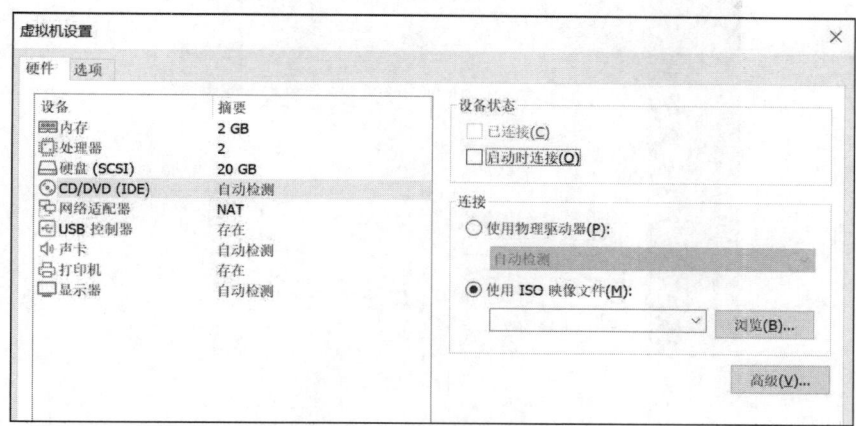

图 1.10 设置虚拟机的安装映像文件

接着单击"浏览"按钮，在物理机文件系统中找到要用于安装的 CentOS 7 的安装映像文件 CentOS-7-x86_64-DVD-2003.iso，单击"打开"按钮，再单击"确定"按钮。

（2）开启虚拟机。

（3）在图 1.9 中，单击"开启此虚拟机"按钮，打开虚拟机。此时，虚拟机会用虚拟光驱引导系统，启动安装程序，出现如图 1.11 所示的界面。

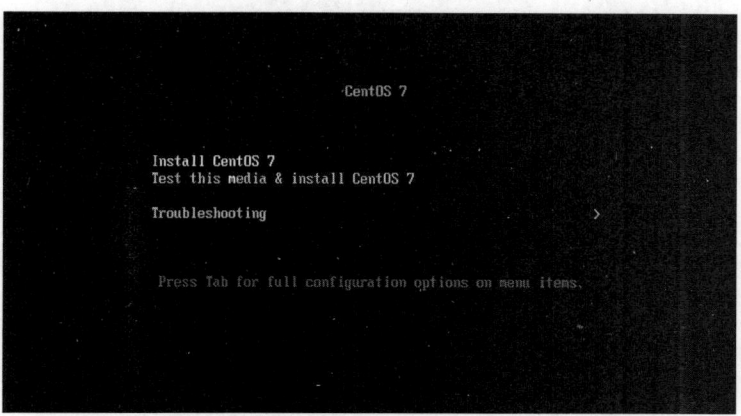

图 1.11 CentOS 7 安装引导界面

（4）使用向上方向键，选中 Install CentOS 7 后按 Enter 键，将加载安装程序，出现如图 1.12 所示的选择安装语言界面。

（5）单击"继续"按钮，在如图 1.13 所示的"安装信息摘要"界面中，单击"软件选择"。

（6）在如图 1.14 所示的"软件选择"界面中，选中"带 GUI 的服务器"和"开发工具"，再单击"完成"按钮。

Linux 操作系统基础

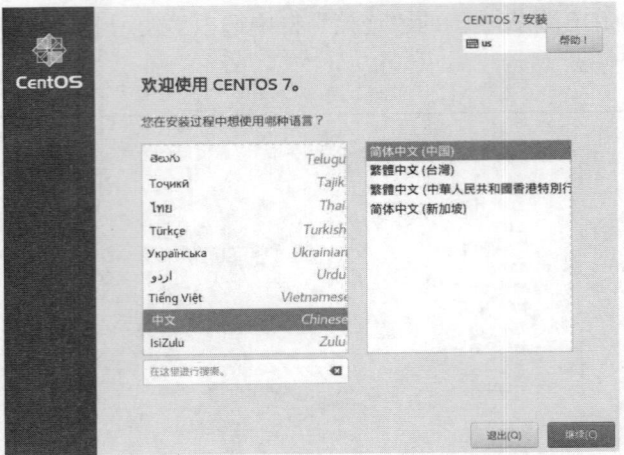

图 1.12 选择安装语言界面

图 1.13 "安装信息摘要"界面 1

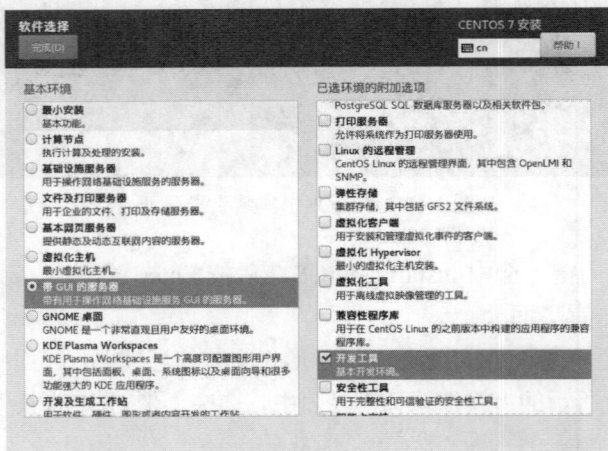

图 1.14 "软件选择"界面

（7）在如图 1.15 所示的"安装信息摘要"界面中，设置禁用 KDUMP。并单击"安装位置"进入"安装目标位置"界面，如图 1.16 所示。

图 1.15　"安装信息摘要"界面 2

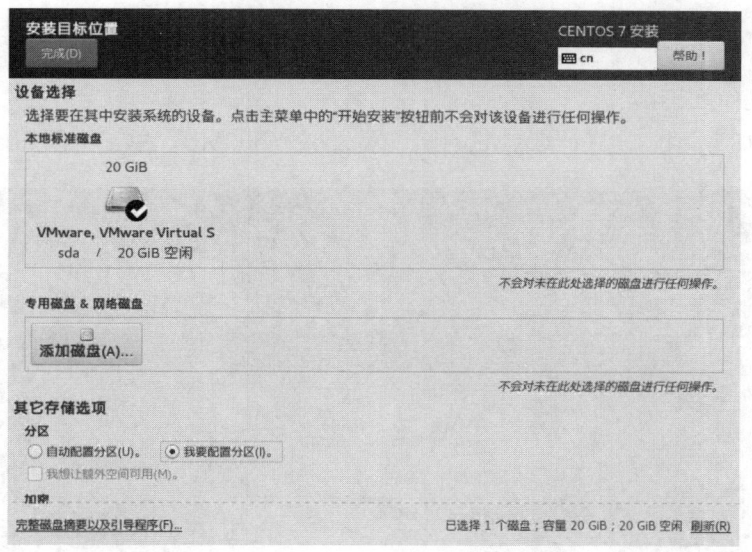

图 1.16　"安装目标位置"界面

（8）在图 1.16 中，选中"我要配置分区"单选按钮，单击"完成"按钮，进入"手动分区"界面，如图 1.17 所示。

（9）在图 1.17 中，设置为"标准分区"，再单击左下角"+"号，手动添加分区。

（10）磁盘分区。在安装 Linux 操作系统时，最简单的分区方法必须包括如下三个分区：

- /boot 分区：也称"引导分区"，大小一般在 200～1000MB 之间，这里选择 500MB。

- swap 分区：也称"交换分区"，大小一般取内存的 1~2 倍，这里取 3GB。
- /分区：根分区，这是 Linux 文件系统的总根。大小可自由选择，但至少要大于 8GB，可尽量选取大一些。

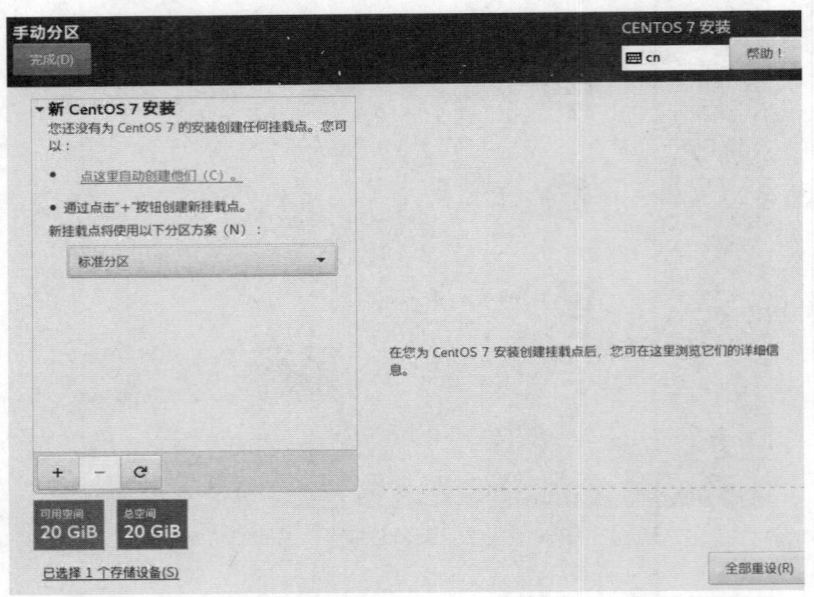

图 1.17 "手动分区"界面

具体分区操作如下：

1）如图 1.18 所示，选好挂载点/boot，设置大小为 500MB，单击"添加挂载点"按钮。

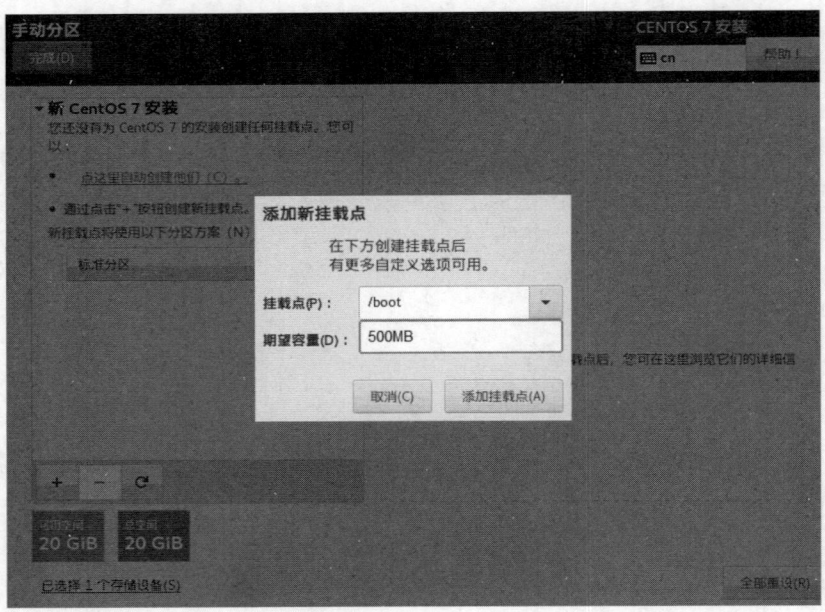

图 1.18 设置/boot 分区

2）在图 1.17 中，单击"+"号，继续添加 swap 分区，按图 1.19 所示进行设置，继续单击"添加挂载点"按钮，如图 1.20 所示。

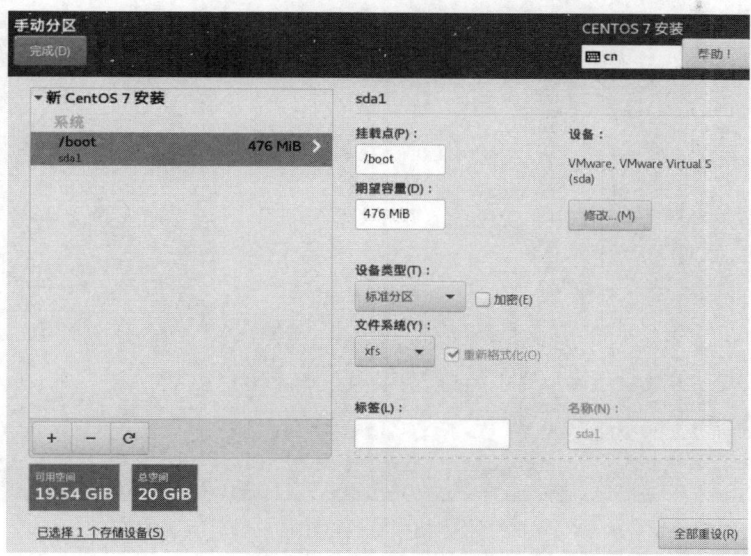

图 1.19　添加新挂载点

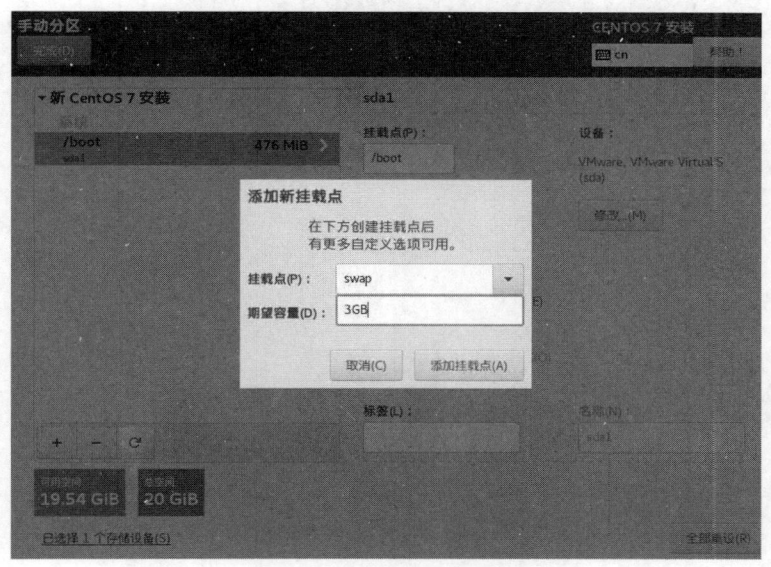

图 1.20　设置 swap 分区

3）继续添加/分区，如图 1.21 所示，挂载点选取"/"，在"期望容量"文本框中，保留空白，即把磁盘剩余容量全部分配给/分区，继续单击"添加挂载点"按钮。在随后打开的图 1.22 所示的界面中，可设置磁盘容量和文件系统类型等。设置完成后，单击"完成"按钮，完成磁盘分区操作。

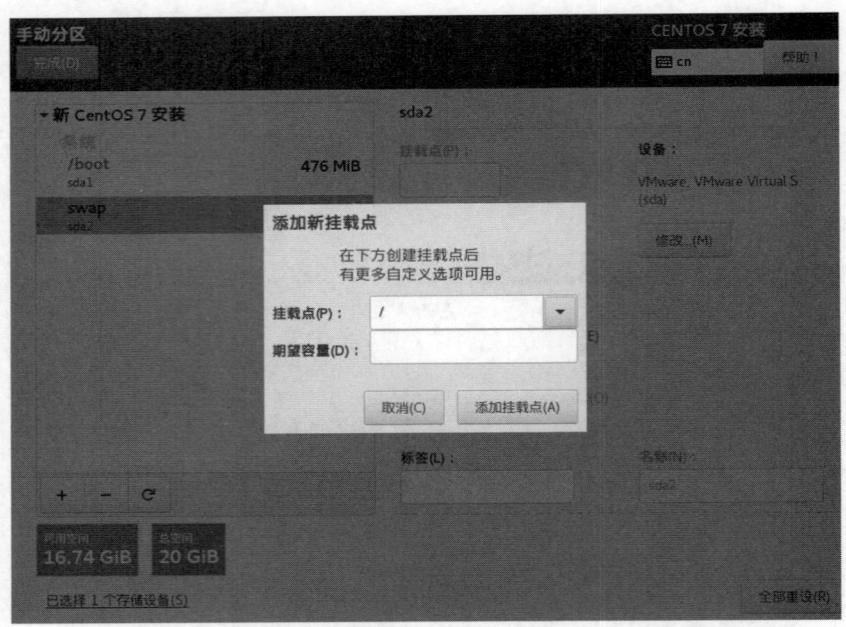

图 1.21 设置/分区

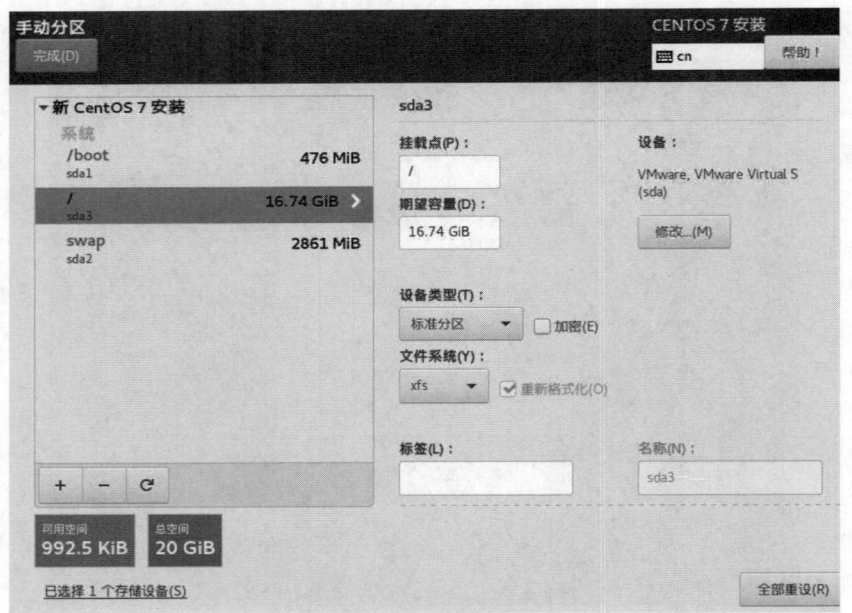

图 1.22 手动设置/分区

（11）在图 1.23 所示的界面中列出了全部分区情况，确认后单击"接受更改"按钮。在随后打开的界面中单击"开始安装"即可开始复制安装文件到磁盘，如图 1.24 所示。

（12）在复制安装文件的同时，可单击"ROOT 密码"设置 root 用户的密码。此密码一定要牢记，因为 root 账户具有系统最高管理权限。

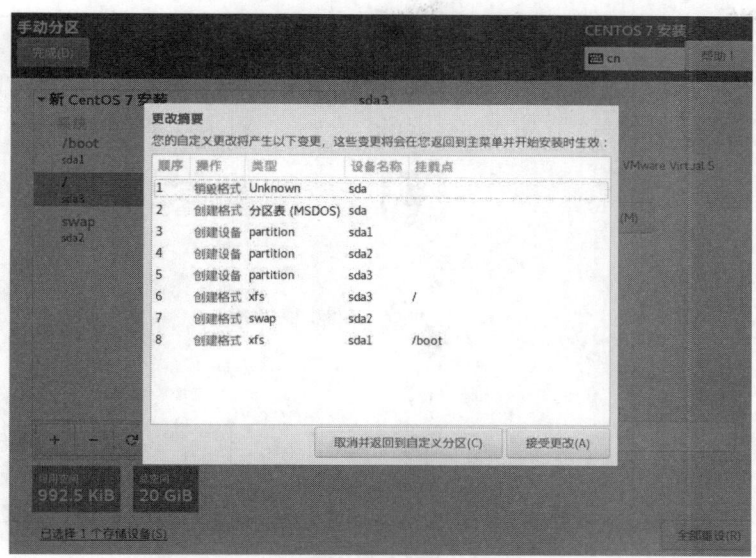

图 1.23 分区情况列表

图 1.24 正在复制安装

（13）当完成复制安装文件后，单击"完成配置"按钮，再在生成的界面中单击"重启"按钮，重新启动 Linux 系统。

（14）重新启动系统后打开如图 1.25 所示的初始设置界面，单击 LICENSE INFORMATION 选项，勾选"我同意许可协议"复选框，然后单击"完成"按钮。

（15）这时返回初始化界面，单击"完成配置"按钮。此时 Linux 系统再次重启。

（16）在重新启动的系统中，选择默认的语言汉语，再单击"前进"按钮。

（17）再将系统的键盘布局、输入方式设置为 English，再单击"前进"按钮。

图 1.25 初始设置

（18）如图 1.26 所示，可关闭位置服务。单击"前进"按钮。

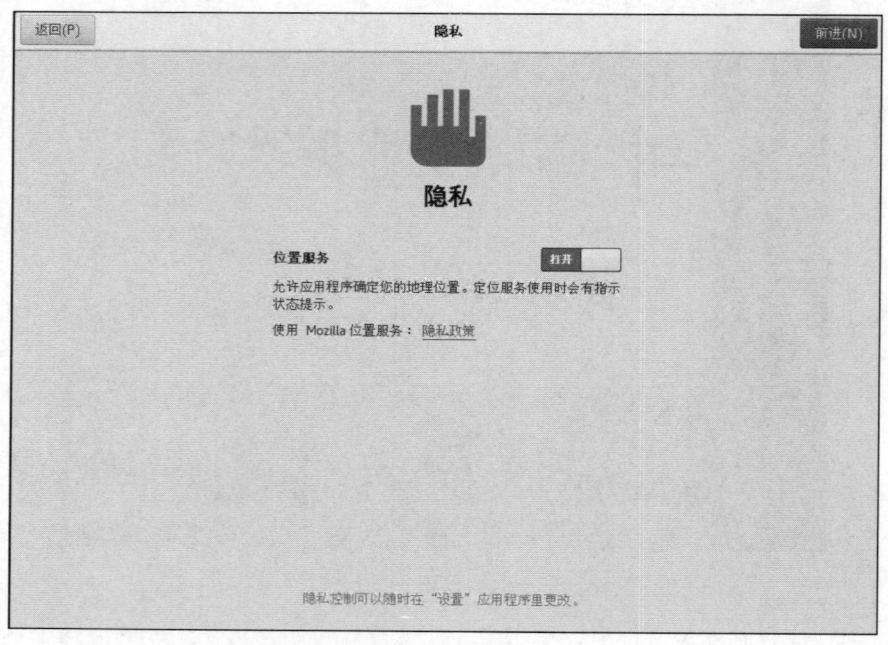

图 1.26 位置服务

（19）在时区选择界面中选择"上海，上海，中国"，再单击"前进"按钮。

（20）选择"跳过"在线账号，在设置普通账号的界面（图 1.27）中，设置一个普通账号。在随后的界面中设置一个强度符合密码规则的强密码。在最后打开的"准备好了"界面中，单击"开始使用 CentOS Linux(S)"按钮，完成全部安装和配置。

图 1.27　设置普通账号

任务 1.3　Linux 的启动与关机

Linux 的启动与关机

Linux 系统有多种启动与关机模式。当 Linux 系统启动时，将按预先设置的默认启动模式启动系统。而设置和查询默认启动模式，以及系统的多种启动和关机模式都是一些比较复杂的命令，对于初学者来说都应该了解和掌握。

1．设置和查询默认启动模式

打开电源启动后，系统会按设置的默认启动模式进入纯命令行模式或图形界面模式。可使用命令设置默认启动模式。

（1）设置默认命令行启动模式：systemctl set-default multi-user.target。

（2）设置默认图形界面启动模式：systemctl set-default graphical.target。

（3）查询当前系统默认启动模式：systemctl get-default。

2．关机

关机方法很多，如果在图形界面下，可通过桌面右上角的关机按钮关机。也可以在命令行下进行关机。

请分别使用 shutdown 和 init 0 以及 halt 命令关机。

3．重启系统

重启系统可以通过图形界面操作，也可以在命令行下操作。

下面介绍命令行下的操作命令：

（1）init 3：以文本模式重启。

（2）init 5：以图形模式重启。

（3）init 6：重启（按默认模式）。

（4）reboot：立刻重启。

（5）shutdown -r now：立刻重启。

（6）shutdown -r 23:30：23:30 重启。

（7）shutdown -r +10：10 分钟后重启。

1.4 习题

一、选择题

1. 下列操作系统中，属于自由软件的是（　　）。
   A．Windows 10　　　　　　　　B．Windows Server 2008
   C．CentOS 7　　　　　　　　　D．UNIX
2. Linux 的内核版本 4.3.16 是（　　）的版本。
   A．稳定　　　　B．不稳定　　　　C．第 3 次修订　　　　D．第 4 次修订
3. 下列（　　）不是 Linux 的特点。
   A．多任务　　　B．单用户　　　　C．设备独立性　　　　D．可移植性

二、简答题

1. 简述 Linux 操作系统的特点。
2. Linux 系统的基本磁盘分区有哪些？
3. Linux 系统支持的文件类型有哪些？

拓展阅读　GNU 计划[1]

GNU 计划又称革奴计划，是由理查德·斯托曼（Richard Stallman）在 1983 年 9 月 27 日公开发起的。GNU 是"GNU's Not Unix"的递归缩写。它的目标是创建一套完全自由的操作系统。1985 年，理查德·斯托曼又创立了自由软件基金会（Free Software Foundation，FSF）来为 GNU 计划提供技术、法律以及财政支持。尽管 GNU 计划大部分时候是由个人自愿无偿贡献，但 FSF 有时还是会聘请程序员帮助编写。为保证 GNU 软件可以自由地"使用、复制、修改和发布"，所有 GNU 软件都遵循禁止其他人添加任何限制的情况下授权所有权利给任何人的协议条款，即 GNU 通用公共许可证（GNU General Public License，GNU GPL）。也被称为"反版权"或称为 Copyleft（与 Copyright 即版权相对立）。

---

[1] 百度百科．GNU 计划．https://baike.baidu.com/item/GNU%E8%AE%A1%E5%88%92/981157?fr=aladdin．

项目 2　使用 Linux 的图形界面

Linux 操作界面主要分为传统的字符型命令行界面和便于操作的图形用户界面。其命令行执行速度快，稳定性高，使得 Linux 系统在服务器领域占据了极大的份额。除了命令字符界面，还可以使用图形界面和用户进行交互，这对习惯使用 Windows 的用户来说非常熟悉和便捷。Linux 的图形界面存在众多版本，几乎所有的 Linux 发行版本中都包含了 GNOME 和 KDE 这两种图形操作环境，许多 Linux 操作系统默认的图形操作界面为 GNOME。本项目详细介绍了几种常用图形界面的使用。

- GUI 的发展
- GNOME 桌面环境
- KDE 桌面环境

2.1　项目基础知识

2.1.1　GUI 的发展

GUI（Graphics User Interface），中文名称为图形用户界面，是指采用图形方式显示的计算机操作用户界面，是计算机与其使用者之间的对话接口，是计算机系统的重要组成部分。

早期，计算机向用户提供的是单调、枯燥、纯字符状态的"命令行界面（CLI）"，也称为字符用户界面（CUI）。因早期使用计算机服务器的都是专业技术人员，因此字符用户界面的操作方式需要用户记住大量的命令，这对于普通用户而言非常不便。后来取而代之的是可以通过窗口、菜单、按键等方式来方便地进行操作。随着计算机的普及和应用，人们需要更方便地来使用计算机而不需要记住或者了解复杂的命令。

20 世纪 70 年代，施乐帕洛阿尔托研究中心（Xerox Palo Alto Research Center，PARC）的研究人员开发了第一个 GUI，如图 2.1 所示，从而开启了计算机图形界面的新纪元。在这之后，操作系统的界面设计经历了众多变迁，OS/2、Macintosh、Windows、Linux、Mac OS、Symbian OS、Android、iOS 等各种操作系统将 GUI 设计带进新的时代。现在我们几乎可以在各个领域看到 GUI 的身影，如手机通信移动产品、计算机操作平台、车载系统产品、智能家电产品、游戏产品等。

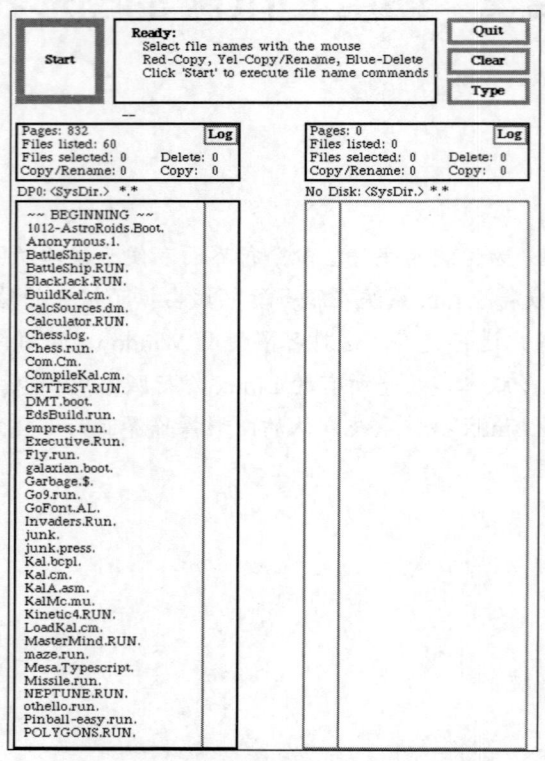

图 2.1　第一个图形界面——Xerox Alto

对于操作系统图形界面的发展历史感兴趣的读者可以登录网站 http://toastytech.com/guis/index.html，如图 2.2 所示。网站包括绝大部分已经停用的操作系统界面。读者从中也可以了解到操作系统的发展历程，在这里就不作详细赘述了。

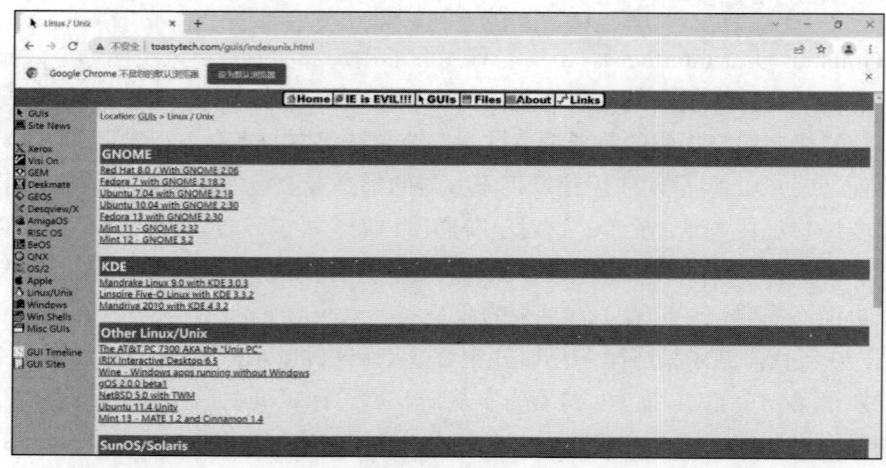

图 2.2　图形界面收集网站

2.1.2 Linux 的桌面环境

下面重点介绍一下两款 Linux 系统常用的图形界面软件：KED 与 GNOME。

1. KDE 桌面

KDE 是 Kool Desktop Environment 的缩写，中文译为"K 桌面环境"。一种著名的运行于 Linux、UNIX 以及 FreeBSD 等操作系统上面的自由图形工作环境，号称最接近 Windows 界面的 Linux 桌面系统。其整个系统采用的都是 TrollTech 公司所开发的 Qt 程序库（现在属于 Digia 公司）。KDE 最初于 1996 年作为开源项目公布，并在 1998 年发布了第一个版本，现在 KDE 几乎是排名第一的桌面环境了。许多流行的 Linux 发行版都提供了 KDE 桌面环境，比如 Ubuntu、Linux Mint、OpenSUSE、Fedora、Kubuntu、PC Linux OS 等。KDE 和 Windows 比较类似，所以熟悉 Windows 的用户，切换到 KDE 也不会有太大的障碍。然而有几个地方和 Windows 的桌面操作是不一样的，KDE 下打开项目或者文件默认是"单击"。当然也可以调整为"双击"。默认在关机时仍在运行的程序，下次开机启动时会自动打开这些程序。

KDE 允许用户把应用程序图标和文件图标放置在桌面的特定位置上。单击应用程序图标，Linux 系统就会运行该应用程序。单击文件图标，KDE 桌面就会确定使用哪种应用程序来处理该文件。KDE 是所有桌面环境中最容易定制的。在其他桌面环境中，用户需要几个插件、窗口组件和调整工具才可以定制环境，KDE 将所有工具和窗口组件都塞入系统设置中。借助先进的设置管理器，可以控制一切，不需要任何第三方工具，就可以根据用户的喜好和要求来美化及调整桌面。

KDE 项目组还开发了大量的可运行在 KDE 环境中的应用程序，包括 Dolphin（文件管理工具）、Konsole（终端）、Kate（文本编辑工具）、Gwenview（图片查看工具）、Okular（文档及 PDF 查看工具）、Digikam（照片编辑和整理工具）、KMail（电子邮件客户软件）、Quassel（IRC 客户软件）、K3b（DVD 刻录程序）、Krunner（启动器）等，它们都是默认安装的。

KDE 图形界面的优点是，KDE 几乎是最先进最强大的桌面环境，它外观优美、高度可定制、兼容比较旧的硬件设备。缺点是 KMail 等一些组件的配置对新手来说过于复杂。

2. GNOME 桌面

GNOME 计划的目的是为 GNU/Linux 或 UNIX 系统提供一个易用的桌面环境，它的名称来自 The GNU Network Object Model Environment（GNU 网络对象模型环境）。作为一款自由软件，GNOME 是 GNU 计划的一部分，是一种让使用者容易操作和设定计算机环境的工具。GNOME 桌面是目前主流 Linux 发行版本的默认桌面，主张简约易用，够用即可。

GNOME 诞生于 1997 年。GNOME 基于 GTK+图形库，使用 C 语言开发，早先使用 metacity 作为窗口管理器，2011 年 GNOME 3 发布后，桌面管理器升级为 mutter。

GNOME 包含了 Panel（用来启动此程序和显示目前的状态）、桌面及一系列的标准桌面工具和应用程序，并且能让各个应用程序都能正常地运作。不管之前使用何种操作系统，都能轻易地使用 GNOME 功能强大的图形接口工具。GNOME 桌面的优点是简单易用，可通过插件来扩展功能。缺点对插件的管理能力比较差，也缺少其他桌面环境拥有的许多功能。

KDE 与 GNOME 是目前 Linux/UNIX 系统最流行的图形操作环境。从 20 世纪 90 年代中期至今，KDE 和 GNOME 都经历了数十年的漫漫历程，两者也都从最初的设计粗糙、功能简陋发展到相对完善的阶段，可用性接近 Windows 系统。图形环境的成熟也对 Linux 的推广起到至关重要的作用，尽管 Linux 以内核健壮、节省资源和高质量代码著称，但缺乏出色的图形环境让它一直难以在桌面领域有所作为，导致 Linux 桌面应用一直处于低潮。1999—2001 年，Linux 发展如火如荼，当时国内涌现出大量的 Linux 发行版厂商，但当用户发现 Linux 距离实用化差距甚远的时候，Linux 热潮迅速冷却。业界也对此一度灰心失望，其中一部分厂商因无法盈利而销声匿迹，另一部分厂商则不约而同地将重点放在服务器市场。与桌面市场形成鲜明对比的是，Linux 以稳定可靠和低成本的优势在服务器领域获得了巨大的成功。

在一些 Linux 厂商放弃桌面化的同时，国际开源社群却不断发展壮大，自由的理念吸引越来越多一流的程序员参与。与商业模式不同，自由软件程序员在开始时都只是利用业余时间开发自己感兴趣的东西，并将其自由公开，这是一种不折不扣的贡献行为。尽管开发进度缓慢，但认同自由软件理念的开发者越来越多，一个个开源项目逐渐发展壮大。

在此期间，一个被人忽视的重大事件就是商业巨头也积极参与进来，IBM、RedHat、SuSE、Ximian、Novell、SUN、HP 等商业公司都直接介入各个开源项目，这些企业或者是将自身的成果免费提供给开源社群，或者直接派遣程序员参与项目的实际开发工作，例如 SuSE（现已被 Novell 收购）在 KDE 项目上做了大量的工作，RedHat、Ximian（现已被 Novell 收购）则全程参与 GNOME 项目，IBM 为 Linux 提供了大量的基础性代码，是推进 Linux 进入服务器领域的主要贡献者，SUN 公司则将 StarOffice 赠送给开源社群，并资助成立著名的 OpenOffice.org 项目。这样，大量的自由软件程序员都可以从各个项目的基金会中领到薪水。在这一阶段，开源项目摆脱了程序员业余开发的模式，而由高水平的专职程序员主导，这也成为各个自由软件项目的标准协作模式。与商业软件公司不同，自由软件项目的参与者都是首先为个人兴趣而工作，他们的共同目标都是拿出品质最好的软件，在协作模式稳定成形之后，各个软件就进入到发展的快行道。进入 2005 年后，这些项目基本上都获得了丰硕的成果，其中最突出的代表就是 Firefox 浏览器的成功，而作为两大图形环境，KDE 和 GNOME 分别发展到 3.5 和 2.12 版本，两者的可用性完全可以媲美 Windows。更重要的是，开源社群的发展壮大为这些项目的未来发展奠定了坚实的基础，KDE 项目将超越 Windows 作为自己的目标，力量更强大的 GNOME 项目更是将开发目标定为超越 Mac OS X 的 Aqua 图形环境；Firefox 则计划运用 GPU 的硬件资源来渲染图像，达到大幅度提高速度的目的；OpenOffice.org 在努力提升品质的同时奠定了开放文档格式标准。除了上述主要项目之外，我们也看到如 Mplayer 播放器、Xine 播放器、Thunderbird 邮件客户端、SCIM 输入平台等其他开源项目也在快速发展成熟之中，且几乎每一天都有新的项目在诞生。有意思的是，除了涉及软件开发外，还出现了为 Linux 设计视觉界面的开放协作项目，全球各地有着共同目标的艺术家通过互联网组织到一起，共同为 Linux 系统设计一流的视觉界面、系统图标，而所有的自由软件程序员都有一个共同的目标，那就是开发出一流水准的软件提供给大众使用。这种基于挑战自我、带有浓烈精神色彩的软件开发模式成为商业软件之外的另外一极。现在，微软面对的并不是那些只在业余时间鼓捣代码的程序员，而是分布在全球各地、数量庞大且拥有一流技术水平的开发者，这些开发者被有效地组织起来，形成一个个有序的协作团队，大量实力雄厚的商业公司在背后提供支持。虽然今天的 Linux 系统还无法在桌面领域被广为接纳，但只需要一段时间，高速进化的 Linux 平台将可达到全面进军桌面的水准，也正是看到其中的机会，Novell、RedHat 等重量级 Linux 企业都不断在技术和市场推广方面加大投入。

KDE 和 GNOME 之间的良性竞争使两个阵营的开发人员都能够不断突破和完善图形界面，最终受益者当然还是用户，因此，无论用户选择的是 KDE 还是 GNOME 图形界面，都能拥有一个易于使用、集成度高的现代化桌面。

2.1.3 查看桌面环境

查看当前 Linux 发行版使用了哪种桌面环境，可以使用以下几种方法。

【例 2.1】使用桌面环境变量查看桌面环境，示例如下。

方法 1：
```
env | grep DESKTOP_SESSION 或 echo $DESKTOP_SESSION
[root@CentOS7-1 ~]# echo $DESKTOP_SESSION
    gnome-classic
```

方法 2：
```
[root@CentOS7-1 ~]# echo $GDMSESSION
    gnome-classic
```

以上例子中显示结果均表明使用的是 GNOME 桌面环境。

需要注意的是以上两种方法命令只能进入桌面系统后，在桌面系统启动命令窗口执行才能得到结果，使用 SecureCRT 工具连接到系统，执行此命名得不到任何结果。

另外，也可以查看/etc 下有没有对应的目录，例如 gnome 目录或者 kde 目录，如果有的话，就说明已经安装了。

2.2 项目准备知识

2.2.1 GNOME 桌面的安装

在大多数主流现代 Linux 发行版（包括 RHEL、CentOS、Fedora、Debian 和 Ubuntu）中，GNOME 作为默认桌面而广泛使用。项目 1 安装 CentOS 7 时，选择的是 Server with GUI，默认安装的桌面环境就是 GNOME。

GNOME 项目主要包括两个部分：GNOME 桌面环境和 GNOME 开发环境。前者提供了一个吸引人的直观的用户桌面系统，后者则为开发者提供了一个开发 GNOME 应用程序的扩展架构。GNOME 是完全公开的（免费的软件），它是由世界上许多程序设计人员所开发出来的，如果想了解更多 GNOME 相关信息，可以访问它的官方网站 http://www.gnome.org。

GNOME 桌面环境除了提供窗口管理软件，还提供文件管理、任务管理等系统工具，以及网络浏览器、媒体播放器、网络聊天程序、图像处理程序等许多应用软件。

如果初始安装操作系统时选择的是最小化安装，个人学习时则可以进行 GNOME 桌面环境的安装。一般服务器不建议用图形界面。下面介绍最小化安装系统时 GNOME 桌面的安装。

【例 2.2】安装 GNOME 桌面环境，示例如下：

[root@CentOS7-1 ~]#yum groupinstall   'GNOME Desktop' -y

注意：本例以 CentOS 7 系统为例，使用 yum 安装（需提前搭建好 yum 源）。

如果发生错误，错误提示如下：

Warning: Group GNOME Desktop does not exist.
No packages in any requested group available to install or update

则可以先用 yum grouplist 检查一下已安装的组可支持的组，获得对应的组名再进行安装。

2.2.2　KDE 桌面的安装

1996 年 10 月，一位名为马蒂亚斯·埃特里希（Matthias Ettrich）的德国人，也是图形排版工具 Lyx 的开发者，发起了 KDE 项目。KDE 项目发起后，迅速吸引了一大批高水平的自由软件开发者，这些开发者都希望 KDE 能够将 Linux 系统的强大能力与舒适直观的图形界面联结起来，创建最优秀的桌面操作系统。终于在 1998 年 7 月 12 日正式推出 KDE 1.0。以当时的水平来说，KDE 1.0 在技术上可圈可点，它较好地实现了预期的目标，各项功能初步具备，开发人员已经可以很好地使用它了。当然，对用户来说，KDE 1.0 远远比不上同时期的 Windows 98 来得平易近人，KDE 1.0 中大量的 Bug 更是让人头疼。但对开发人员来说，KDE 1.0 的推出鼓舞人心，它证明了 KDE 项目开源协作的开发方式完全可行，开发者对未来充满信心。有必要提到的是，在 KDE 1.0 版的开发过程中，SuSE、Caldera 等 Linux 商业公司对该项目提供资金上的支持，在 1999 年，IBM、Corel、RedHat、富士通-西门子等公司也纷纷对 KDE 项目提供资金和技术支持，自此 KDE 项目走上了快速发展阶段并长期保持着领先地位。但在 2004 年之后，GNOME 不仅开始在技术上超越前者，也获得更多商业公司的广泛支持，KDE 丧失主导地位，其原因就在于 KDE 选择在 Qt 平台的基础上开发，而 Qt 在版权方面的限制让许多商业公司望而却步。

Qt 是一个跨平台的 C++图形用户界面库，它是挪威 TrollTech 公司的产品（2008 年年底被 NOKIA 收购）。虽然 KDE 采用 GPL 规范进行发行，但底层的基础 Qt 却是一个不遵循 GPL 的商业软件，这就给 KDE 上了一道无形的枷锁并带来可能的法律风险。一大批自由程序员对 KDE 项目的决定深为不满，它们认为利用非自由软件开发违背了 GPL 的精神，于是其中一部分技术人员去制作 Harmonny，试图重写出一套兼容 Qt 的替代品，这个项目虽然技术上相对简单，但却没有获得 KDE 项目的支持；另一部分技术人员则决定重新开发一套名为 GNOME 的图形环境来替代 KDE。

【例 2.3】如果你的 Linux 系统采用的最小化安装，可以按照以下步骤安装 KDE 图形界面。

（1）安装 X Windows 系统，如图 2.3 所示，命令如下：

#yum -y install epel-release
#yum -y groupinstall "X Windows System"

图 2.3　安装 X Windows 系统

（2）安装 KDE 桌面，如图 2.4 所示，命令如下：

#yum -y groupinstall "KDE"

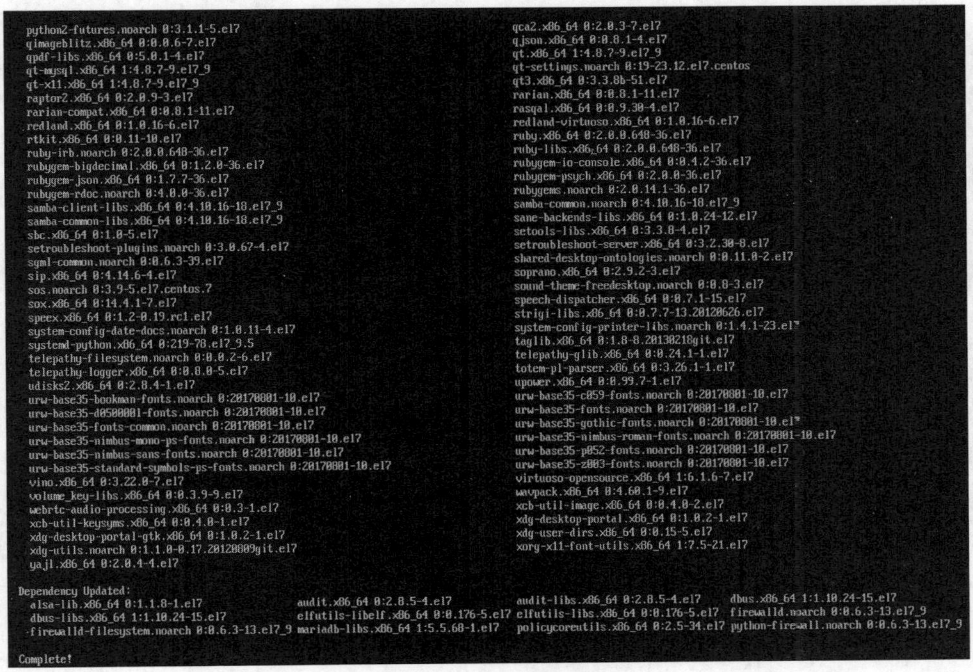

图 2.4　安装 KDE 桌面

进入 KDE 桌面，如图 2.5 所示，命令如下：

`#startx`

图 2.5　进入 KDE 桌面

（3）安装 KDE 的中文语言包。在 CentOS 7 中安装 KDE 桌面环境后，登录进 KDE 发现桌面的语言为英文，是因为 KDE 桌面环境中还没有安装中文语言包，在 KDE 中中文语言包为 kde-l10n-Chinese，按照如下命令安装 KDE 中文语言包，如图 2.6 所示，命令如下：

`#yum install kde-l10n-Chinese`

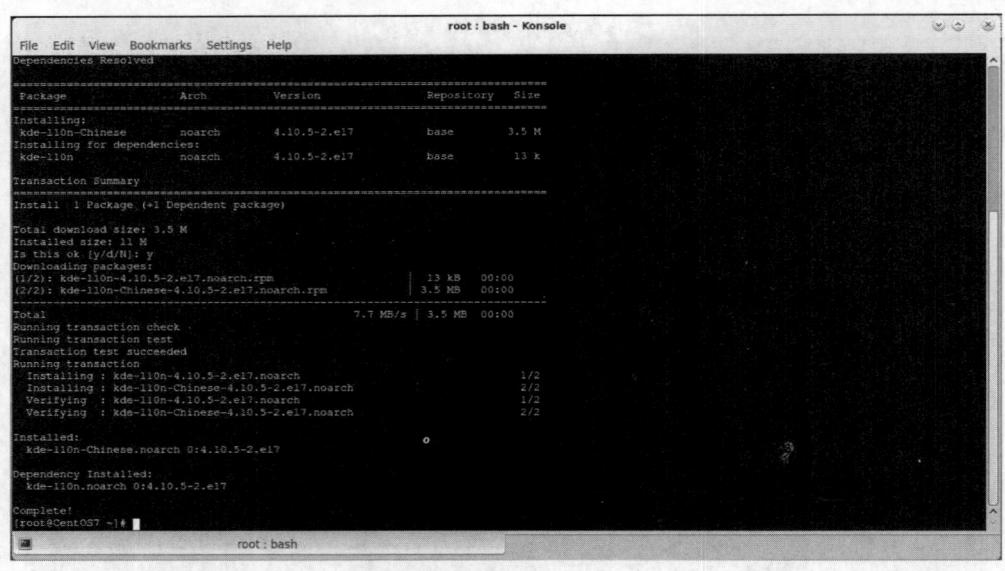

图 2.6　安装 KDE 中文语言包

之后就可以看到如图 2.7 所示的 KDE 桌面环境的中文界面了。

项目 2　使用 Linux 的图形界面

图 2.7　进入中文 KDE 桌面

2.3　项目实施

任务 2.1　GNOME 桌面的使用

安装完 GNOME 桌面环境后，下面介绍 GNOME 桌面的基本操作方法。

GNOME 桌面的使用

1. 启动虚拟机并登录 CentOS 7 系统

启动 VMware 软件，单击图 2.8 中的"开启此虚拟机"按钮。

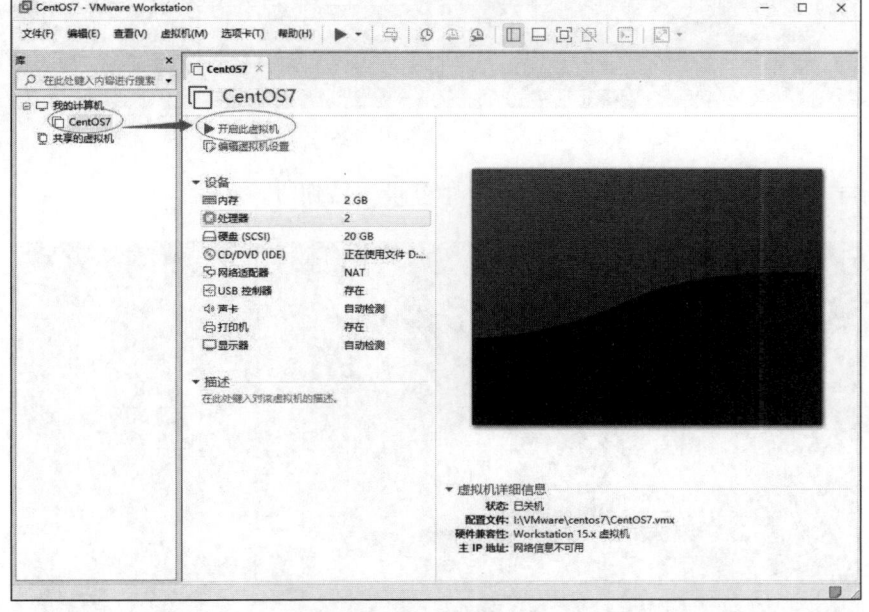

图 2.8　打开虚拟机

静静地等待出现如图 2.9 所示的登录界面。

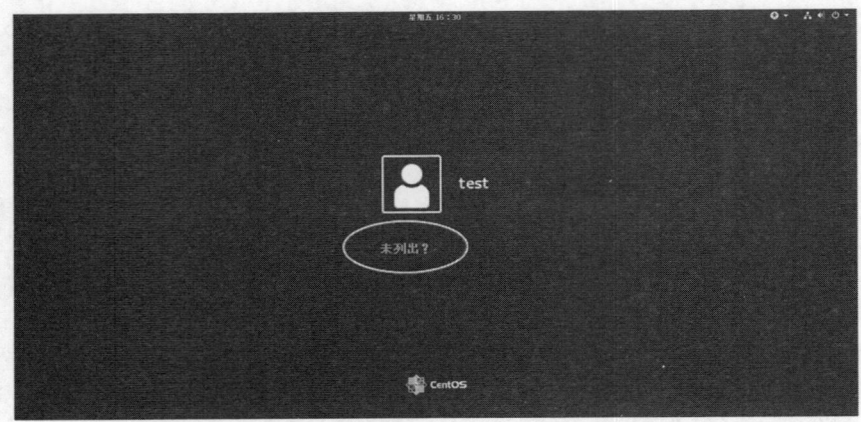

图 2.9 登录界面

可以单击图 2.9 中的 "未列出？" 按钮来切换需要登录的用户，图 2.10 为切换到 root 用户登录，单击 "下一步" 按钮。

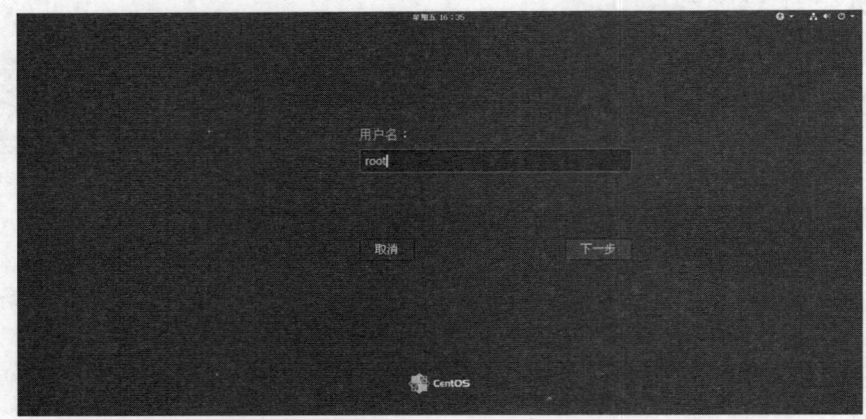

图 2.10 输入用户名

在图 2.11 中的文本框中输入密码，单击 "登录" 按钮。

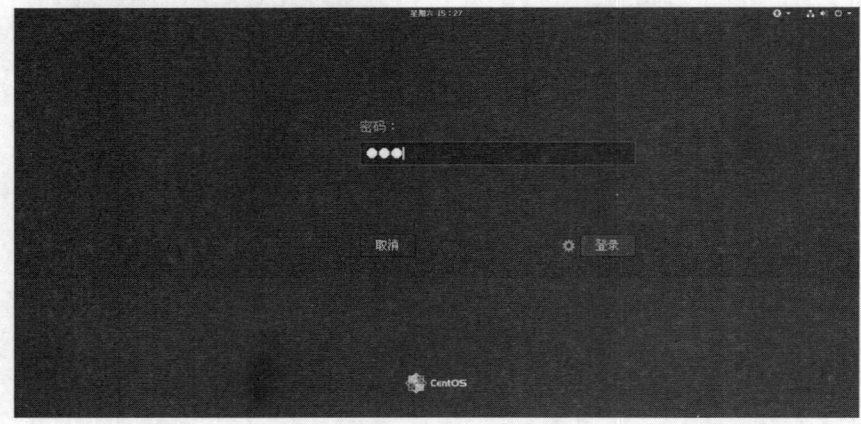

图 2.11 输入密码

密码无误，就会进入如图 2.12 所示的系统主界面。

图 2.12　进入系统主界面

登录系统之后，就可以进行各种操作了。

2. 检查网络连接

由于已经自带了 FireFox 浏览器，最直接的方法就是浏览网页，看是否能上外网。单击 FireFox 浏览器，如图 2.13 所示。

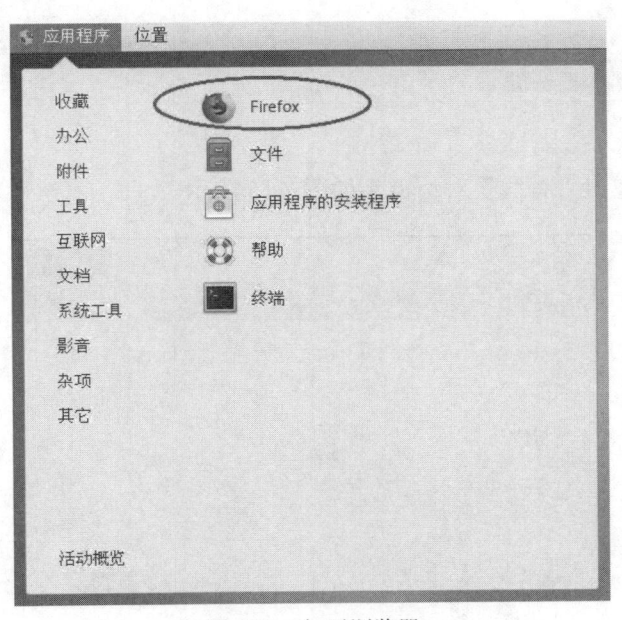

图 2.13　打开浏览器

注意：如果选择了 NAT 模式并设置了 IP 地址，则可以直接上网。如果安装时未设置 IP 或者设置不正确，此时是不能直接上网的，可以按如下方法进行设置。单击图 2.14 中的网络设置图标 ，在弹出的下拉菜单中单击"有线设置"选项，进入如图 2.15 所示的"设置"窗口。

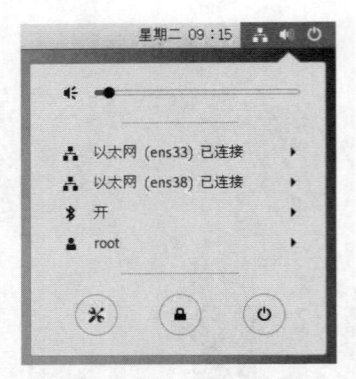

图 2.14　进入网络设置

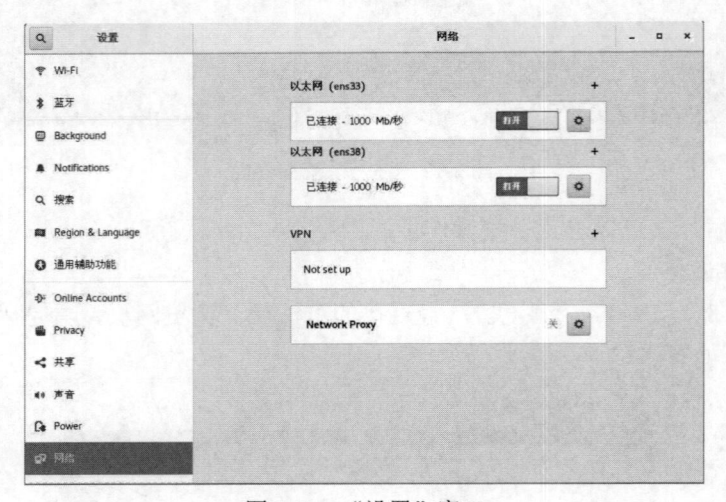

图 2.15　"设置"窗口

单击 图标，弹出"有线"对话框，如图 2.16 所示。

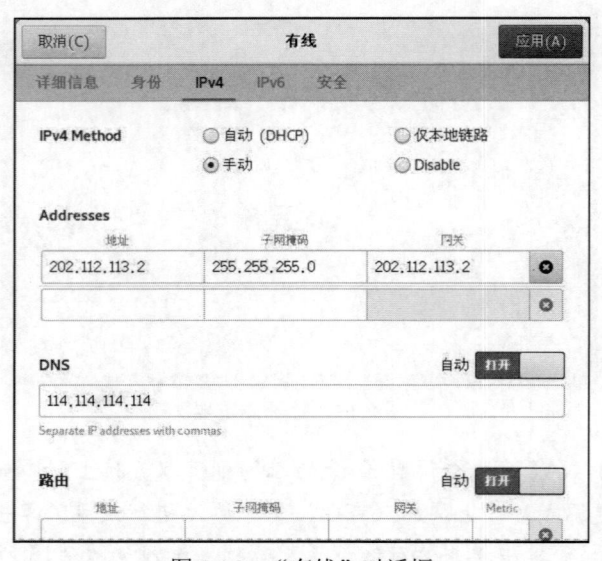

图 2.16　"有线"对话框

然后根据本地网络情况进行 IP 地址、子网掩码以及网关等信息的配置即可。

3. 右键菜单

在桌面空白处右击，弹出右键菜单，如图 2.17 所示。

此时可完成新建文件夹、打开终端、更换背景等操作。

4. 常用应用程序

单击菜单栏中的"应用程序"（相当于 Windows 系统的开始菜单）按钮，即可弹出系统中安装的所有应用程序，如图 2.18 所示。

图 2.17 右键菜单

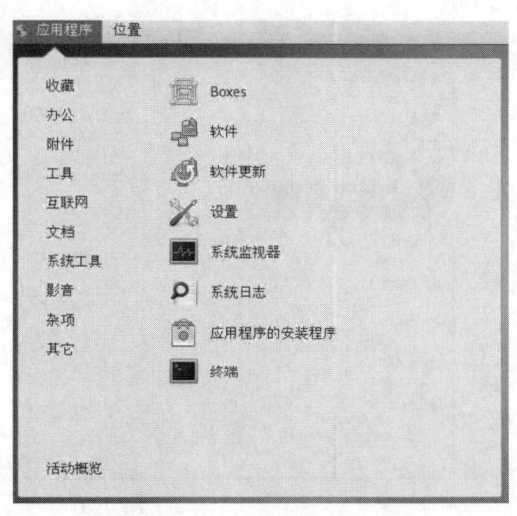

图 2.18 "应用程序"菜单

5. 文件目录

单击菜单栏中的"位置"按钮，如图 2.19 所示，即可快速索引到相应的文件目录，相当于 Windows 系统中的资源管理器。

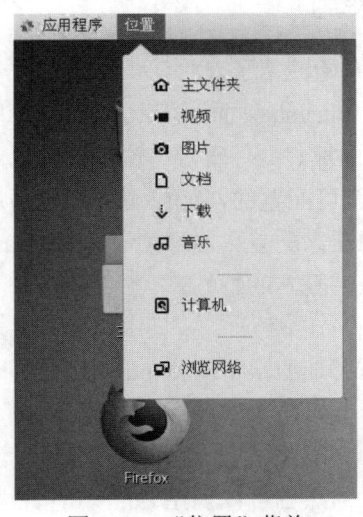

图 2.19 "位置"菜单

6. 系统设置

单击系统右上角网络设置图标，在弹出的下拉菜单中选择 图标，然后在弹出的"设置"窗口（图2.20）中即可进行各种系统设置（相当于 Windows 的"系统设置"或"控制面板"功能）。

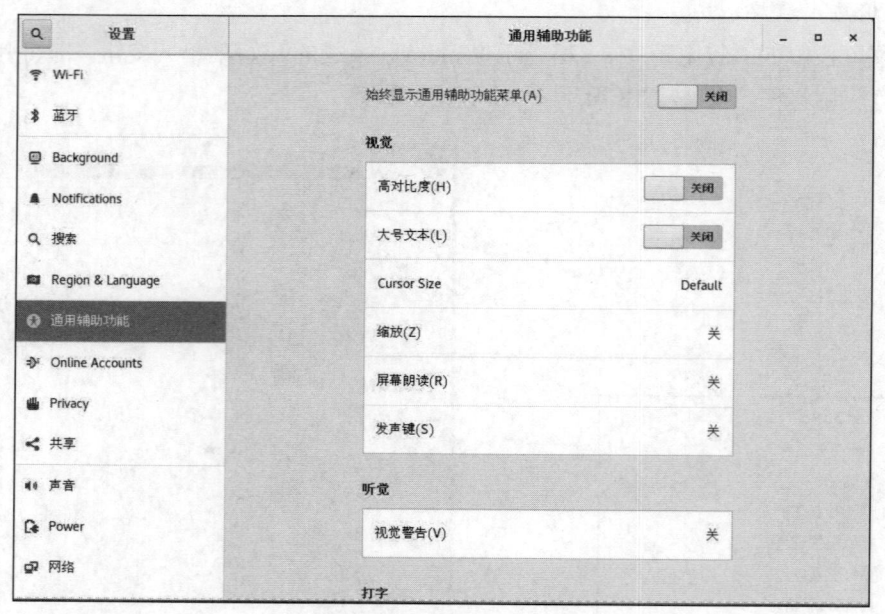

图 2.20 "设置"窗口

7. 退出、关机与重启

单击系统右上角关机图标，如图 2.14 所示，在弹出的下拉菜单中即可进行退出、关机等操作。

任务 2.2 KDE 桌面的使用

安装好 KDE 桌面后就可以开始使用了。

启动 CentOS 7 进入到 KDE Plasma 桌面环境，如图 2.21 所示。所谓的桌面环境，包括桌面本身、菜单、面板、文件管理、窗口管理以及一些其他的应用程序。KDE Plasma 桌面是高度可配置的，如果有哪些东西用户不喜欢，绝大多数情况下可以按照自己的想法来配置桌面环境。KDE Plasma 桌面包含非常丰富的特性，下面仅介绍一些最基本的特性。

1. 桌面环境

KDE 的桌面与大家所熟悉的其他桌面如 Windows 桌面比较相似，底部是一个类似任务栏的面板，左侧则有一个类似于开始菜单的图标。

然而有几个地方和 Windows 的桌面是明显不一样的，一定要注意：在 KDE 图形界面下打开项目或者文件默认是"单击"，当然也可以调整为"双击"。默认系统关机时仍在运行的程序，下次开机启动时会自动打开这些程序。

项目 ❷ 使用 Linux 的图形界面

图 2.21 KDE 桌面

2．开始菜单

单击屏幕左下角的 图标，可以显示开始菜单（快捷键是 Alt+F1），如图 2.22 所示，在开始菜单底部是搜索框，可以根据需要搜索相关应用程序名称。开始菜单左边有竖排的一列小图标是用户喜好的应用程序（侧边栏），可以右击开始菜单里面的应用程序条目，添加应用到侧边栏或删除侧边栏里的应用。用户可以自由编辑菜单，添加和删除应用程序的"快捷方式"：右击菜单图标打开菜单编辑器即可。

图 2.22 开始菜单

如果需要将一个快捷方式添加到桌面或者其他面板中，可以这样做（需要小部件在解锁状态）：在菜单中找到程序，右击该条目，再单击"添加到面板"或者"添加到桌面"即可。

3．文件管理

KDE 桌面环境默认的文件管理器是 Dolphin，可以在开始菜单左边的侧边栏或者开始菜单下面的"系统"分类菜单里面找到它，它的图标很直观，就是文件夹的图样。如果插入 U 盘或者其他移动存储设备，会自动出现在 Dolphin 的左侧面板上。

也可以在开始菜单左边的侧边栏（即收藏栏）找到文件浏览器的快捷图标，打开后界面如图 2.23 所示。

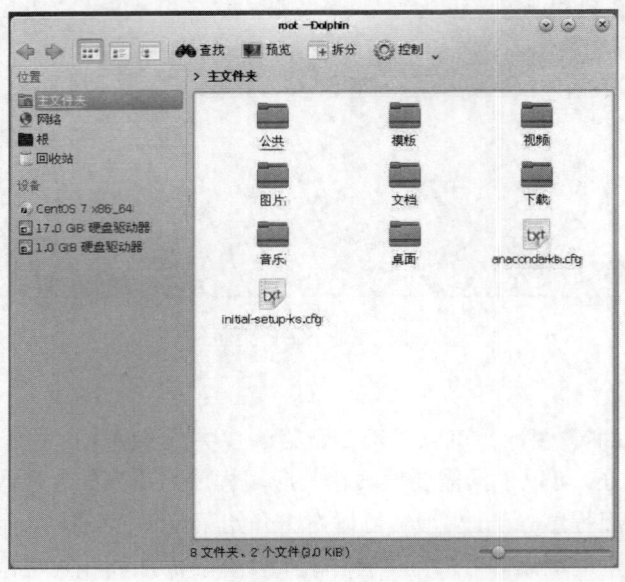

图 2.23　文件管理

4. 个性化设置

KDE 桌面环境的全局设置都搜集在一起了。在这里用户可以设置鼠标动作、默认应用程序以及文件关联、网络、显示器、桌面背景、主题外观、桌面 3D 特效、电源（待机时间、屏幕亮度等）等，几乎 KDE 桌面所有的东西都可以在这里设置。单击开始菜单，单击计算机，选择系统设置，即可打开如图 2.24 所示的界面进行相关配置管理操作。

图 2.24　系统设置

5. 系统活动

KDE 当然也有用来监视运行的进程和系统资源的使用情况的工具。简单按下 Ctrl+Esc 就能启动系统活动工具界面（类似于 Windows 操作系统的任务管理器），如图 2.25 所示。若要打开高级的、可定制的系统监视工具，包含网络流量图等，可运行程序 ksysguard。

图 2.25 系统活动工具界面

6. 自定义面板/部件

KDE Plasma 桌面和面板是可以放置小部件的容器。桌面上的开始菜单、系统托盘，以及 folderview （文件夹视图）本质上都是小部件。用户也可以根据实际需要来定制面板和部件。

添加小部件的操作方法如下：

右击桌面空白处，在弹出的快捷菜单中选择"添加部件"，如图 2.26 所示，然后拖拽部件到桌面或面板即可，如图 2.27 所示。

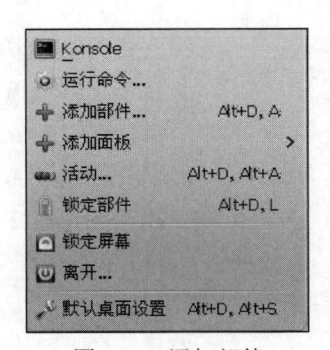

图 2.26 添加部件

部件可以移动、调整尺寸，甚至旋转，若要访问这些操作选项手柄，请单击部件，按下鼠标左键等待几秒后就会出现操作手柄。要对小部件进行添加、删除或者设置，则需要先解锁部件：右击桌面空白处，选择"锁定部件"或者"解锁部件"即可。

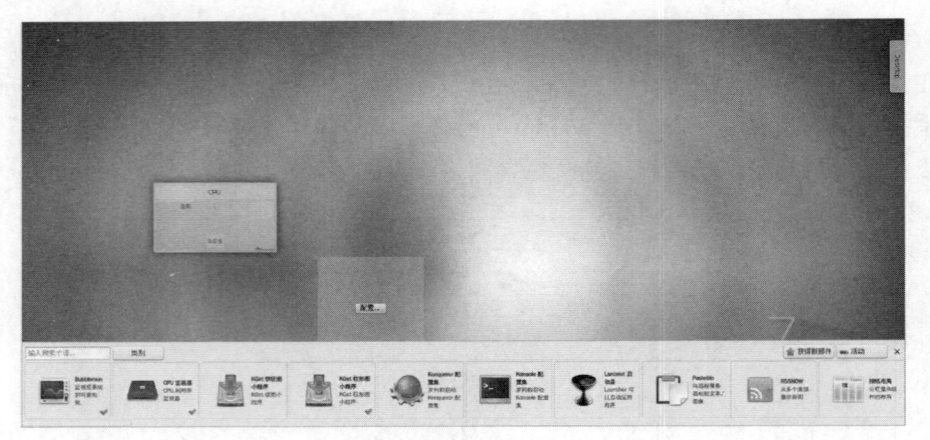

图 2.27　添加完成

当 KDE 桌面小部件都配置完成后，可将小部件锁定起来，这样鼠标停在小部件上时就不会弹出相应菜单，也就不用担心意外移动或删除小部件了。

2.4　习题

一、选择题

1. X Windows 由 X 服务器、X 客户机和 X 协议组成。控制屏幕和键盘的工作由（　　）来承担。
   A．X 服务器和 X 客户机　　　　B．X 服务器和 X 协议
   C．X 客户机　　　　　　　　　D．X 服务器

2. Linux 最常用的 X Windows 图形化用户界面主要有 GNOME 和（　　）。
   A．CDE　　　　B．KDE　　　　C．GDE　　　　D．Windows

3. 使用 SCIM 输入法时，以下（　　）组合键可轮流切换中英文输入法。
   A．Ctrl+Backspace　　　　　　B．Ctrl+Shift
   C．Ctrl+Enter　　　　　　　　D．Ctrl+Space

4. GNOME 应用程序窗口的默认字体和字号是（　　）。
   A．Sans，10　　　　　　　　　B．Serif，12
   C．MonoSpace，10　　　　　　D．Times New Roman，12

5. 以下设置（　　）不需要超级用户权限。
   A．修改系统时间　　　　　　　B．改变鼠标的类型
   C．改变鼠标的指针主题　　　　D．添加打印机

6. GNOME 桌面上的回收站，其实是（　　）。
   A．内存中的一块虚拟区域　　　B．硬盘上的一个目录
   C．硬盘上的一个文件　　　　　D．交换分区中的一块区域

7. 关于首选项菜单和管理菜单的键盘选项，下列说法中不正确的是（　　）。
   A. 首选项菜单中的键盘选项可设置文本区域内的光标闪烁/不闪烁
   B. 管理菜单中的键盘选项可设置键盘的类型，如英联邦式
   C. 管理菜单中的键盘选项可设置键盘的型号，如罗技无影手
   D. 首选项菜单中的键盘选项可设置重复键的延时
8. Nautilus 中可设置的文件的属性不包括（　　）。
   A. 权限　　　　　　　　　　B. 徽标
   C. 修改时间　　　　　　　　D. 打开方式
9. KDE 中要调整桌面墙纸及字体需要打开（　　）。
   A. 文件管理器　　　　　　　B. 我的电脑
   C. 控制中心　　　　　　　　D. 屏幕保护程序
10. Konqueror 提供多种视图模式，下面列出的视图模式，不是 Konqueror 提供的是（　　）。
    A. 图标视图　　　　　　　　B. 多列视图
    C. 文本视图　　　　　　　　D. 缩微视图

二、简答题

1. 简述 Linux 常用的几种桌面环境。
2. 如果系统默认进入字符界面，如何使 CentOS 7 计算机开机自动进入图形界面？

拓展阅读　姚期智院士——中国唯一图灵奖获得者[1]

现代社会科学技术是第一生产力，一个国家只有掌握了先进的技术，在国际上才有发言权。科技水平的高低能够从侧面反映出一个国家的发展水平和综合国力。从建国伊始到现在，我国大力发展科学技术，经过好几代人的奋力拼搏，最终在科技方面取得重大成果，顺利赶超世界强国。

诺贝尔奖是无数科学家心中的最高奖项，是很多科研工作者一生追求的目标。但诺贝尔奖有一个局限就是没有关于计算机领域的奖项。图灵奖是目前此领域最具分量的一个奖项，我国目前只有姚期智教授获此殊荣，他堪称世界级的一位科学家。

姚期智，1946 年 12 月 24 日出生于中国上海，计算机科学专家，2000 年图灵奖获得者，美国国家科学院外籍院士、美国艺术与科学院外籍院士、中国科学院院士、中国台湾中央研究院院士、中国香港科学院创院院士，清华大学交叉信息研究院院长，清华大学高等研究中心教授，香港中文大学博文讲座教授，清华大学-麻省理工学院-香港中文大学理论计算机科学研究中心主任。

姚期智 1967 年获得台湾大学物理学士学位；1972 年获得哈佛大学物理博士学位；1975 年

---

[1] 图灵人工智能. 姚期智院士——中国唯一图灵奖获得者. https://yuanzhuo.bnu.edu.cn/article/1014.

获得伊利诺伊大学计算机科学博士学位，之后先后在美国麻省理工学院数学系、斯坦福大学计算机系、加州大学伯克利分校计算机系任助理教授、教授；1998年当选为美国国家科学院院士；2000年获得图灵奖，是唯一获得该奖的华人学者（截至2020年）；2004年起在清华大学任全职教授，同年当选为中国科学院外籍院士；2005年出任香港中文大学博文讲座教授；2011年担任清华大学交叉信息研究院院长；2015年当选为香港科学院创院院士；2016年放弃美国国籍成为中国公民，正式转为中国科学院院士；2021年获颁日本京都奖。

姚期智的研究方向包括计算理论及其在密码学和量子计算中的应用，最先提出量子通信复杂性，提出分布式量子计算模式，后来成为分布式量子算法和量子通信协议安全性的基础。

57岁那年，姚期智辞去了普林斯顿大学的终身教职，义无反顾地返回祖国怀抱成为清华大学的全职教授。

"我是中国人，中国是我的祖国，我对中国的感情很深，现在我要永远地回来了，永远地回来。"他说。

在姚期智的主导下，"清华学堂计算机科学实验班"（姚班）2005年创立。十五年来，"姚班"培养了一批在全国乃至全世界计算机领域具有影响力的人才，姚期智对此非常满意。而超过姚期智预期的，则是计算机相关的交叉科学。他提议在清华成立交叉信息研究院："我们把譬如量子物理、生物医学、经济金融等领域和计算机科学技术结合起来。这在当时应该是一个非常先进的观念，在世界上都是很少有的。"在学校的全力支持下，交叉信息研究院很快就建立了。

随后，姚期智又把目光转向了人工智能（AI）领域。2019年5月，清华大学人工智能班（智班）成立，姚期智出任首席教授。

"中国在几十年前曾经丧失了一些和国际上同时起步的时机，我想我们现在有一个非常好的机会，在以后十年、二十年，人工智能会改变这个世界的时候，我们应该在这个时候跟别人同时起步甚至比别人更先走一步，好好培养我们的人才，从事我们的研究。"姚期智说。

几十年来，姚期智辗转国内外，取得了世人瞩目的成就，更值得人钦佩的是他的选择和取舍，让我们看到了一代知识分子的家国情怀，不愧是中国的脊梁！

项目 3　目录与文件操作

项目导读

现在的 Linux 虽然有图形视窗操作模式，但是文本命令操作方式既高效、快速，又可通过编写命令脚本，执行复杂的任务，深受专业人士的喜爱。由于图形化界面占用很多系统资源，降低了系统性能，大部分专业服务器都不安装图形界面。

在命令行操作的命令中，我们要学好文件和目录的操作命令，因为 Linux 文件系统是 Linux 系统的核心模块，是学习整个 Linux 操作系统的基础。学习完本项目，将了解 Linux 常用的文件系统，掌握目录与文件的基本知识，熟练掌握 Linux 目录结构、目录及文件的操作命令，以及一些相关的高级操作技巧，还将学会用 vim 等文本编辑器编辑文档等。

项目要点

- Linux 常用的文件系统
- Linux 的目录结构及文件表示方法
- 绝对路径与相对路径
- 目录和文件操作命令
- 管道与重定向操作
- 文本编辑器的使用
- Linux 中的帮助命令

3.1　项目基础知识

目录与文件操作其实就是 Linux 系统对文件的管理操作，而文件管理是 Linux 系统的核心模块。用户通过文件管理的命令可以很方便、高效地管理系统中各种文件与目录资源。这是使用 Linux 系统的操作基础。

3.1.1　Linux 文件系统

近年来，Linux 得到了极大地发展，随着 2.6 内核（特别是 3.10 内核）推出以后，Linux 系统所能支持的文件系统也得到了迅速发展。以 CentOS 7 所支持的文件系统来说，它支持的文件系统有 EXT、EXT2、EXT3、EXT4、Minix、ISO 9660、XFS、swap、NFS、MSDOS、

NTFS、fat、fat32、tmpfs、smb、SysV、btrfs、FastDFS、MFS 等。下面就常用的几种文件系统作简要介绍。

1. ISO 9660 文件系统

ISO 9660 是标准的光盘文件系统，允许长文件名，可以在 PC、Mac 和其他主要计算机平台上读取 CD-ROM 文件。此标准于 1988 年通过，是由称为 High Sierra 的工业组织草拟的。几乎所有带有CD-ROM的计算机都可以从 ISO 9660 文件系统读取文件。

2. EXT4 文件系统

EXT4 是第四代扩展文件系统（Fourth Extended Filesystem，EXT4）是Linux系统下的日志文件系统，是EXT3文件系统的后继版本。此文件系统是从 2.6.28 内核开始支持的稳定文件系统。EXT4 的文件系统容量达到 1EB，而文件容量则达到 16TB，这是一个非常大的数字了。对一般的台式机和服务器而言，这可能并不重要，但对于大型磁盘阵列的用户而言，这就非常重要了。

3. XFS 文件系统

XFS 是一个高性能的日志文件系统，2000 年 5 月，Silicon Graphics 以 GNU 通用公共许可证发布这套系统的源代码，之后被移植到 Linux 内核上。XFS 特别擅长处理大文件，同时提供平滑的数据传输。可以在断电或系统崩溃意外发生时快速恢复可能被破坏的文件，其最大支持存储容量为 18EB，且具有日志功能。XFS 能以接近裸设备 I/O 的性能存储数据。在单个文件系统的测试中，其吞吐量最高可达 7GB/s，对单个文件的读写操作，其吞吐量可达 4GB/s。

4. swap 文件系统

swap 是交换分区的文件系统，当系统物理内存不够时，swap 可以将硬盘中虚拟内存中的一部分空间释放出来，以供当前运行的程序使用。swap 分区对于 Linux 服务器，特别是 Web 服务器的性能来说至关重要。通过调整 swap，有时可以越过系统性能瓶颈，节省系统升级费用。

3.1.2 Linux 文件

在 Linux 系统中，文件的概念与 Windows 操作系统中文件的概念是有明显区别的。在 Linux 系统中的一切资源都是以文件形式来表示的。例如 I/O 设备（键盘、鼠标、显示器等）、磁盘、光驱、目录、进程和程序等都是以文件形式表示的。

1. 文件与文件名

文件是具有符号名和在逻辑上具有完整意义的信息集合。

文件名是文件的标识，是由字母、数字、下划线和圆点组成的字符串。Linux 要求文件名的长度限制在 255 个字符以内。

在 Linux 中的文件名与 Windows 操作系统中的文件名是有区别的。在 Linux 中，文件名是没有扩展文件名这一说法的。即使如 readme.txt 这样的文件名，其中的".txt"也被看作一个整体文件名的一部分，而不是扩展文件名。这与 Windows 操作系统是截然不同的。

2. 文件的类型

在 Linux 系统中有如下几种基本文件类型：普通文件、目录文件、设备文件和链接文件。

（1）普通文件。普通文件是用户最为经常使用的文件，它又分为文本文件和二进制文件两种。

1）文本文件：此文件类型是以 ASCII 码形式存储的文件，是以"行"为基本结构的一种信息组织和存储方式，可以通过编辑工具软件进行编辑和修改。其是最常见的一种文件类型。

2）二进制文件：此文件类型是把文本以二进制形式存储在计算机中。用户一般不能直接查看和修改它，只有通过对应的应用软件才能显示或修改、编辑它。这类文件有可执行程序、图片文件、视频、音频文件等。

（2）目录文件。目录作为一种文件来看待和处理，这是其在 Linux 系统中与 Windows 系统中的不同之处。在 Linux 系统中，所有的目录都被看作文件，对目录文件的操作是由专门的命令来处理的。目录文件的主要作用是管理和组织系统中大量的文件，它存储一组相关文件的位置、大小和与文件属性相关的信息。目录文件中存放的内容是其中的文件名和子目录文件名等。

（3）设备文件。设备文件是 Linux 系统中所独有的文件类型。Linux 系统把每一个设备都看作一个文件。如 I/O 操作，即是对 I/O 设备文件的读写操作。内核提供了对设备处理和对文件处理的统一接口。这样可以使文件和设备的操作尽可能统一。从用户的角度来看，对 I/O 设备的使用和一般文件的使用一样，不必了解 I/O 设备的具体参数和细节。

（4）链接文件。链接文件又分为硬链接文件和软链接文件。

1）硬链接文件：具有相同的索引节点号的文件。

2）软链接文件：又叫符号链接。相当于 Windows 中的快捷方式。

3. 文件的颜色及意义

在 Windows 系统中，不同类型的文件是通过不同的文件扩展名来区分的。而在 Linux 系统中，文件类型不是通过文件扩展名来区分的，而是通过文件名所呈现的不同颜色来区分的。即不同的文件名颜色代表着不类型的文件。

- 黑色（或白色）：普通文件。
- 蓝色：目录文件。
- 红色：压缩文件。
- 浅蓝色：链接文件。
- 黄色：设备文件。
- 青绿色：可执行文件。
- 粉红色：图片文件。

3.1.3 Linux 目录结构

Linux 操作系统有着独特的目录结构。为了有效地管理和组织计算机中的大量文件和文件夹，Linux 操作系统采用了树形目录结构，为用户提供了一个使用方便的接口。用户通过访问树形结构中的目录及目录下的文件，可以方便地访问系统中的任意目录或文件。

具体来说，Linux 系统是以文件目录的方式来组织和管理系统中的所有文件。文件目录就是将所有文件的说明信息采用树结构组织起来，整个文件系统有一个"根"，在根上分"杈"，权再分权，权上也可以长出"叶子"。这里的"根"和"权"，其实就是"目录"或"文件夹"，而"叶子"就是文件。

每个目录节点之下都会有一些文件和目录，并且系统在建立每一个目录时，都会自动为它设置两个目录文件，一个是"."，代表当前目录，也就是本目录自己；另一个是则是".."，代表着当前目录的父目录，也就是当前目录的上一级目录。图 3.1 所示为 Linux 树形目录结构。

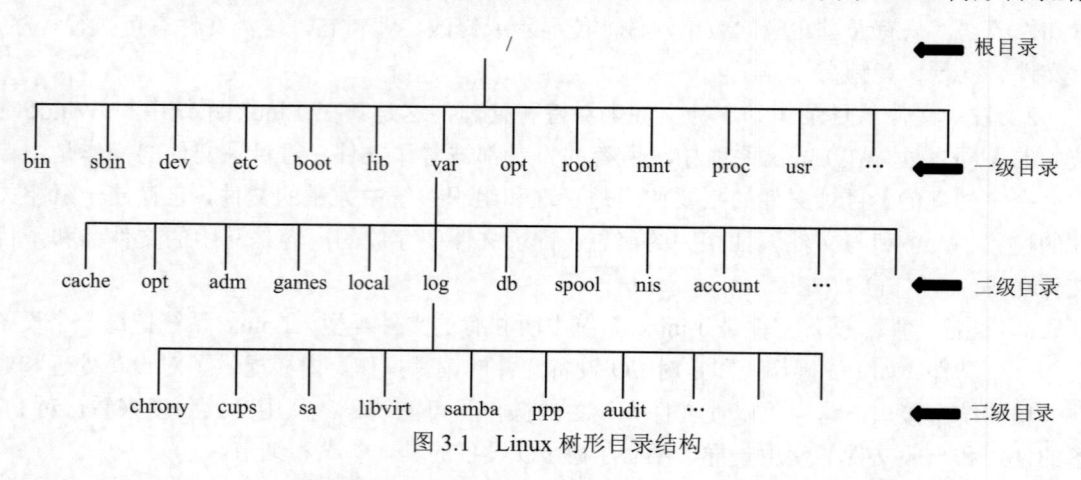

图 3.1　Linux 树形目录结构

下面介绍 Linux 系统中最常用的一级目录：

- /：根目录。Linux 系统把所有文件都组织在一个目录树下面，/是唯一的根目录。
- /bin、/sbin：这里存放着启动系统时所需要的普通程序和系统程序。也有一些应用程序会经常被其他程序调用，因此也存放在这两个目录中。
- /dev：设备文件目录。此目录下存放着系统里所有的设备文件，有一些是由 Linux 内核创建的用来控制硬件设备的特殊文件。
- /home：一般用户的用户主目录，也称作"家目录"。默认情况下，每产生一个系统用户，都会在家目录中产生一个以用户名命名的目录，这个目录就是该用户的家目录。当该用户登录系统时，默认当前目录为此家目录。
- /etc：系统配置文件目录。此目录是系统各种服务和应用的配置文件所在的目录，包括各种模块和服务的加载描述。
- /lost+found：该目录被 fsck 用于存放零散文件（没有名称的文件），是被挂载的表现。/lost+found 这个目录一般情况下是空的，当系统非法关机后，这里就存放了一些文件。
- /mnt：该目录主要用于存放系统引导后被挂载的文件系统的挂载点。
- /root：该目录用于存放根用户（超级用户）的主目录。
- /lib：启动系统时所需要的库文件都会在这个目录下。
- 工作目录与用户主目录：当登录 Linux 时，首先进入一个特殊的目录，称为用户主目录。可以通过"～"来指定（或者引用）用户主目录。当前所在的目录称为当前工作目录（又称当前目录），当前目录可以用"."表示，当前工作目录的父目录可用".."表示。如表 3.1 所列，为 Linux 系统目录及目录功能说明。

表 3.1　Linux 系统目录及目录功能说明

目录	功能说明
/	Linux 文件系统的最上层根目录，其他所有目录均是该目录的子目录
/bin	binary 的缩写，存放普通用户可执行的程序或命令
/boot	存放系统启动时所需的文件，这些文件若损坏常会导致系统无法启动，一般不要改动
/dev	dev 是设备（device）的英文缩写。包含所有的设备文件
/etc	存放了系统管理时要用到的各种配置文件和子目录
/home	存放一般用户的个人目录
/lib	是库（library）的英文缩写，存放系统的各种库文件
/lib64	存放系统本身需要用到 64 位程序的共享函数库（library）
/mnt、/media	可以临时将别的文件系统挂在这个目录下，即为其他的文件系统提供安装点
/opt	该目录通常提供给较大型的第三方应用程序使用，这可避免将文件分散至整个文件系统
/proc	可以在这个目录下获取系统信息。这些信息是在内存中由系统自己产生的
/root	超级用户的个人目录，普通用户没有权限访问
/run	保存自系统启动以来描述系统信息的文件
/sbin	和/bin 类似，这些文件往往用来进行系统管理，只有 root 可使用
/srv	srv 是服务（server）的简写，服务启动之后需要访问的数据目录
/sys	本目录是将内核的一些信息映射文件，以供应用程序所用
/tmp	用来存放不同程序执行时产生的临时文件
/home	存放一般用户的个人目录
/usr	一般用户程序安装所在的目录，用于安装各种应用程序
/var	通常各种系统日志文件放在这里

3.1.4　绝对路径与相对路径

在访问树形结构的目录和文件时，必须要搞清楚下面几个概念。

1. 路径

路径是指从树形目录中的某个目录层次到某个文件的一条访问道路的表达。路径主要由目录文件名称组成。路径一般根据访问起点的不同，分为绝对路径和相对路径。

2. 绝对路径

绝对路径是从根目录开始，依次指出访问的各级目录的名称，直到要访问的目的目录名称或目的文件名称为止。在指出各级目录名称时，用"/"分隔。例如：/home/zy/jiaox/kec/wl，这种起始于"/"根目录的表达路径的方法，就叫绝对路径表示法。注意：第一个起始的"/"符号表示的是根目录的意思。中间的"/"符号只是分隔符。

3. 相对路径

相对路径是从当前目录开始，依次指出要访问的下层次的各级目录名称，直到要访问的目的目录名称或目的文件名称为止。这种起始于当前目录，或相对于当前目录的某目录的访问方法，叫相对路径表示法。

举例：如图 3.2 所示树形目录结构中，假设当前目录为 jiaox，要访问 letter 文件。我们可以用从 "/" 根目录开始的绝对路径访问方法进行访问。也可以用相对路径访问，具体访问方法：../priv/letter。

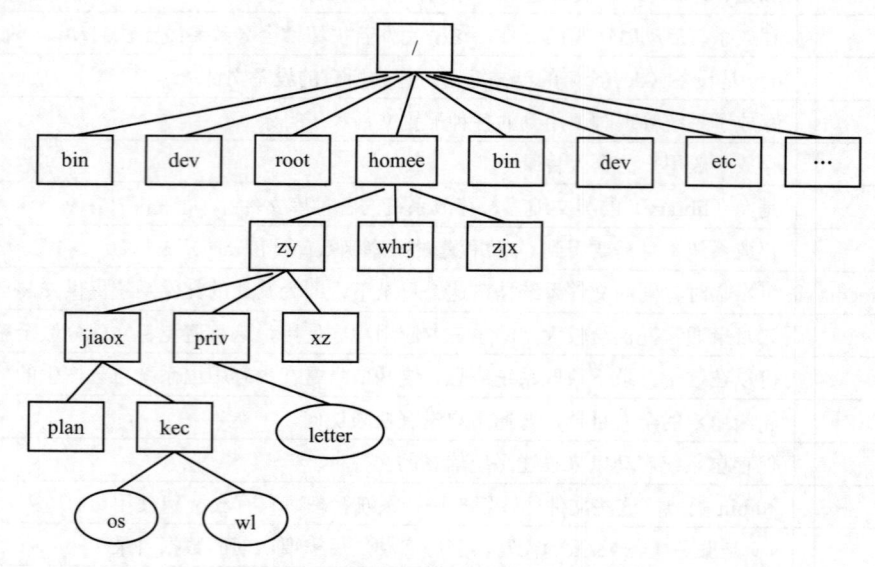

图 3.2　树形结构目录和文件

在树形目录结构中到某一确定文件的绝对路径和相对路径均只有一条。绝对路径是确定不变的，而相对路径则随着用户的当前目录的变化而变化的。

3.2　项目准备知识

3.2.1　目录操作命令

1. pwd 命令

功能：用绝对路径显示用户的当前目录。

格式：pwd　[参数]

【例 3.1】使用该命令显示其当前目录，命令示例如下：

```
[root@localhost    userzy]# pwd
/home/userzy
```

2. cd 命令

功能：改变当前目录，或改变到指定的目录。

格式：cd　　<路径名>

在路径的表达式中："."代表当前目录；".."代表当前目录的父目录；"/"代表根目录；"~"表示当前用户的主目录。

【例 3.2】改变目录到/etc，命令示例如下：

[root@localhost ~]# cd /etc

3. mkdir 命令

功能：创建空目录。

格式：mkdir [参数] <目录名>

参数：

-p：循环建立目录。

【例 3.3】在根目录中创建空目录 d1，命令示例：

[root@localhost /]# mkdir /d1

4. rmdir 命令

功能：删除空目录。

格式：rmdir [参数] <目录名>

参数：

-p：循环删除空目录。

【例 3.4】删除当前目录下的 a1 目录，命令示例如下：

[root@localhost userzy]# rmdir ./a1/

3.2.2 文件操作命令

1. ls 命令

功能：显示指定目录中的文件和目录。

格式：ls [参数] 目录名

参数：

-a：显示目录下所有文件。

-l：以长格式显示目录下的内容。

-R：表示递归显示。

-t：按照修改时间排列显示。

【例 3.5】以长格式显示当前目录下的内容，命令示例如下：

[root@localhost userzy]# ls -l

2. cp 命令

功能：复制文件。

格式：cp [参数] <源文件> <目标路径文件或目录>

参数：

-f：若文件在目标路径中存在则强制覆盖。

-i：若文件在目标路径中存在则提示是否覆盖。

-R：递归复制（包含子目录及目录中的文件一起复制）。

-p：除复制文件的内容外，还将把其修改时间和访问权限也复制到新文件中。

-b：生成覆盖文件的备份。

-v：显示命令执行过程。

【例 3.6】把当前目录下 aa 目录及其子目录中的文件和目录递归复制到根目录下 bb 目录中，命令示例如下：

[root@localhost userzy]#cp -R ./aa /bb/

3. mv 命令

功能：把文件从一个目录移动到另一目录中，或为文件或目录改名。

格式：mv ［参数］ <源路径> <目标路径>

参数：

-f：强制移动。

-i：提示是否移动。

-v：显示命令执行过程。

【例 3.7】强制移动 d1 中所有文件到 d2 目录中，命令示例如下：

[root@localhost userzy]# mv -f /d1/* /d2/

4. rm 命令

功能：删除文件或目录。

格式：rm ［参数］ <文件名> 或 <目录>

参数：

-f：强制删除。

-i：提示是否删除。

-r：递归删除。

-v：显示命令执行过程。

【例 3.8】强制递归删除 d1 目录，不管 d1 目录下有没有文件或子目录，且不作提示。

[root@localhost userzy]# rm -rf /d1

5. touch 命令

功能：创建空文件，改变文件的时间记录。

格式：touch ［参数］ 文件名

参数：

-t：用给定时间（[[CC]YY]MMDDhhmm[.ss]）更改文件的时间记录。

【例 3.9】在当前目录下创建 myfile 空文件，命令示例如下：

[root@localhost userzy]#touch ./myfile

6. cat 命令

功能：显示文本文件的内容。

格式：cat ［参数］ <文件名>

参数：

-n：从 1 开始对所有输出的行编号。

-b：与-n 参数类似，所不同的是对空白行不编号。

-s：当遇到有连续两行以上的空白行时，就代换为一行空白行。

【例 3.10】显示/etc 里面 inittab 文本文件的内容。

[root@localhost   userzy]# cat   /etc/inittab

7. more 命令

功能：分页显示文件内容。适合显示长文件清单或文本清单，可以一次一屏或一个窗口的显示，基本指令就是按空格键往下一页显示（或按 Enter 键显示下一行），按 Backspace 键往回显示一页。

格式：more   [参数]   <文件名>

参数：

-num：一次显示的行数。

-d：提示使用者，在画面下方显示[press space to continue,q to quit]。

-f：计算行数时，以实际上的行数，而非自动换行后的行数。

-p：不以卷动的方式显示每一页，而是先清屏后再显示内容。

-c：与-p 类似，不同的是先显示内容，再清除其他旧资料。

-s：当遇到两行以上的连续空白行时，就代换为一行的空白行。

+num：从第 num 行开始显示。

【例 3.11】每屏显示 10 行 file2 的内容。

[root@localhost   userzy]#more -10   file2

8. less 命令

功能：与 more 基本相同，不同之处是 less 允许往回卷动已经浏览过的部分，同时 less 并未在一开始就读入整个文件，因此，打开大文件的时候，它会比一般的文本编辑器快。

格式：less   [参数]   <文件名>

参数：

-num：一次显示的行数。

-d：提示使用者，在画面下方显示[press space to continue,q to quit]。

-f：计算行数时，以实际上的行数，而非自动换行后的行数。

-p：不以卷动的方式显示每一页，而是先清屏后再显示内容。

-c：与-p 类似，不同的是先显示内容，再清除其他旧资料。

-s：当遇到两行以上的连续空白行时，就代换为一行的空白行。

+num：从第 num 行开始显示。

【例 3.12】回滚查看/etc 里面 dhcpd.conf 文件的内容。

[root@localhost   userzy]# less   /etc/dhcpd.conf

9. head 命令

功能：显示文件的前几行内容。默认值是 10 行，可以通过指定参数来改变显示的行数。

格式：head   [参数]   文件名

【例 3.13】显示当前目录下文件 a.txt 中前 20 行。

[root@localhost   userzy]# head   -20   a.txt

10. tail 命令

功能：和 head 命令功能正好相反。使用 tail 命令可以查看文件的后 10 行。这有助于查看日志文件的最后 10 行来阅读重要的系统信息。还可以使用 tail 来观察日志文件被更新的过程，使用-f 选项，tail 就会自动实时地打开文件中的新消息显示到屏幕上。

格式：tail　　　[参数]　　　<文件名>

参数：

+num：从第 num 行以后开始显示。

-num：从距文件尾 num 行处开始显示。若省略，系统默认 10。

【例 3.14】从距文件尾 6 行处开始显示 passwd 的内容。

[root@localhost userzy]# tail -6 /etc/passwd

11. wc 命令

功能：统计文件中的行数、单词数及字符数。

格式：wc　　[参数] 文件名

参数：

-c：统计字符数。

-w：统计单词数。

-l：统计行数。

【例 3.15】统计 passwd 文件中的行数、单词数和字符数。

[root@localhost userzy]# wc -lwc /etc/passwd
42　79　2205　/etc/passwd

12. ln 命令

功能：在文件之间创建链接，即给系统中已存在的文件指定另一个可用于访问的名称。对于这个新的文件名，可以为其设定不同的访问权限，以实现访问安全性。

格式：ln　　[参数]　　目标文件或目录　　链接文件名

参数：

-s：创建软链接。

-i：提示是否覆盖目标文件。

-f：直接覆盖已存在的目标文件。

-b：将在链接时会被覆盖或删除的文件进行备份。

说明：链接文件分为硬链接和软链接两种类型。硬链接是多个文件名指向同一个文件存储区域，即多个链接文件指向同一个索引节点。硬链接不能针对目录创建，也不能跨分区。而软链接即符号链接，相当于 Windows 中的快捷方式，可用于跨分区，可对目录创建软链接。

【例 3.16】为文件 passwd 创建软链接文件。

[root@localhost userzy]# ln -s /etc/passwd ./mypass.soft

3.2.3　目录与文件的高级操作命令

1. 输出重定向操作符 ">" ">>"

功能：

>：输出重定向，文件不存在则建立，存在就覆盖。

>>：文件存在则追加到末尾。

【例 3.17】创建或覆盖/abc.txt 文件，并将 inittab 文件的内容写入 abc.txt 中。

[root@localhost   userzy]# cat   /etc/inittab >   /abc.txt

【例 3.18】创建或覆盖 text3 文件，并将 text1 与 text2 文件合并后的内容写入 text3 中。

[root@localhost   userzy]# cat   text1   text2 > text3

【例 3.19】输出追加重定向，将 myfile1 文件的内容追加到 myfile2 文件的末尾。

[root@localhost   userzy]# cat   myfile1 >> myfile2

2．命令管道操作符"|"

功能：前一个命令的输出作为后一个命令的输入。

【例 3.20】对当前目录列清单，并执行 more 命令分屏显示。

[root@localhost   userzy]# ls | more

3．命令替换操作符"`"

功能：后一个命令结果作为前一个命令的参数。

【例 3.21】查看当前目录 abc 中列出的文件内容。

[root@localhost   userzy]# cat   `ls    abc`

4．顺序连接多个命令操作符"；"

功能：连接多个完整命令，并使这些命令顺序执行。

【例 3.22】顺序连接多个命令操作符。

[root@localhost   userzy]# ls ; cd   / ; mkdir   /home/abc

3.2.4 查找与定位命令

1．find 命令

功能：查找文件的命令。该命令的功能是在指定的目录，按查询条件递归地搜索各个子目录，查找到符合条件的文件后采取相关操作。本命令提供了非常多的参数和查找方式，因此功能非常强大。

格式：find   [路径]   [参数]   [表达式]

参数：

-name "文件名"：表示查找指定名称文件。

-lname "文件名"：查找指定文件所有的链接文件。

-user   用户名：查找指定用户拥有的文件。

-group   组名：查找指定组拥有的文件。

-size n：查找大小为 n 块的文件，一块为 512B。"+n""-n""nc"分别表示查找文件大小"大于""小于""等于"n 块的文件。

-inum n：查找索引节点号为 n 的文件。

-type：查找指定类型的文件。文件类型有：b 为块设备文件、c 为字符设备文件、d 为目录、p 为管道文件、l 为符号链接文件、f 为普通文件。

-atime n：查找 n 天前被访问过的文件，"+n"和"-n"分别表示大于和小于 n 天。

-mtime n：查找 n 天前内容被修改过的文件，"+n"和"-n"分别表示大于和小于 n 天。

-ctime n：查找 n 天前文件索引节点被修改过的文件，"+n"和"-n"分别表示大于和小于 n 天。

-perm mode：查找与给定权限相匹配的文件。

-exec command {} \;：对匹配指定条件的文件执行 command 命令。

说明：find 命令的查找条件还可以使用逻辑运算符"-a"（与运算）、"-o"（或运算）、"!"（非运算）组成复杂的查找条件。

【例 3.23】查找/etc 目录中所有的文件名中包含 sys 字母组合的文件。

[root@localhost /]# find /etc/ -name '*sys*'

【例 3.24】查找根目录下文件名以 sys 开头或以 sys 结尾的文件。

[root@localhost /]# find / -name 'sys*' -o -name '*sys'

2. grep 命令

功能：文件内容查询命令。以指定的查找模式搜索文件，通知用户在什么文件中搜索到与指定的模式匹配的字符串，并且打印出所有包含该字符串的文本行，在该文本行的最前面是该行所在的文件名。

格式：grep   [参数]   [查找模式]   [文件名 1,文件名 2,文件名 3,…]

参数：

-i：查找时忽略字母的大小写。

-l：仅输出包含该目标字符串文件的文件名。

-v：输出不包含目标字符串的行。

-n：输出每个含有目标字符串的行及其行号。

-c：对匹配的行计数。

说明：查找模式可以是正则表达式。所谓正则表达式，即通过一系列规则，用一个字符串来匹配多个字符串。它通常由普通字符（例如字母 a 到 z）和特殊字符（称为元字符，如/、*、? 等）构成。正则表达式符号规则见表 3.2。

表 3.2 正则表达式符号规则

名称	操作符	应用举例	意义
析取	|	x|y|z	x、y 或 z
一个任意字符	.	/L..e/	love、Live、Lose 等
字符串首字符	^	^a	以字符 a 开头的串
字符串尾字符	$	B$	以字符 B 结尾的串
转义字符	\	*	*
组合	( )	(xy)+	xy、xyxy、xyxyxy 等
可选	?	xy?	x、xy
重复（零次或多次）	*	xy*	x、xy、xyy、xyyy 等
重复（一次或多次）	+	xy+	xy、xyy、xyyy 等
集合	[ ]、[^]	/[Hh]elb//[^A-KM-Z]ove/	Hello、hello Love

【例 3.25】在文件 contract 和 grubeg 中查找字符串 system。

[root@localhost /]#grep system contract grubeg

【例 3.26】选中所有以字母 a 开始的行。文件 test 中的以^a 开头的行是不会被选中的。

[root@localhost /]#grep '^a' test

3. which 命令

功能：在环境变量$PATH 指定的路径中，查找某个系统命令的位置，并返回第一个搜索结果。

格式：which　　[参数]　　<命令名称>

参数：

-n　<文件名长度>：指定文件名长度，指定的长度必须大于或等于所有文件中最长的文件名。

-p　<文件名长度>：与-n 参数相同，但此处的<文件名长度>包括了文件的路径。

-w：指定输出时栏位的宽度。

-V：显示版本信息

【例 3.27】查找系统命令 pwd 的位置。

[root@localhost /]#which pwd

运行结果：/usr/bin/pwd

3.2.5 文本编辑器的使用

Linux 中有很多种文本编辑器，其中最常用也最有名的是 vi 和 vim 编辑器。vim 是 visual interface improved 的简称，意即 vi 的增强版。它可以进行对文本的输出、删除、查找、替换、块操作等操作，但不可以进行对字体、字号、格式和段落等的排版操作。因为它只是一个文本编辑程序，没有菜单，而只有操作命令。该编辑器主要用于在 Linux 下编程、写脚本程序、编辑或查看配置文件和其他文本文件，这些工作在 Linux 的系统管理和应用操作中非常重要。又因为 vi 或 vim 本身程序很小，占用内存很小，运行效率高等，所以深受程序编写者或系统维护工程师的喜爱。下面将详细介绍 vim 的使用方法。

1. vim 的启动和退出

要使用 vim 编辑器，首先是启动 vim。Linux 启动 vim 编辑器有如下方式，见表 3.3。

表 3.3　启动 vim 的命令使用方法

命令格式	命令说明
vim 文件名	打开或新建文件，并将光标置于第 1 行行首
vim +n 文件名	打开文件并将光标置于第 n 行行首
vim + 文件名	打开文件并将光标置于最后一行行首
vim +/字符串 文件名	打开文件，并将光标置于第 1 个与字符串匹配的串处
vim -r 文件名	在上次使用 vim 发生崩溃处恢复
vim 文件名1 文件名2 …	打开多个文件依次编辑

2. vim 的工作模式

（1）vim 的三种工作模式简介。vim 有三种工作模式，分别是命令模式、输入模式和末行模式。各模式的功能如下：

1）命令模式：输入执行特定 vim 功能的命令，可对文本进行复制、粘贴、删除和查找。

2）输入模式：输入、编辑、修改文本内容。

3）末行模式：执行对文件的保存、退出等操作。

（2）vim 的三种工作模式的切换。下面详细说明各工作模式之间的转换方法，如图 3.3 所示。

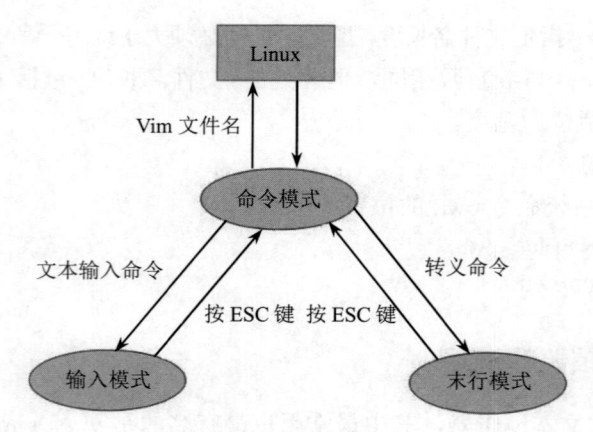

图 3.3 vim 模式的切换

1）在 Linux 命令行中输入"vim 文件名"即可启动 vim 编辑器并打开文件，若该文件名所指文件不存在，则创建该文件。启动 vim 后，默认进入命令模式。

2）在命令模式下输入文本编辑命令，比如"i"或"a"等，即可进入编辑模式。

3）在编辑模式下对文本进行编辑后，按 ESC 键退回至命令模式。

4）在命令模式下输入转义命令":"，即可进入末行模式。

5）在末行模式下可输入"wq"保存文件并退出 vim 编辑器，完成文档的编辑。也可输入"w"只保存文件而不退出或输入"q!"强制不保存文件而退出 vim 编辑器。

6）在末行模式下，当输入"w"只保存文件而不退出后，可按 ESC 键返回命令模式，进行继续编辑文档的操作等。

注意：各工作模式之间进行切换的命令，请参照图 3.4。

3. 常用命令说明

从图 3.4 不难看出，在各工作模式下，都有自己独有的命令。由于 vim 中的操作命令繁多，但实际大多数平时用不到，也不容易记忆，所以本书只列出常用的命令及命令的使用说明，以方便初学者记忆。命令模式下的常用命令及功能说明见表 3.4。输入模式下的常用命令及功能说明见表 3.5，末行模式下的常用命令及功能说明见表 3.6。

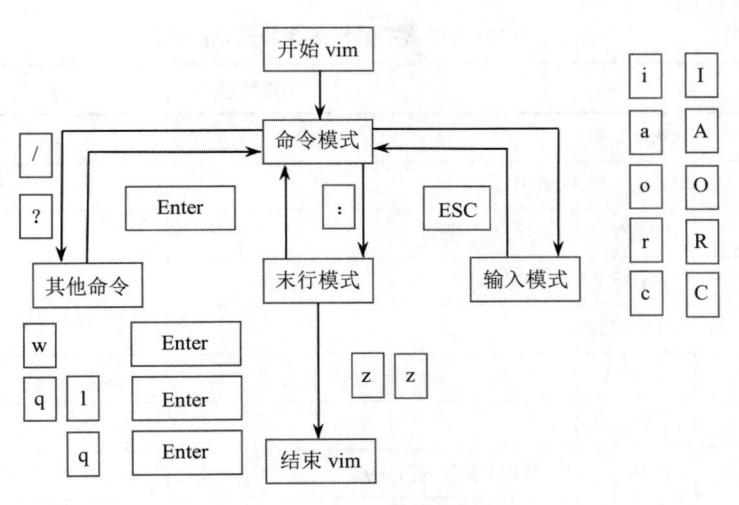

图 3.4 vim 工作命令图解

表 3.4 命令模式下的常用命令及功能说明

命令	功能说明
yy	复制光标所在的行
P 或 p	粘贴。其中大写 P：粘贴到上一行；小写 p：粘贴到下一行
/string	自光标处开始向下搜索字符串 string
n	向下继续前一次查找动作（与/string 命令联用）
N	向上继续前一次查找动作（与/string 命令联用）
dd	删除光标所在的整行
u	撤销上一步的操作
Ctrl+R	还原撤销的操作

表 3.5 输入模式下的常用命令及功能说明

命令	功能说明
i	从光标所在位置前插入文本
I	将光标移动到当前行的行首，然后插入文本
a	在光标当前所在位置之后追加文本
A	将光标移到所在行的行尾，再追加文本
o	在光标所在行的下面插入一行，并置光标到该行行首，等待输入文本
O	在光标所在行的上面插入一行，并置光标到该行行首，等待输入文本
ESC	退出命令模式或回到命令模式

表 3.6　末行模式下的常用命令及功能说明

命令	功能说明
:w	保存文件
:wq	保存文件并退出 vim
:q!	不保存文件并强制退出
:set nu	显示行号
:set nonu	不显示行号
:25,28 copy 42	将第 25~28 行复制粘贴到第 42 行处，原第 42 行下移
:noh	取消高亮显示
:1,5s/old/new/g	将 1~5 行中的 old 替换成 new
:%s/old/new/g	将全文件中所有的 old 替换成 new

3.2.6　在 Linux 中获取帮助

Linux 中的命令繁多，特别是几乎每个命令都有自己的多个参数。要想把它们都掌握好，除了大量练习和经常使用以外，能灵活利用系统提供的帮助信息，是一个很重要的方法。

Linux 系统中提供了参考手册，它是一个系统完整的文档资料，包含所有标准实用程序的用法和功能说明，大量的应用程序和库文件的用法，以及系统文件和系统程序库的资料。另外还包括了和每个条目相关的特殊命令和文件的补充信息。有时候还提供范例和错误信息说明等。获取帮助一般有三种方法，其命令分别为 man、info 和 help。

1. man 命令

功能：显示命令及相关配置文件的帮助手册。

格式：man　　命令名称

【例 3.28】显示 mkdir 命令及相关配置文件的帮助。

[root@localhost /]# man　mkdir

2. info 命令

功能：获取相关命令的详细使用方法。

格式：Info　　命令名称

【例 3.29】获取 cd 命令的详细使用方法。

[root@localhost /]# info　cd

3. --help 命令参数

功能：获取相关命令的详细使用方法。

格式：命令名称　　--help

【例 3.30】获取 ls 命令的详细使用方法。

[root@localhost /]# ls　--help

3.3 项目实施

为熟练掌握目录和文件的相关命令和操作，就要在实践中去多操作多做实验。下面列出的三个实践项目，请读者按照操作步骤上机实践操作，可以帮助大家理解和记忆前面的知识点，从而转化为自己的操作技能。

任务 3.1 创建并管理目录和文件

最近公司新进了一个业务管理员李四，你作为系统管理员，为他创建了账号供他使用，同时将某台服务器的根目录下已经离职的员工张三的目录供李四存放机密文件，张三的文件和目录也要删除。具体任务的操作步骤如下：

（1）进入张三的目录：cd /zhangsan。
（2）新建两个目录，一个存放文件，一个存放软件：mkdir myfile, mkdir software。
（3）删除张三的子目录：rm -f dd, rm -f cc。
（4）返回根目录：cd /。
（5）修改张三的目录为李四：mv zhangsan lisi。

任务 3.2 查找、查看复杂条件的目录和文件

某企业用户的用户名和密码信息被忘记了，现在公司经理安排你来帮助他们找回信息，并且把它做个软链接放在某个目录下，方便其他用户访问，请你完成。具体操作步骤如下：

（1）在根目录（/）下新建目录 test、test1，把/etc/passwd 分别复制到/test1 与/test 下，并分别改名为 file1 与 file。
（2）查看 file1 文件的前两行与最后两行，并记录。
（3）查看/etc/目录下的文件，并记录前两个文件的文件名。
（4）查看/etc/目录中所有的文件内容中包含有 sys 字母的文件并记录。
（5）查看/etc/目录中所有的文件名中包含有 sys 字母的文件并记录。
（6）查看/etc/目录中文件包含 conf 的前两个文件。
（7）为/test/file 文件建一个软链接文件 file.soft 存放到/test1 中。

3.4 习题

一、选择题

1. 命令 cd - 和 cd ~的作用分别是（   ）。
   A．进入用户主目录和进入上一个目录

B．进入用户主目录和进入当前目录

C．进入上一个目录和进入当前目录

D．进入上一个目录和进入用户主目录

2．下列关于链接的说法，错误的是（　　）。

A．软链接是指向目标文件/目录的快捷方式

B．访问硬链接和访问软链接与访问源文件是一样的

C．移动目标文件，软链接还能够访问

D．删除目标文件，硬链接还能够访问

3．删除非空目录/home/test 使用的命令是（　　）。

A．delete /home/test

B．rm -f /home/test

C．rm -R /home/test

D．mv /home/test /tmp

4．下列（　　）命令可以一次显示一个屏幕的内容。

A．cat　　　　　　　　　　B．head

C．more　　　　　　　　　D．grep

二、简答题

案例背景：在我们使用 Linux 的过程中，经常会使用 vim 作为文本编辑器。为了熟练掌握 vim 的使用方法，特别是一些较为高级的操作，我们需要不断练习。

下面的操作全部是在执行"cp /etc/passwd　/mytest"命令后，再使用 vim 编辑器打开 mytest 后进行的操作。请写出命令。

1．把第 5~15 行之间的内容存盘为文件/myfile1。

2．将当前结果追加到/myfile2 文件。

3．将第 3~8 行之间的内容复制到第 12 行下。

4．同时打开两个文件，并来回切换。

5．将第 12~17 行的内容删除。

6．将第 4~8 行的内容移动至第 10 行。

7．删除包括 root 的行。

8．查找文件中全部 daemon 关键字所在的行。

拓展阅读　日志文件系统[1]

　　日志文件系统（Journaling File System，JFS）是一个具有故障恢复能力的文件系统，在这个文件系统中，因为对目录以及位图的更新信息总是在原始的磁盘日志被更新之前写到磁盘上的一个连续的日志上，所以它保证了数据的完整性。当发生系统错误时，一个日志文件系统将会保证磁盘上的数据恢复到发生系统崩溃前的状态。同时，它还将覆盖未保存的数据，并将其存在如果计算机没有崩溃的话这些数据可能已经遗失的位置，这是对关键业务应用来说的一个很重要的特性。

　　因此，日志文件系统比传统的文件系统更安全，因为它用独立的日志文件跟踪磁盘内容的变化。在断电或者是操作系统崩溃的情况下保证文件系统一致性。

---

[1] peterjerald. 日志文件系统. https://blog.csdn.net/peterjerald/article/details/126443264?spm=1001.2014.3001.5502.

项目 4　学习使用 Shell

项目导读

在计算机科学中，Shell 俗称壳（用来区别于核），是指"为使用者提供操作界面"的软件，即命令解析器（command interpreter）。Shell 是一个用 C 语言编写的程序，它也是用户使用 Linux 的桥梁。Shell 既是一种命令语言，又是一种程序设计语言。

Shell 是指一种应用程序，这个应用程序提供了一个界面，用户通过这个界面访问操作系统内核的服务。为了能够更好地使用 Linux 操作系统，学习 Shell 是非常重要的。下面通过对本项目的学习可快速掌握 Shell 命令行的基本特性及应用。

项目要点

- Shell 的类型
- 环境变量
- Bash 的常用功能

4.1　项目基础知识

4.1.1　Shell 简介

Shell 是用户和 Linux 内核之间的接口程序。用户在提示符下输入的每个命令都由 Shell 先解释然后传给 Linux 内核，如图 4.1 所示。前几个项目中所使用的终端执行命令都是通过 Shell 的环境来处理的。Linux 与 DOS 最重要的区别之一是 Linux 的命令解释器 Shell 是与操作系统相分离的一层。不同的 Shell 环境具备不同的功能，比如可编辑的命令行和历史命令回查等。

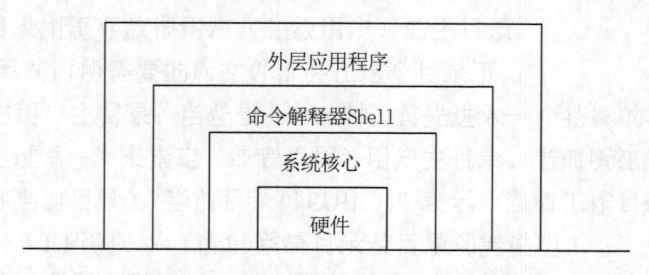

图 4.1　Shell 是用户和内核之间的接口

Shell 是一个命令语言解释器（command-language interpreter）。拥有自己内建的 Shell 命令集。此外，Shell 也能被系统中其他有效的 Linux 实用程序和应用程序（utilities and application programs）所调用。不论何时键入一个命令，它都能被 Linux Shell 所解释。一些命令，例如打印当前工作目录命令（pwd），是包含在 Linux Shell 内部的，类似 DOS 的内部命令。其他命令，例如拷贝命令（cp）和移动命令（rm），是存在于文件系统中某个目录下的单独的程序。而对用户来说，并不知道（或者不关心）一个命令是建立在 Shell 内部还是一个单独的程序。对用户来说只需要获得命令的运行结果即可。

　　Shell 的另一个重要特性是它自身就是一个解释型的程序设计语言，Shell 程序设计语言支持在高级语言里所能见到的绝大多数程序控制结构，比如循环、函数、变量和数组。Shell 编程语言易学，并且一旦掌握后它将成为管理 Linux 系统的得力工具。任何在提示符下能键入的命令也能放到一个可执行的 Shell 程序脚本里，这就意味着用 Shell 语言能简单地重复执行某一任务。

4.1.2　Shell 解析命令的过程

　　Shell 在解析命令的过程中首先检查命令是否是内部命令，不是的话再检查是否是一个应用程序，这里的应用程序可以是 Linux 本身的实用程序，比如列出目录（ls）、删除（rm）等命令，也可以是购买的商业程序或者是公用软件。Shell 试着在搜索路径（$PATH）里寻找这些应用程序。搜索路径是一个能找到可执行程序的目录列表。如果键入的命令不是一个内部命令并且在搜索路径里也没有找到这个可执行文件，将会显示一条错误信息。而如果命令被成功找到，Shell 的内部命令或应用程序将被分解为系统调用并传给 Linux 内核，如图 4.2 所示。

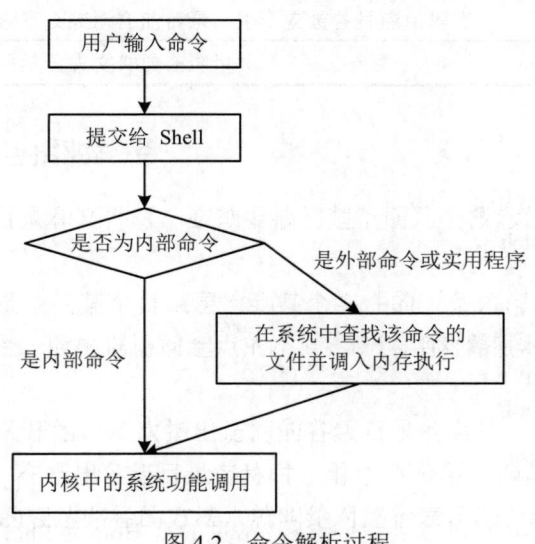

图 4.2　命令解析过程

　　判断一个命令是内部还是外部命令可以使用 type 命令，type 命令用来显示指定命令的类型。
　　语法：type [选项] 命令名
　　其中，常用选项包括：

-t：输出 file、alias 或者 builtin，分别表示给定的指令为"外部指令""命令别名""内部指令"。

-p：如果给出的指令为外部指令，则显示其绝对路径。

-a：在环境变量 PATH 指定的路径中，显示给定指令的信息，包括命令别名。

【例 4.1】使用 type 命令查看指定命令的类型。

本例中使用不带任何参数的 type 命令可以查询出指定命令是否为内部命令、别名、关键字或命令的路径（即外部命令），如果该命令在搜索路径中没有找到则会显示"未找到"，示例如下：

```
[root@CentOS7-1 ~]# type ls
ls 是 `ls --color=auto' 的别名
[root@CentOS7-1 ~]# type if
if 是 shell 关键字
[root@CentOS7-1 ~]# type type
type 是 shell 内嵌
[root@CentOS7-1 ~]# type vim
vim 是 /usr/bin/vim
[root@CentOS7-1 ~]# type fsry
-bash: type: fsry: 未找到
```

本例显示结果分别显示了所查询的命令为别名、shell 关键字、内部命令、外部命令及未安装或错误命令。

【例 4.2】type 命令的参数用法，示例如下：

```
[root@CentOS7-1 ~]# type -a pwd
pwd 是 shell 内嵌
pwd 是 /usr/bin/pwd
[root@CentOS7-1 ~]# type -t ls
alias
[root@CentOS7-1 ~]# type -P rm
/usr/bin/rm
```

【例 4.3】其他几种常用的获取命令类型的方法，示例如下：

```
[root@CentOS7-1 ~]# which pwd
/usr/bin/pwd
[root@CentOS7-1 ~]# whatis pwd
pwd (3tcl)         - 返回当前的工作目录
pwd (1)            - 显示出当前/活动目录的名称
pwd (1p)           - 显示当前目录的名称
```

4.1.3 Shell 的类型

Linux 系统下有多种 Shell 可以供我们选择，常见的有 Bourne Shell（简称 sh）、Bourne Again Shell（简称 bash）、C Shell（简称 csh）、Korn Shell（简称 ksh）、Z Shell（简称 zsh）。我们可以通过查看/etc/shell 文件中的内容来查看当前主机中支持哪些类型的 Shell。

【例 4.4】查看系统支持的 Shell 类型，示例如下：

```
[root@CentOS7-1 ~]# cat /etc/shells
```

```
/bin/sh
/bin/bash
/usr/bin/sh
/usr/bin/bash
/bin/tcsh
/bin/csh
```

下面简单介绍几种常见 Shell 及其特点。

（1）Bourne Shell（简称 sh）：Bourne Shell 的作者是由贝尔实验室的史蒂芬·伯恩（Steven Bourne）为美国电话电报公司的 UNIX 开发的，它是 UNIX 的默认 Shell，也是其他 Shell 的开发基础。Bourne Shell 在编程方面相当优秀，但在处理与用户的交互方面不如其他几种 Shell。

（2）Bourne Again Shell（简称 bash）：是自由软件基金会（GNU）计划中重要的工具软件之一，与 Bourn Shell 兼容，同时加入了 csh、ksh 和 tcsh（csh 的扩展）的一些有用的功能，也是 Linux 发行版的标准 Shell。

（3）C Shell（简称 csh）：是美国加州伯克利大学的比尔·乔伊（Bill Joy，也是 Sun 公司的创始人）为 BSD UNIX 开发的，共有 52 个内部命令。它提供了 Bourne Shell 所不能处理的用户交互特征，如命令补全、命令别名、历史命令替换等，它更多地考虑了用户界面的友好性。但是 C Shell 与 Bourne Shell 并不兼容。普遍认为 C Shell 的编程接口做得不如 Bourne Shell，但 C Shell 被很多 C 程序员使用，因为 C Shell 的语法和 C 语言的很相似，这也是 C Shell 名称的由来。

（4）Korn Shell（简称 ksh）：是贝尔实验室的大卫·科恩（David Korn）开发的，共有 42 条内部命令，它集合了 C Shell 和 Bourne Shell 的优点，并且与 Bourne Shell 向下完全兼容。Korn Shell 的效率很高，其命令交互界面和编程交互界面都很好。

（5）Z Shell（简称 zsh）：是 Linux 最大的 Shell 之一，由保罗·法尔斯塔德（Paul Falstad）完成，共有 84 个内部命令。zsh 是一种 Bourne Shell 的扩展，带有数量庞大的改进，包括一些 bash、ksh 的功能。

除了这些 Shell 以外，还有许多其他的 Shell 程序吸收了这些原来的 Shell 程序的优点而成为新的 Shell。在 Linux 上常见的有 tcsh、Public Domain Korn Shell（pdksh，ksh 的扩展）。bash 是大多数 Linux 系统的默认 Shell，bash 的几种特性使命令的输入变得更容易。

4.1.4　Shell 的环境变量

1. 环境变量简介

Linux 是一个多用户的操作系统。每个用户登录系统后，都会有一个专用的运行环境。通常每个用户默认的环境都是相同的，这个默认环境实际上就是一组环境变量的定义。用户可以对自己的运行环境进行定制，其方法就是修改相应的系统环境变量。

变量是计算机系统用于保存可变值的数据类型，我们可以直接通过变量名称来提取到对应的变量值。在 Linux 系统中，环境变量是用来定义系统运行环境的一些参数，比如每个用户不同的家目录（HOME）、邮件存放位置（MAIL）等。

值得注意的是，环境变量的名称同 Linux 其他命令一样都是区分大小写的，且通常以大写的形式命名。

那么如何查看环境变量呢？可以通过如下几种方式：

（1）使用 echo 命令查看单个环境变量。

【例 4.5】使用 echo 命令查看单个环境变量，示例如下：

```
[root@CentOS7-1 ~]# echo $PATH
/usr/local/sbin:/usr/local/bin:/usr/sbin:/usr/bin:/root/bin
```

（2）使用 env 查看当前用户所有环境变量。

【例 4.6】使用 env 命令查看当前用户所有环境变量，示例如下：

```
[root@CentOS7-1 ~]# env
XDG_SESSION_ID=1
HOSTNAME=CentOS7-1
SELINUX_ROLE_REQUESTED=
TERM=xterm
SHELL=/bin/bash
HISTSIZE=1000
SSH_CLIENT=192.168.133.1 51178 22
SELINUX_USE_CURRENT_RANGE=
SSH_TTY=/dev/pts/0
USER=root
```

注意：因结果内容较多，只截取部分显示结果

（3）使用 set 查看当前终端所有定义的环境变量。当不带参数使用 set 命令时，它将打印出包括环境变量与 Shell 变量在内的所有变量以及 Shell 函数的列表。

【例 4.7】使用 set 命令查看当前终端所定义的环境变量，示例如下：

```
[root@CentOS7-1 ~]# set | more
ABRT_DEBUG_LOG=/dev/null
BASH=/bin/bash
BASHOPTS=checkwinsize:cmdhist:expand_aliases:extglob:extquote:force_fignore:histappend:interactive_comments:login_shell:
progcomp:promptvars:sourcepath
BASH_ALIASES=()
BASH_ARGC=()
BASH_ARGV=()
BASH_CMDS=()
BASH_COMPLETION_COMPAT_DIR=/etc/bash_completion.d
BASH_LINENO=()
BASH_SOURCE=()
BASH_VERSINFO=([0]="4" [1]="2" [2]="46" [3]="2" [4]="release" [5]="x86_64-redhat-linux-gnu")
BASH_VERSION='4.2.46(2)-release'
COLUMNS=120
DIRSTACK=()
DISPLAY=localhost:10.0
EUID=0
```

注意：因显示内容较多，采用了分页查看命令 more，只截取部分显示结果。

表 4.1 中列出了常用的几种重要环境变量及其作用。

表 4.1　Linux 系统中重要的环境变量及其作用

环境变量名称	作用
HOME	用户主目录（家目录）
SHELL	用户使用的 Shell 解释器名称
PATH	定义命令行解释器搜索用户执行命令的路径
RANDOM	生成一个随机数字
LANG	系统语言、语系名称
HISTSIZE	输出的历史命令记录条数
HISTFILESIZE	保存的历史命令记录条数
PS1	bash 解释器的提示符
MAIL	邮件保存路径
-	上一个被执行的指令
OLDPWD	上一个工作目录，这个变量由 Shell 保存，以便通过执行 cd - 切换回上一个工作目录

2. 设置 Linux 系统中的环境变量

环境变量是以键值对的形式实现的，是在整个系统范围内都可用的变量，并由所有派生的子进程和 Shell 继承。

（1）单值环境变量，如：KEY=value1。

注意：

1）变量名称只能是英文字母与数字，但是开头字符不能是数字。

2）等号两边不能直接接空格符，否则系统无法识别。

（2）如果你想要将多个值赋予环境变量，则通常用冒号（:）作为分隔符。如：KEY=value1:value2:value3。

（3）如果要赋予环境变量的值包含空格，可使用双引号"或单引号'将变量内容结合起来，如：KEY="value with spaces"。

注意：

1）双引号内的特殊字符如 $ 等，可以保有原本的特性。

【例 4.8】双引号使用示例如下：

[root@CentOS7-1 ~]# var="lang is $LANG"
[root@CentOS7-1 ~]# echo $var
lang is zh_CN.UTF-8

2）单引号内的特殊字符则仅为一般字符（纯文本）。

【例 4.9】单引号使用示例如下：

[root@CentOS7-1 ~]# var='lang is $LANG'
[root@CentOS7-1 ~]# echo $var
lang is $LANG

（4）Shell 变量是专门用于设置或定义它们的 Shell 中的变量。每个 Shell，例如 zsh 和 bash，都有一组自己内部的 Shell 变量。它们通常用于跟踪临时数据，比如当前工作目录，而用法则与环境变量相同。如果你想让 Shell 变量作为全局变量使用，可以使用 export 指令。

语法：export 变量名=变量值

【例 4.10】声明全局变量，示例如下：

[root@CentOS7-1 ~]# export age=100   #使用 export 声明的变量即环境变量

（5）可用转义字符"\"将特殊符号（如[Enter]、$、\、空格符、,、`等）变成一般字符。

（6）在一串命令中，还需要使用其他的命令提供的信息，可以使用反单引号"`命令`"或"$(命令)"。特别注意，这个"`"是键盘上方的数字键 1 左边的按键，而不是单引号。

【例 4.11】查看 Linux 内核版本的配置，示例如下：

[root@CentOS7-1 ~]# version=$(uname -r)
[root@CentOS7-1 ~]# echo $version
3.10.0-957.el7.x86_64

（7）若该变量为扩增变量内容，则可用""$变量名称""或"${变量}"累加内容，如例 4.12 所示。

【例 4.12】对变量内容进行扩增，示例如下：

[root@CentOS7-1 ~]#PATH="$PATH":/home/test/bin
//在 PATH 中增加路径/home/test/bin，其中":"为间隔符

（8）如果不再需要某个变量，则可以使用 unset 命令取消变量。

语法：unset 变量名

【例 4.13】取消变量 age 示例如下：

[root@CentOS7-1 ~]#unset age   //删除环境变量 age

4.2 项目准备知识

4.2.1 bash 基础

接下来介绍 CentOS 7 中默认的 Shell，即 bash 的相关特性及应用示例。

1. bash 提示符

Linux 操作系统下的 bash 有两级提示符。第一级提示符是经常见到的 bash 在等待命令输入时的情况，分为"#"和"$"两种。其中"#"代表超级用户 root，"$"代表普通用户。由于超级用户 root 的权限非常大，初学者的误操作可能会给系统带来灾难性的错误，因此，一般情况下建议使用普通用户登录系统，再根据实际操作需要使用 su 命令切换成管理员进行操作，或者使用 sudo 命令进行授权操作。

如果用户不喜欢这个符号，或者想自己定义提示符，只需修改 PS1 变量的值。例 4.14 中将提示符中用户当前目录修改为当前系统时间，将提示符#修改为%。bash 提示符转义符作用见表 4.2。

【例 4.14】显示当前提示符格式，示例如下：

[root@CentOS7-1 ~]# echo $PS1
[\u@\h \W]\$

【例 4.15】修改当前提示符，示例如下：

//将原提示符内当前工作目录修改为当前系统时间
[root@CentOS7-1 ~]# PS1="[\u@\h \t]$"
//接上例，可以看到提示符内日期的显示，接着将 root 用户提示符修改为 "%"
[root@CentOS7-1 11:43:18]$PS1="[\u@\h \t]%"
//接上例，回车后可以看到 root 提示符已变为 "%"，接着切换至普通用户 test
[root@CentOS7-1 11:43:28]%su test
//接上例，显示普通用户提示符仍为 "$"，退出当前用户
[test@CentOS7-1 root]$ exit
//接上例，身份切换成 root，提示符为之前修改的 "%"
[root@CentOS7-1 11:44:12]%

表 4.2　bash 提示符转义符作用

特殊字符	作用
\!	显示该命令的历史编号
\#	显示 Shell 激活后，当前命令的历史编号
\$	如果当前用户 UID=0，则显示#符号，否则显示$符号
\\	显示一个反斜杠/
\d	以 "星期 月 日期" 格式显示当前日期
\h	显示运行该 Shell 的计算机主机名
\n	打印一个换行符，这将导致提示符跨行
\s	显示正在运行的 Shell 的名称
\T	以 HH:MM:SS 格式显示当前时间，12 小时格式
\t	以 HH:MM:SS 格式显示当前时间，24 小时格式
\u	显示当前的用户名
\W	显示当前工作目录基准名
\w	显示当前工作目录

第二级提示符是当 bash 为执行某条命令需要用户输入更多信息时显示的。第二级提示符默认为>。如果需要自己定义该提示符，只需改动 PS2 变量的值。

【例 4.16】查看并修改二级提示符，示例如下：

[root@CentOS7-1 ~]# echo $PS2
>　　　　　　　//修改二级提示符为>
[root@CentOS7-1 ~]# PS2="-->"
[root@CentOS7-1 ~]# echo $PS2
-->　　　　　　//修改二级提示符为-->

需要注意的是以上示例中 PS1、PS2 变量的修改仅仅影响当前用户，切换成其他用户后仍然会恢复到默认的提示符，并且当用户退出当前 Shell 时，当前提示符的修改也会失效。如果

想要永久性修改提示符，则需要在配置文件/etc/profile.d/中进行设置。

2. bash 格式

进入 Shell 以后，就可以输入命令来使用 Linux 的各种功能了，但是在真正使用 Shell 命令之前，有必要先学习一下 Shell 命令的基本格式。Shell 命令的基本格式如下：

command [选项] [参数]

[ ]表示可选的，也就是可有可无。有些命令不写选项和参数也能执行，有些命令在必要的时候可以附带选项和参数。

（1）Linux 的选项分为短格式选项和长格式选项。
- 短格式选项是长格式选项的简写，用一个减号-和一个字母表示，例如 ls -l。
- 长格式选项是完整的英文单词，用两个减号--和一个单词表示，例如 ls --all。

一般情况下，短格式选项是长格式选项的缩写，也就是一个短格式选项会有对应的长格式选项。当然也有例外，比如 ls 命令的短格式选项-l 就没有对应的长格式选项，所以具体的命令选项还需要通过帮助手册来查询。

（2）参数是命令的操作对象，一般情况下，文件、目录、用户和进程等都可以作为参数被命令操作。

需要注意的是：Linux 命令、选项及参数都是严格区分大小写的。

3. 命令行编辑

bash Shell 提供了两个内置编辑器，即 emacs 和 vi，利用它们可以以交互模式对命令行列表进行编辑，这项特性是通过 Readline 库的软件包实现的。当使用命令行编辑功能时，无论是 vi 还是 emacs 模式，都是 Readline 的函数决定哪一个键对应哪一项功能。

内置 emacs 编辑器是默认的内置编辑器。可以通过表 4.3 了解命令行编辑的快捷键，来提高命令输入的效率。

表 4.3　常用命令行编辑快捷键

命令快捷键	作用
Ctrl-A	移至行首
Ctrl-E	移至行尾
Ctrl-P	向上移动命令列表
Ctrl-N	向下移动命令列表
Ctrl-U	从光标处删除至行首
Ctrl-K	从光标处删除至行尾
Ctrl-W	删除命令中的一个单词
ESC-<	移动到第一条历史命令
ESC->	移动到最后一条历史命令
Ctrl-C	终止当前命令
Ctrl-L	清屏

Ctrl-P 和 Ctrl-N 可以在命令历史中移动。Ctrl-P 等同于上箭头，Ctrl-N 等同于下箭头。

4.2.2　bash 的功能及特点

bash 是许多 Linux 发行版的标准 Shell。它运行于大多数类 UNIX 操作系统之上，下面来详细介绍 bash 的特点及功能。

1. 命令/路径补齐（command-line completion）

通常在 bash 下输入命令或路径时，不必把命令或路径全部写出，Shell 就能判断出用户所要输入的命令。

直接补全：当用户给定的字符串只有一条唯一对应的命令或路径时，按 Tab 键，直接补齐命令或路径。

给出命令或路径列表：当以用户给定的字符串为开头所对应的命令或路径不唯一时，则再次按 Tab 键会给出命令列表。

例如，如果想切换到目录/etc/sysconfig/network-scripts/，由于目录 network-scripts 名称较长，用户可以输入以下命令。

【例 4.17】使用 Tab 键将命令补齐示例如下：

[root@ CentOS7-1 ~]# cd /etc/sysconfig/n[Tab]
[root@ CentOS7-1 ~]# cd /etc/sysconfig/network-scripts

即在最后子目录名称输入字母 n 后按 Tab 键即可自动补齐完整目录名称。因为 network-scripts 是当前目录里唯一以字母 n 开头的子目录。

但是当目录里有不止一个以该字符串开头的目录或文件时会发生什么情况呢？

【例 4.18】当自动补齐时字符串不唯一，按两次 Tab 键，示例如下：

首先按一次 Tab 键：

[root@CentOS7-1 ~]#cd /etc/s [Tab]

因为当前/etc 目录下以 s 开头的目录不止一个，则在按下一次 Tab 键后，bash 不知道用户到底想进入哪个子目录，bash 将发出一声蜂鸣提醒用户没有足够的信息来补齐命令。此时再次按 Tab 键，则会给出相同字符串开头的文件目录列表，可以选择想要进入的目录名称继续输入到开头唯一的字符串，再进行补齐。第二次按 Tab 键示例如下：

[root@CentOS7-1 ~]# cd /etc/s [Tab] [Tab]
samba/	security/	sgml/	ssh/	sysconfig/
sane.d/	selinux/	skel/	ssl/	sysctl.d/
sasl2/	setroubleshoot/	smartmontools/	statetab.d/	systemd/
scl/	setuptool.d/	speech-dispatcher/	sudoers.d/	

2. 通配符

另一个使命令输入变得更简单的方法是在命令中使用通配符。bash 常用的通配符见表 4.4。

表 4.4　bash 常用的通配符

符号	意义
*	匹配任何字符和任何数目的字符
?	匹配任何单个字符

续表

符号	意义
[ ]	匹配任何包含在括号里的单个字符，例如[abcd]代表匹配 abcd 中的任意一个字符
[-]	中括号内包含-号代表匹配编码顺序内的所有字符，例如[0-9]，表示匹配 0 和 9 之间的任意一个数字
[^]	中括号内包含指数符号 "^"，表示反向选择。例如[^abc]，代表匹配除了 abc 之外的任意单个字符

下面通过一些例子来演示通配符的具体用法。

【例 4.19】列出 test 目录中所有以.txt 结尾的文件，其中*匹配任意个字符，示例如下：

```
[root@CentOS7-1 test]# ls *.txt
abc.txt   b.txt         test1.txt    test3.txt   test5.txt    test7.txt   test9.txt
a.txt     test10.txt    test2.txt    test4.txt   test6.txt    test8.txt
```

【例 4.20】列出.txt 前只包含一个字符的所有文件，其中一个?匹配单个任意字符，???匹配三个任意字符，示例如下：

```
[root@CentOS7-1 test]# ls ?.txt
a.txt   b.txt
[root@CentOS7-1 test]# ls ???.txt
abc.txt
```

【例 4.21】列出 test 后面包含单个任意数字的文件，因此 test10.txt 未列出，示例如下：

```
[root@CentOS7-1 test]# ls test[0-9].txt
test1.txt   test2.txt    test3.txt    test4.txt   test5.txt   test6.txt    test7.txt    test8.txt   test9.txt
```

【例 4.22】删除文件名除了数字 1~5 之外的文件，示例如下：

```
[root@CentOS7-1 test]# rm -f test[^1-5].txt
[root@CentOS7-1 test]# ls test*.txt
test10.txt   test1.txt    test2.txt    test3.txt   test4.txt   test5.txt
```

另外，有几种特殊格式的通配符：

[[:upper:]]：所有大写字母。

[[:lower:]]：所有小写字母。

[[:alpha:]]：所有字母。

[[:digit:]]：所有数字。

[[:alnum:]]：所有的字母和数字。

[[:space:]]：所有空白字符。

[[:punct:]]：所有标点符号。

3. 命令历史记录

绝大多数 Shell 都会保留最近输入的命令的历史。这一机制可以使用户能够浏览、修改或重新执行之前使用过的命令。bash 也支持命令历史记录。这意味着 bash 保留了一定数目的之前已经在 Shell 里输入过的命令。这个数目取决于一个叫作 HISTSIZE 的环境变量。

bash 把用户之前输入的命令文本保存在一个历史列表中。当用户登录后历史列表将根据命令历史文件进行初始化。历史文件的文件名由环境变量 HISTFILE 指定。历史文件的默认名字是.bash_history。这个文件通常在用户家目录（$HOME）中。该文件的文件名以一个点号开头，这意味着它是隐藏的，仅当使用带 -a 或 -A 参数的 ls 命令列目录时才可见。

我们可以通过查看环境变量值了解到当前系统所支持的历史命令记录的数量和信息。

【例 4.23】查看历史命令几个相关环境变量，示例如下：

```
[root@CentOS7-1 ~]# echo $HISTSIZE
1000                              //定义了 history 命令输出的记录数为 1000
[root@CentOS7-1 ~]# echo $HISTFILE
/root/.bash_history               //定义了记录历史命令的文件路径
[root@CentOS7-1 ~]# echo $HISTFILESIZE
1000                              //定义了在.bash_history 中保存命令的记录总数为 1000
```

其中，环境变量 HISTSIZE 是记录当前 Shell 进程下命令历史的条数，默认大小为 1000；环境变量 HISTFILE 可以用来设置保存历史命令文件的位置，默认为~/.bash_history；环境变量 HISTFILESIZE，可以设置历史文件能够保存历史命令的条数，默认为 1000。

仅将之前的命令存在历史文件里是没有用的，所以 bash 提供了几种方法来调用它们。使用历史记录列表最简单的方法是用上方向键。按下"↑"上方向键后，最后键入的命令将出现在命令行上。再按一下则倒数第二条命令会出现，依此类推。如果上翻多了也可以用向下的方向键"↓"来下翻。如果需要的话，显示在命令行上的历史命令可以被编辑。

另一个使用命令历史文件的方法是用 bash 的内部命令 history 来显示和编辑历史命令。

语法：history [n]

　　　　history [-c]

　　　　history [-raw] [filename]

n：数字，表示列出最近的 n 条历史命令记录。

-c：将当前 Shell 中的所有命令历史内容全部清除。

-a：将当前新增的命令追加到命令历史文件中，如果没有参数则默认写入~/.bash_history。

-r：将参数命令列表文件的内容读到当前 Shell 的历史命令记录中。

-w：将当前的历史命令记录写入命令历史列表文件中。

如果 filename 选项没有被指定，history 命令将用变量 HISTFILE 的值来代替。

当 history 命令没有参数时，整个历史命令列表的内容将被显示出来。下面是一个查看命令历史列表的例子。

【例 4.24】使用 history 命令查看历史命令，示例如下：

```
[root@CentOS7-1 ~]# history
    1  systemctl set-default multi-user.target
    2  reboot
    3  cd
    4  lsblk
    5  ls /run/media/kiosk/"VMwaare Tools"
    6  ls /home
    7  ls /root
    8  ls /home/test
    9  init 5
```

```
10  cd
11  ls
12  lsblk
13  ls /run/media/root/"VMware Tools"
14  init 3
15  cd
16  lsblk
17  cd /run/media/root/"VMware Tools"
18  ls
19  cp /run/media/root/"VMware Tools"/*.tar.gz    /root
20  cd
21  ls
22  tar xvfz VMwareTools-10.3.21-14772444.tar.gz
23  cd vmware-tools-distrib/
24  ./vmware-install.pl
25  reboot
26  shutdown -P
27  shutdown -c
28  poweroff
…
```

在 history 命令显示结果的最左边是命令编号，可以使用命令编号重新执行所对应的命令。如果想重新执行例 4.24 中的第 12 条命令，可以输入感叹号紧跟着加上命令编号"!12"来重新运行 lsblk 命令。还可以输入"!!"再次执行上一次的命令，"!STRING"则可以再一次执行命令历史列表中最近一个以指定的字符串 STRING 开头的命令；"!$"可以引用前一个命令的最后一个参数。

【例 4.25】快速使用历史命令列表中的第 12 条命令，示例如下：

```
[root@CentOS7-1 ~]# !12
lsblk
NAME     MAJ:MIN RM    SIZE RO TYPE MOUNTPOINT
sda       8:0      0     40G   0 disk
├─sda1    8:1      0    300M   0 part /boot
├─sda2    8:2      0     10G   0 part /
├─sda3    8:3      0      8G   0 part /home
├─sda4    8:4      0      1K   0 part
├─sda5    8:5      0      8G   0 part /usr
├─sda6    8:6      0      8G   0 part /var
├─sda7    8:7      0      4G   0 part [SWAP]
└─sda8    8:8      0      1G   0 part /tmp
sr0      11:0      1   1024M   0 rom
```

【例 4.26】快速打开之前使用 vim 命令编辑的文件，示例如下：

```
[root@CentOS7-1 ~]# !vim
vim /etc/samba/smb.conf
```

通过快捷历史命令的方法，直接打开之前使用 vim 命令编辑的文件，非常方便。

【例 4.27】 再次执行上一次命令，示例如下：

[root@CentOS7-1 ~]# !!
cat /etc/redhat-release
CentOS Linux release 7.6.1810 (Core)

【例 4.28】 引用前一个命令的最后一个参数，示例如下：

[root@CentOS7-1 ~]# ls -l !$
ls -l /etc/redhat-release
lrwxrwxrwx. 1 root root 14 1 月　 31 2021 /etc/redhat-release -> centos-release

控制命令历史的记录方式共有三种，可以通过环境变量 HISTCONTROL 来进行设置。

【例 4.29】 使用环境变量$HISTCONTROL 查看历史命令的记录方式，示例如下：

[root@CentOS7-1 ~]# echo $HISTCONTROL
ignoredups

默认在命令历史中忽略连续的重复命令，只记录该重复命令一次。可以通过修改 HISTCONTROL 环境变量为 ignorespace 来忽略以空格开头的命令不被记录到历史命令中（此时重复的命令会被记录），该操作对系统管理员的一些重要操作很有用，可以通过该操作将一些重要的系统设置命令进行隐藏，不被记录到记录命令列表。

#export HISTCONTROL=ignorespace

但修改之后可以将以空格开头的命令不记录到历史命令列表中，但是连续重复的命令则会被记录到命令历史列表。此时可以修改 HISTCONTROL 环境变量为 ignoreboth，则既能忽略以空格开头的命令，也不记录连续重复的命令到历史命令中。

#export HISTCONTROL=ignoreboth

4. 命令别名

bash 的另一个使工作变得轻松的方法是命令别名。如果需要频繁地使用参数相同的某个命令，可以让 bash 为它创建一个别名。这个别名可以将需要的参数组合，所以无须记住复杂的命令及参数或手工输入。命令别名通常是命令的缩写或容易被用户所记住的简称，用来减少键盘输入。别名提供了一种创建定制命令的方法。

可以通过 alias 命令来查看当前系统下的命令别名。

【例 4.30】 查看系统中所有现有的别名，示例如下：

[root@CentOS7-1 ~]# alias
alias cp='cp -i'
alias egrep='egrep --color=auto'
alias fgrep='fgrep --color=auto'
alias grep='grep --color=auto'
alias l.='ls -d .* --color=auto'
alias ll='ls -l --color=auto'
alias ls='ls --color=auto'
alias mv='mv -i'
alias rm='rm -i'
alias which='alias | /usr/bin/which --tty-only --read-alias --show-dot --show-tilde'

从例 4.30 中可以看到许多常用的系统命名都是别名，如 ls 命令，实际是 "ls --color=auto'" 的别名，即自动使用不同颜色来显示文件目录列表。rm 命令实际是 "rm -i" 命令的别名，即删除文件前会询问是否进行删除操作等。这些常用的别名都为用户更好地对系统进行管理提供了便利，保障了系统的容错性能。同时用户也可以自定义命令的别名。

语法：alias NAME='VALUE'

【例 4.31】定义别名 cd1，并切换到该路径，示例如下：

[root@CentOS7-1 ~]# alias cd1='cd /etc/sysconfig/network-scripts/'
[root@CentOS7-1 ~]# cd1
[root@CentOS7-1 network-scripts]#

可以看到提示符中的用户当前目录已经切换到别名 cd1 对应的目录了。假如用户需要频繁使用路径/etc/sysconfig/network-scripts/，则可以通过设置命令别名，只需输入别名 cd1 即可快速跳转到该路径，从而简化用户的日常操作。

需要注意的是：

（1）与定义变量一样，在定义别名时，等号的两头不能有空格，否则 Shell 不能判断用户需要做什么。仅在命令中包含空格或特殊字符时才需要引号。

（2）命令行添加别名只在当次登录有效，如果想永久有效则需要修改用户配置文件，如 root 用户设置永久生效的别名需要修改配置文件/root/.bashrc。

如果用户希望使用命令本身的含义，而不要使用别名，可以使用转义符"\"，如图 4.3 中第一条 ls 命令使用了别名，使用不同颜色显示文件目录列表，而第二条命令 ls 使用了转义符，则使用该命令的最基本的含义，只显示目录文件列表，没有颜色的区分。

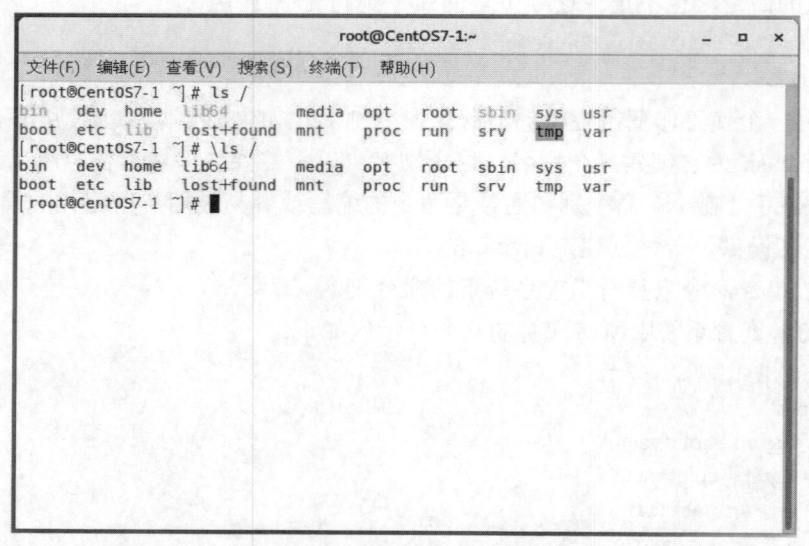

图 4.3　命令别名与转义符

5. 输入输出重定向

输入输出重定向简单来说就是将某个命令执行后应该出现在屏幕上的数据传输到其他地方，例如文件或者设备（例如打印机）。命令执行过程的数据传输情况如图 4.4 所示。

重定向命令列表见表 4.5。其中，文件描述符 n 的取值为{0,1,2}。文件描述符 0 通常是标准输入（STDIN），1 是标准输出（STDOUT），2 是标准错误输出（STDERR）。

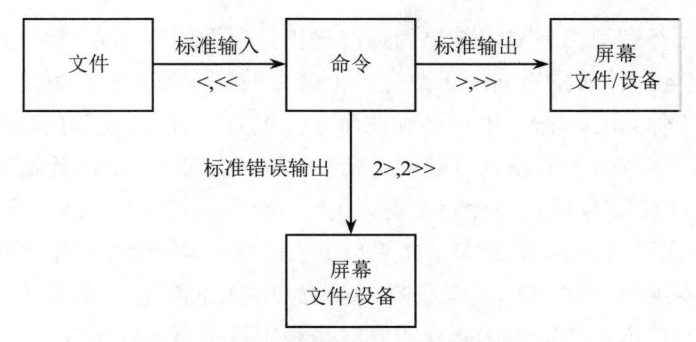

图 4.4 命令执行过程的数据传输情况

表 4.5 数据流重定向命令

重定向命令	作用
command > file	将输出重定向到 file
command < file	将输入重定向到 file
command >> file	将输出以追加的方式重定向到 file
n > file	将文件描述符为 n 的文件重定向到 file
n >> file	将文件描述符为 n 的文件以追加的方式重定向到 file
n >& m	将输出文件 m 和 n 合并
n <& m	将输入文件 m 和 n 合并
<< tag	将开始标记 tag 和结束标记 tag 之间的内容作为输入

bash 的标准输入输出与标准错误输出：
- 标准输入：默认为键盘输入，也可从其他文件和命令中输入。
- 标准输出：命令执行所返回的正确信息。
- 标准错误输出：命令执行失败后所返回的错误信息。

默认情况下，如果一个命令运行后同时产生了标准输出和标准错误信息，它们会同时显示在终端屏幕上。

【例 4.32】使用 find 命令查找所有以 init 开头的文件，示例如下：

```
[root@CentOS7-1 network-scripts]# su test
[test@CentOS7-1 network-scripts]$ find /etc -name init*
/etc/sysconfig/init
/etc/sysconfig/network-scripts/init.ipv6-global
find: '/etc/pki/rsyslog': 权限不够
find: '/etc/pki/CA/private': 权限不够
find: '/etc/lvm/cache': 权限不够
find: '/etc/lvm/backup': 权限不够
find: '/etc/lvm/archive': 权限不够
…
```

例 4.32 是使用普通用户 test 进行查找的例子，显示结果中包含了标准输出信息和标准错误输出信息，其原因是普通用户无权访问/etc 目录下的某些文件和目录，例 4.32 只截取了部分显示结果，其中第一行和第二行显示结果为标准输出，后面的行均为错误标准输出。

（1）输入重定向。输入重定向用于改变一个命令的输入源。一些命令需要在命令行里输入足够的信息才能工作。比如 rm，用户必须在命令行里告诉 rm 要删除的文件。另一些命令则需要更详细的输入，这些命令的输入可能是一个文件。比如命令 wc 统计输入给它的文件里的字符数、单词数和行数。如果仅在命令行上键入 wc 而没有任何参数，bash 无法产生命令结果。这是因为 wc 命令正在为自己收集输入。如果按下 Ctrl+D，wc 命令的结果将被写在屏幕上。如例 4.33 所示，如果输入一个文件名作参数，wc 命令将返回文件所包含的字符数、单词数以及行数。另一种把文件内容传给 wc 命令的方法是利用数据输入重定向 wc 的输入。<符号在 bash 里用于把当前命令的输入重定向为指定的文件。所以可以用下面的命令来把 wc 命令的输入重定向为指定的文件。

【例 4.33】将 wc 命令的输入重定向为指定的文件，示例如下：

```
[root@CentOS7-1 ~]# wc /etc/services
  11176   61033 670293 /etc/services
[root@CentOS7-1 ~]# wc < /etc/services
  11176   61033 670293
```

输入重定向并不经常使用，因为大多数命令都以参数的形式在命令行上指定输入文件的文件名。尽管如此，当使用一个不接收文件名为输入参数的命令，而需要的输入又是在一个已存在的文件里时，就能用输入重定向来解决问题。

（2）输出重定向。输出重定向比输入重定向更常用。输出重定向使用户能把一个命令的输出重定向到一个文件里，而不是显示在屏幕上。

定义：将命令的正常输出结果保存到指定的文件中，而不是直接显示在显示器上。

重定向输出使用 ">" ">>" 操作符号。

语法：

> 文件名，表示将标准输出的内容，写到后面的文件中，如果此文件名已经存在，将会覆盖原文件中的内容。

>> 文件名，表示将标准输出的内容，追加到后面的文件中。若重定向的输出文件不存在，则会新建文件。

很多情况下都可以使用这种功能。例如，如果某个命令的输出很多，在屏幕上不能完全显示，就可以把它重定向到一个文件中，稍后再用文本编辑器来打开这个文件；当想保存一个命令的输出时也可以使用这种方法。还有，输出重定向可以用于把一个命令的输出当作另一个命令的输入时（还有一种更简单的方法可以把一个命令的输出当作另一个命令的输入，就是使用管道）。

例 4.32 中如果希望将 find 命令的查找结果保存到文件中，可以进行以下操作，示例如下：

```
[test@CentOS7-1 ~]$ find /etc -name init* > find.txt
find: '/etc/pki/rsyslog': 权限不够
find: '/etc/pki/CA/private': 权限不够
find: '/etc/lvm/cache': 权限不够
find: '/etc/lvm/backup': 权限不够
find: '/etc/lvm/archive': 权限不够
```

find: '/etc/audit': 权限不够
find: '/etc/sudoers.d': 权限不够
find: '/etc/polkit-1/rules.d': 权限不够
find: '/etc/polkit-1/localauthority': 权限不够
find: '/etc/firewalld': 权限不够
find: '/etc/audisp': 权限不够
find: '/etc/vmware-tools/GuestProxyData/trusted': 权限不够
find: '/etc/selinux/targeted/active': 权限不够
find: '/etc/selinux/final': 权限不够
find: '/etc/grub.d': 权限不够
find: '/etc/cups/ssl': 权限不够
find: '/etc/dhcp': 权限不够
find: '/etc/ipsec.d': 权限不够
find: '/etc/libvirt': 权限不够

我们会发现此时，屏幕上只剩下错误的输出显示，而正常的输出内容则被保存到文件 find.txt 中了，示例如下：

```
[test@CentOS7-1 ~]$ cat find.txt
/etc/sysconfig/init
/etc/sysconfig/network-scripts/init.ipv6-global
/etc/init.d
/etc/iscsi/initiatorname.iscsi
/etc/systemd/system/multi-user.target.wants/initial-setup-reconfiguration.service
/etc/systemd/system/graphical.target.wants/initial-setup-reconfiguration.service
/etc/inittab
/etc/selinux/targeted/contexts/initrc_context
/etc/rc.d/init.d
```

（3）错误重定向。错误重定向是将命令执行过程中出现的错误消息（消息或者参数错误）保存到指定的文件，而不是直接显示到显示器。

操作符：标准错误重定向符号为"2>"。

对于例 4.32 可以将正确和错误的输出内容都进行重定向，示例如下：

```
[test@CentOS7-1 ~]$ find /etc -name init* > find.txt 2>error.txt
[test@CentOS7-1 ~]$ cat error.txt
```
find: '/etc/pki/rsyslog': 权限不够
find: '/etc/pki/CA/private': 权限不够
find: '/etc/lvm/cache': 权限不够
find: '/etc/lvm/backup': 权限不够
find: '/etc/lvm/archive': 权限不够
find: '/etc/audit': 权限不够
find: '/etc/sudoers.d': 权限不够
find: '/etc/polkit-1/rules.d': 权限不够
find: '/etc/polkit-1/localauthority': 权限不够
find: '/etc/firewalld': 权限不够
find: '/etc/audisp': 权限不够
find: '/etc/vmware-tools/GuestProxyData/trusted': 权限不够
find: '/etc/selinux/targeted/active': 权限不够

```
find: '/etc/selinux/final': 权限不够
find: '/etc/grub.d': 权限不够
find: '/etc/cups/ssl': 权限不够
find: '/etc/dhcp': 权限不够
find: '/etc/ipsec.d': 权限不够
find: '/etc/libvirt': 权限不够
```

在实际应用中，错误重定向可以用来收集执行的错误信息，为排错提供依据；对于 Shell 脚本还可以将无关紧要的错误信息重定向到空文件/dev/null 中，用于保持脚本输出的简洁。

（4）null 黑洞和 zero 空文件。

- /dev/null 是一个特殊的文件，所有写入它的内容都会永远丢失；而尝试从它那儿读取内容则什么都读不到。但是 /dev/null 文件非常有用，将命令的输出重定向到它，会起到"禁止输出"的效果。把/dev/null 看作"黑洞"，然而/dev/null 对命令行和脚本都非常有用。
- /dev/zero 在类 UNIX 操作系统中，也是一个特殊的文件，读它的时候，它会提供无限的空字符（NULL、ASCII NUL、0x00）。典型用法是用它来产生一个特定大小的空白文件，如例 4.34 所示。

【例 4.34】使用/dev/zero 产生一个 50MB 大小的的文件，示例如下：

```
[root@CentOS7-1 ~]# dd if=/dev/zero of=/test/test.txt bs=1M count=50
记录了 50+0 的读入
记录了 50+0 的写出
52428800 字节(52 MB)已复制，0.324322 秒，162 MB/秒
[root@CentOS7-1 ~]# du -h /test/test.txt
50M    /test/test.txt
```

6. 管道

通常情况下，我们在终端只能执行一条命令，然后按下 Enter 键执行，那么如何执行多条命令呢？

- 顺序执行多条命令：command1;command2;command3。
  简单的顺序指令可以通过;来实现。
- 有条件地执行多条命令：which command1 && command2 || command3。
  &&：如果前一条命令执行成功则执行下一条命令，如果 command1 执行成功（返回 0），则执行 command2。
  ||：与&&命令相反，执行不成功时执行这个命令。

管道是一种通信机制，通常用于进程间的通信（也可通过 socket 进行网络通信），它表现出来的形式将前面每一个进程的输出（stdout）直接作为下一个进程的输入（stdin）。管道命令与连续执行命令是不一样的。

（1）管道命令仅能处理经由前面一个命令传来的正确信息，也就是标准输出（standard output）的信息，对于标准错误输出信息（standard error）并没有直接处理的能力。

（2）在每个管道后面接的第一个数据必定是"命令"，而且这个命令必须要能够接收标准输入（standard input）的数据。

语法：command -a|command -b|command -c|...

注意：

管道命令只处理前一个命令的正确输出，不处理错误输出。

管道右边的命令，必须能够接收标准输入的数据流命令才行。

管道符可以把两条命令连起来，它可以连接多个命令使用。

管道可以把一系列命令连接起来。这意味着第一个命令的输出会通过管道传给第二个命令，而作为第二个命令的输入，第二个命令的输出又会作为第三个命令的输入，依此类推。而管道行中最后一个命令的输出才会显示在屏幕上（如果命令行里使用了输出重定向，将会放进一个文件里）。

下面的示例就是一个管道命令。

【例4.35】使用管道命令统计文件中匹配的字符串的数量，示例如下：

```
[root@CentOS7-1 ~]#cat sample.text | grep "High" | wc -l
2
```

这个管道将把 cat 命令（列出一个文件的内容）的输出传送给 grep 命令。grep 命令在输入里查找字符串 High，grep 命令的输出则是所有包含字符串 High 的行，这个输出又被送给 wc 命令。带 -l 选项的 wc 命令将统计输入里的行数。假设 sample.txt 的内容如下：

```
Things to do today:
Low: Go grocery shopping
High: Return movie
High: Clear level 3 in Alien vs. Predator
Medium: Pick up clothes from dry cleaner
管道行将返回结果 2
```

7. bash 常用快捷键

每一个 Linux 用户都应该知道一些 bash 常用快捷键，这样在终端上操作效率会提高很多，以下简单介绍一些常用的快捷键。

（1）控制命令。

Ctrl + L：清屏（与 clear 命令效果相同）。

Ctrl + O：执行当前命令，并选择上一条命令。

Ctrl + S：阻止屏幕输出（当前正在执行的命令不再打印信息）。

Ctrl + Q：允许屏幕输出（使用 Ctrl+S 命令后，可以用 Ctrl+Q 恢复）。

Ctrl + C：终止当前正在执行的命令。

Ctrl + Z：挂起命令，把当前进程转到后台运行，使用 fg 命令恢复。

Ctrl + D：退出当前 Shell。

（2）移动光标进行编辑命令。

Ctrl + A：移到命令行首。

Ctrl + E：移到命令行尾。

Ctrl + F：前移（向右移动）一个字符。

Ctrl + B：后退（向左移动）一个字符。

Alt + F：前移（向右移动）一个单词。

Alt + B：后退（向左移动）一个单词。

（3）文本修改命令。

Tab：自动补全命令。

Ctrl + U：从光标处删除至命令行首。

Ctrl + K：从光标处删除至命令行尾。

Ctrl + W：从光标处删除至字首。

Alt + D：从光标处删除至字尾。

Ctrl + D：删除光标处（或光标后）的字符（如果光标前后都没有字符，即命令行为空的时候，则会退出 Shell）。

（4）其他快捷键。

!!：重复上一个命令。

ESC+T：交换最后两个单词。

以上是常用的快捷键，但是更多快捷键需要读者在实际应用过程中去熟悉及应用才能发掘其高效操作的作用。

4.3 项目实施

任务 4.1 Shell 常用的环境变量应用

学习了解 Shell 的多种基本特性之后，本任务将为大家介绍几种高级应用，通过环境变量的配置，能够更加轻松便捷地管理和使用 Linux 系统，操作者可以更加高效地完成各种工作。如果想设置一个属于自己的命令或脚本，但是运行的时候不想输入其路径，而是希望简化输入，直接输入命令或脚本名称该如何处理？

方法 1：使用例 4.12 中介绍过的 PATH 环境变量，即系统查找命令的路径。PATH 变量的值是用":"分割的路径，而这些路径就是系统查找命令的路径。也就是说当用户输入一个程序名，如果没有写入路径，系统就会到 PATH 变量定义的路径中去找是否有可以执行的程序。如果找到则执行，否则会返回"命令未找到"的错误信息。

将用户自己写的脚本或应用程序放到环境变量的路径下，例如把脚本放到/bin 目录下，这样就可以不需要输入脚本或命令的完整路径，只需输入脚本或命令名称就可以直接执行了。

方法 2：利用变量叠加修改环境变量的值，示例如下：

```
[root@CentOS7-1 ~]# PATH="$PATH":/home/test/bin
[root@CentOS7-1 ~]# echo $PATH
/usr/local/sbin:/usr/local/bin:/usr/sbin:/usr/bin:/root/bin:/home/test/bin
```

再次查看 PATH 变量的值，发现/home/test/bin 这个路径就被加到环境变量中去了。

任务 4.2　环境变量配置文件应用

大部分环境变量的修改是一次性的，如果想永久性地修改环境变量则需要修改配置文件。Linux 有专门的文件来保存维持系统运行状态的变量信息，称为配置文件。配置文件都被记录在磁盘上，系统的每项设置都会有专用的配置文件进行记录。本任务为读者介绍几个常用的系统配置文件的应用。

环境变量更改后，改动过的变量值会在系统用户注销或系统重启后失效。这是因为开机时，Linux 会从磁盘上读取配置文件到内存中，用户通过命令方式所进行的系统环境变量更改只在内存中临时生效，并未更改磁盘上的配置文件，而内存中的数据会在系统用户注销或系统重启后清空，这时改动后的环境变量配置信息将失效。因此，必须手动编辑、更改磁盘上的配置文件，相关设置才能永久生效。

Linux 中有专用的环境变量配置文件来记录环境变量的配置信息，分为系统环境变量配置文件和个人环境变量配置文件。

（1）登录时生效的环境变量配置文件。当用户登录到 Linux 系统时，Bash 会作为登录 Shell 启动。登录 Shell 会从下面五个不同的启动文件中读取环境变量信息。

1）/etc/profile。
2）$HOME/.bash_profile。
3）$HOME/.bashrc。
4）$HOME/.bash_login。
5）$HOME/.prof。

注意：下文中使用"~"代替当前用户主目录，如 test 用户 ~/.bashrc 代表/home/test/.bashrc。

其中，/etc 目录下的配置文件对所有用户都生效，home 目录下的配置文件只对当前用户生效。

/etc/profile 文件为系统的每个用户设置环境信息，是 bash 默认的主启动文件，当用户第一次登录时，该文件就被执行。

（2）环境变量配置文件调用过程。在用户登录过程中，首先调用/etc/profile 文件，这个环境变量配置文件中主要定义了如 PATH 环境变量、HOSTNAME 变量、umask 等系统配置信息。然后由/etc/profile 文件调用~/.bash_profile 文件，在这个文件中主要调用了~/.bashrc 文件并在 PATH 变量后面加上$HOME/bin 这个目录，也就是说如果用户在自己的家目录下建立 bin 目录，然后把自己的脚本放入~/bin 目录，就可以直接执行脚本而不用通过目录执行了。

其中，~/.bash_profile 文件调用~/.bashrc 文件时，在这个文件中主要实现了定义别名，和调用/etc/bashrc，/etc/bashrc 文件实现了定义 PS1 变量，也就是用户提示符、umask 值。

注意，如果误删了这些环境变量，比如误删了/etc/bashrc 文件，或者删除了~/.bashrc 文件，那么提示符就会变成-bash-4.1#。

这是因为 PS1 变量是在/etc/bashrc 文件中定义的，当这个文件被删除或者这个文件没有被调用时，PS1 变量就不会被定义，提示符自然就编程了简易的 bash 版本信息。解决方案是从其他 Linux 主机上将文件复制过来即可。

（3）注销时生效的环境变量配置文件。在用户退出登录时，只会调用一个环境变量配置文件，就是 ~/.bash_logout。这个文件默认没有写入任何内容，如果希望在退出登录时执行一些操作，就可以把命令写入这个文件。

（4）其他配置文件。最常见的就是 ~/.bash_history 文件，即历史命令保存配置文件。而 /etc/profile 文件中的 HISTFILESIZE 和 HISTSIZE 行确定所有用户的.bash_history 文件中可以保存的旧命令条数。

另外，还有几个常用的显示登录提示信息的系统配置文件。

/etc/issue，用于本地登录显示的信息，显示在本地登录前。

/etc/motd，常用于通告信息，如计划关机时间的警告等，是登录后的提示信息。

motd 是英文缩写 message of the day。译文是"每日提示信息"，是问候报文。为什么要用 motd？其实目的很简单，即提示进入系统的用户需要注意的事项，或提示系统运行的概要信息让用户更好地了解系统。在 Linux 系统要实现自己的 motd，首先需要认识/etc/motd 文件。

/etc/motd 文件是在用户正确输入用户名和密码，登录之后显示欢迎信息。在 /etc/motd 文件中的欢迎信息，不论是本地登录还是远程登录都可以显示。

【例 4.36】编辑/etc/motd 文件提示用户：该服务器将在 1 小时后进行维护，示例如下：

[root@CentOS7-1 ~]# vim /etc/motd

编辑文件内容为 This server will be maintained in 1 hour later，如图 4.5 所示。

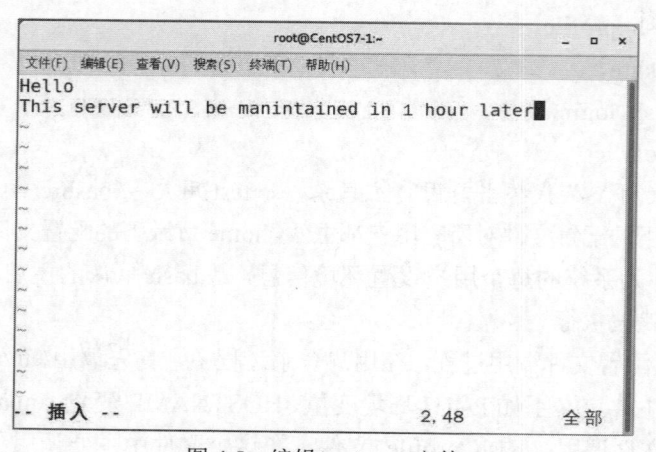

图 4.5 编辑/etc/motd 文件

编辑完成后退出系统重新登录，则会看到如图 4.6 所示的提示信息界面。

图 4.6 登录成功后的界面

注意：修改过系统配置文件后，要使其修改的内容生效，需要重新启动系统，或者使用 source 命令进行配置文件的重新加载。

4.4 习题

一、选择题

1. 下面关于 Shell 的说法，不正确的是（　　）。
   A．操作系统的外壳
   B．用户与 Linux 内核之间的接口
   C．一种和 C 类似的高级程序设计语言
   D．一个命令语言解释器

2. 用户曾经使用过的命令保存于（　　）文件。
   A．.bashrc　　　　　　　　　B．.bash_history
   C．.bash_profile　　　　　　D．history

3. 通配符 a[1-6]最多可以表示（　　）文件名。
   A．8 个　　　　B．6 个　　　　C．5 个　　　　D．1 个

4. bash 中 root 用户的命令提示符号是（　　）。
   A．#　　　　　B．$　　　　　C．@　　　　　D．&

5. Shell 使用（　　）键可实现自动补全功能。
   A．$　　　　　　　　　　　　B．Enter
   C．Tab　　　　　　　　　　　D．&

6. 已知 file1 文件中有 1 行内容，file2 文件中有 3 行内容。执行 cat < file1 >file2 命令后，file2 文件中有（　　）行内容。
   A．1　　　　　　　　　　　　B．2
   C．3　　　　　　　　　　　　D．4

7. （　　）是 Linux 的默认 Shell。
   A．csh　　　　　　　　　　　B．ksh
   C．sh　　　　　　　　　　　 D．bash

二、简答题

1. 什么是 Shell？
2. 简述几种常见 Shell 及其特点。
3. 简述重定向有哪几种方式。
4. 简述 Shell 有哪些使用技巧。

拓展阅读　倪光南：一生追求"中国芯"[1]

倪光南（1939—　），计算机专家，1994 年当选为首批中国工程院院士。曾为中国科学院计算技术研究所公司（后改名为联想集团）首任总工程师。长期致力于发展我国自主可控的信息核心技术和产业，曾参与研制我国自行设计的第一台电子管计算机，首创在汉字输入中应用联想功能，主持开发了联想式汉字系统、联想系列微型机。1988 年和 1992 年获得国家科学技术进步奖一等奖，2011 年和 2015 年分别获得中国中文信息学会和中国计算机学会终身成就奖，2018 年被评为"最美科技工作者"。无党派人士。

倪光南始终坚持，中国应当通过自主创新，掌握操作系统、CPU 等核心技术。从 1999 年起，他积极支持开源软件，促进建立中国自主完整的软件产业体系。他秉承核心技术不能受制于人的信念，推动中国智能终端操作系统产业联盟的工作，为中国计算机事业的发展做出了贡献（中国计算机学会 CCF 终身成就奖评）。

国产操作系统想要迈过市场关，就必须打破"有鸡没蛋或有蛋没鸡"的恶性循环。年逾七旬的中国工程院院士倪光南，最新标签已经变成"中国智能终端操作系统推动人"。这个身份始于 2013 年冬，彼时，"中国智能终端操作系统产业联盟"刚成立，倪光南作为主要发起人，为联盟拉来了近百家成员单位。"这不是好干的差事。"联盟秘书长曹冬说，"从开始，一些国外操作系统公司就明暗手段尽施，百般阻挠，倪院士压力非常大。"倪光南倒不是十分在乎这些外部压力，他真正在意的，是来自内部的挑战：如何联合联盟成员，搭建一个统一的国产操作系统生态圈——事实上，这也是多年来，国产操作系统一直没能打开局面的主要原因。在最高决策层的推动下，政企用户市场已经破冰，横亘在国产操作系统面前的，是个人消费市场这座大山。

2014 年，国产操作系统厂商中科红旗解散清算一案，成为国产操作系统标志性的事件，虽然背后有股东利益纠葛的缘故，但市场造血能力不足早已是业界公认的血淋淋教训。最初，倪光南发起的联盟也制定了国产操作系统替代的时间表，希望在 2014 年 10 月推出支持应用商店的国产桌面操作系统新版本，首先在桌面实现国产化替代，然后在三五年内，从桌面系统扩展到移动端。从 2014 年 9 月一直到年底，普华、中标麒麟、思普、开源软件创新联合实验室等联盟成员单位的新版操作系统相继发布，不过，由于应用商店实体公司一直没能成立，各家系统统一标准的愿望也未能实现。

倪光南认为，这就是鸡生蛋和蛋生鸡的关系，没有应用，就没人愿意用你的操作系统，没人用操作系统，就更没有人给你开发应用。国家信息化专家咨询委员会委员曲成义说，改善应用生态，加大应用软件开发力度，做好应用服务支持，都是国产操作系统需要爬过的"高坡"。倪光南想的就是，尽快找到合适的应用商店公司掌舵人，"车轮转起来了，一步步往前走，才有解决问题的可能，待在原地只会陷入死循环"。

---

[1] 光明网. 百名院士的红色情缘. https://m.gmw.cn/baijia/2022-04/03/35632223.html.

他苦苦追求的是中国的核心技术梦，一个大国崛起的梦，他渴望打造一把属于中国的科技利剑，尽管他被一手带起来的企业抛弃，也曾被业内人挤兑，可他从来没有变过，从青丝到白发，从青涩小伙到耄耋之年，他把一生的心血都奉献给了国家的科研。历史终究会记住他为了中国科技付出的心血，中华文明正是因为有像他这样的人，才能在五千年屹立于世界之林，久经风浪，而始终不倒，财富和名望会在若干年后消散，而倪老这样科学家们的科技强国梦想和赤诚报国之心将同中华民族伟大精神一样支撑着中国走向最终的复兴。

项目 5　用户、群组与权限的管理

项目导读

Linux 是一个多用户管理系统，允许多个用户共享计算机资源，每个用户所拥有的权限也不尽相同。Linux 继承了 UNIX 的传统方法，把全部用户信息保存为普通的文本文件。用户可以通过对这些文件的修改来管理用户和群组。

项目要点

- Linux 操作系统中用户的相关概念
- Linux 操作系统中群组的相关概念
- Linux 操作系统中用户的新增、修改、设置密码、删除等命令的方法
- Linux 操作系统中群组的新增、修改、设置密码、删除等命令的方法

5.1　项目基础知识

Linux 系统是一个多用户、多任务的操作系统，通常会拥有少至几个多至几百个的可登录用户，为确保系统的安全性和有效性，必须对用户进行妥善的管理和控制。

用户账号是用户在系统里的标识，用以鉴别用户身份，限制用户的权限，防止用户非法或越权使用系统资源。任何一个需要使用系统资源的用户，都必须首先向系统管理员申请一个账号，然后以这个账号的身份进入系统。每个用户账号都拥有一个唯一的用户名和各自的密码。用户账号可以帮助系统管理员对使用系统的用户进行跟踪，并控制用户对系统资源的访问，同时用户密码还可以为用户提供安全性保护。

在 Linux 系统中，各个用户的权限和所完成的任务是不同的，系统是通过用户的 ID 号来识别用户的，用户的 ID 号简称 UID，是系统中标识每个用户的唯一标识符。在 Linux 系统中主要有系统管理员、系统用户和普通用户这三类用户。

5.1.1　用户账号文件

常用的用户账号文件包括/etc/passwd 文件和/etc/shadow 文件，具体如下：

（1）/etc/passwd 文件。/etc/passwd 文件是系统用户配置文件，存储了系统中所有用户的基本信息，并且所有用户都可以读取该文件，其中每一行都是一个用户账号的相关信息。/etc/passwd 文件中每行由七个字段组成，以"："作为分隔符，这七个字段分别为用户名、密

码、UID、GID、用户信息、家目录、Shell。

1）用户名字段：这个字段是用户账号名称，用户登录时所使用的用户名。

2）密码字段：这个字段是用户的登录密码，考虑到系统的安全性，通常用字母 X 来表示。

3）UID 字段：这个字段是用户标识符，系统中每个用户的 UID 号都是唯一的。

4）GID 字段：这个字段是用户所属用户组的组号。

5）用户信息字段：这个用户信息包括用户名称、办公电话、住宅电话等相关信息。

6）家目录字段：这个字段表示用户的起始工作目录，是用户成功登录后的默认目录。

7）Shell 字段：这个字段表示用户所使用的 Shell，默认为/bin/bash。

（2）/etc/shadow 文件。/etc/shadow 文件用于存储 Linux 系统中用户的密码信息，是加密过的密码。为了保证用户密码的安全性，只有 root 用户对该文件具有只读权限且不能修改，其他用户不能对该文件进行任何操作，其中每一行都是一个用户密码的相关信息。/etc/shadow 文件中每行由九个字段组成，以 ":" 作为分隔符。这九个字段分别为用户名、用户密码、最后一次修改时间、最小修改间隔时间、密码有效期、密码需要修改前的警告天数、密码过期后的宽限天数、账号失效时间，最后一个是保留字段。

1）用户名字段：这个字段是用户账号名称，用户登录时所使用的用户名。

2）用户密码字段：这个字段是用户的登录密码，这里保存的是经过加密的密码。

3）最后一次修改时间字段：这个字段表示最后一次修改密码的时间。

4）最小修改间隔字段：这个字段规定了从最后一次修改密码的日期起，多长时间之内不能修改密码。

5）密码有效期字段：这个字段规定了从最后一次更改密码后多长时间内需要再次更改密码。

6）密码需要修改前的警告天数字段：这个字段用于设置提前发出警告的天数。

7）密码过期后的宽限天数字段：这个字段用于设置宽限天数。

8）账号失效时间字段：这个字段表示在这个字段规定的日期之后，将无法再使用这个用户账号。

9）最后一个保留字段，目前没有使用，等待新功能的加入。

Linux 系统中 UID 取值范围及说明见表 5.1。

表 5.1 UID 取值范围及说明

UID 取值范围	说明
0 （系统管理员）	默认情况下，Linux 系统的管理员用户是 root 用户，其 UID 为 0，root 用户在每台 Linux 操作系统中都是真实存在的，通过它可以登录系统，可以在系统中操作任何文件和执行任何命令，拥有最高的管理权限
1~999 （系统用户）	系统用户最大的特点是安装系统后默认就会存在，且默认情况大多数不能登录系统，但是，他们是系统正常运行不可缺少的，他们的存在主要是方便系统管理，满足相应的系统进程对文件属主的要求。例如：系统中的 bin、adm、nobody、mail 用户等
1000 以上 （普通用户）	普通用户是为了让使用者能够使用 Linux 系统资源而建立的账号，普通用户仅可以操作自己家目录下的文件及目录，还可以进入或浏览相关目录，普通用户的 UID 取值大于 999，默认情况下从 1000 开始

5.1.2 添加用户

Linux 系统中的用户具有用户名、用户 ID、密码、用户组等属性，useradd 命令可通过特定选项，在创建用户的同时为新增的用户账号设置对应的属性，若未设置除用户名之外的其他属性，则这些属性将由系统设置为默认值。

（1）命令作用。useradd 命令可在系统中创建一个新的用户账号，此命令只有系统管理员 root 用户才能使用。

（2）命令格式。useradd 命令的格式如下：

useradd　[选项]　用户账号名

（3）命令常用选项。useradd 命令选项名称及含义见表 5.2。

表 5.2　useradd 命令选项名称及含义

选项名称	选项含义
-d	指定用户登录时的起始目录（家目录）
-e	指定用户账号的失效日期
-f	指定在密码过期后多少天即关闭该账号
-g	指定用户所属的用户组
-G	指定用户所属的附加组
-r	建立系统用户账号
-s	指定用户登录后所使用的 Shell
-u	指定用户 ID

【例 5.1】创建一个名为 test01 的新用户，命令示例如下：

useradd test01

【例 5.2】创建一个名为 test02 的新用户，并设置其用户 ID 为 758，命令示例如下：

useradd test02 -u 758

Linux 系统中的用户名和用户 ID 都是唯一的，其中用户名由字母、数字、下划线组成，且不能以数字开头。与账户相关的信息大部分都会被存放在/etc 目录下的 passwd 文件中，每添加一个新用户，系统就会在该文件中追加一条记录，因此可通过该文件来获取用户的属性信息。默认所有用户都有查看/etc/passwd 文件的权限。

5.1.3 修改用户

（1）命令作用。usermod 命令用于修改用户的基本信息，但不能修改已经登录系统用户的账号名称。

（2）命令格式。usermod 命令格式如下：

usermod　[选项]　用户账号名

（3）命令选项。usermod 命令选项及含义见表 5.3。

表 5.3　usermod 命令选项及含义

选项名称	选项含义
-d	修改用户登录时的目录（家目录）
-e	修改账号的有效期限
-g	修改用户所属的用户组
-G	修改用户所属的附加组
-l	修改用户账号名称
-L	锁定用户密码，使密码无效
-s	修改用户登录后所使用的 Shell
-u	修改用户 UID
-U	解除密码锁定

【例 5.3】修改用户名 test02 为 test01，命令示例如下：

usermod -l test02 test01

5.1.4　删除用户

（1）命令作用。userdel 命令用于删除用户的相关数据，此命令只有系统管理员 root 用户才能使用。

（2）命令格式。userdel 命令格式如下：

userdel　　[选项]　　用户账号名

（3）命令选项。userdel 命令选项及含义见表 5.4。

表 5.4　userdel 命令选项及含义

选项名称	选项含义
-f	强制删除用户，即使用户当前已登录
-r	删除用户的同时，删除与用户相关的所有文件

【例 5.4】删除用户 test02，命令示例如下：

userdel test02

5.1.5　群组账号文件

Linux 系统中用户组是具有相同特性的用户的逻辑集合，系统中拥有少至几个多至几百个的可登录用户，有时需要让多个用户具有相同的权限，比如允许多个用户访问某一个文件，此时使用用户组管理就方便多了，只要将所有需要访问该文件的用户放入一个用户组里，并给这个用户组授权，这样组中所有用户也就拥有了相同的权限。

1. Linux 系统的用户组作用

Linux 系统的用户组包括初始组和附加组，具体作用如下：

（1）初始组：用户登录时就拥有这个用户组的相关权限，这个用户组就是用户的初始组，也称为主组。每个用户的初始组只能有一个，通常就是将和此用户的用户名相同的组名作为该用户的初始组。

（2）附加组：每个用户只能有一个初始组，除初始组外，用户可以加入多个其他的用户组，并拥有这些组的权限，那么这些用户组就是这个用户的附加组。

2. Linux 系统的用户与用户组关系

Linux 系统的用户与用户组的关系具体如下：

（1）一对一：一个用户只归属于一个用户组，这个用户是用户组中的唯一成员。

（2）多对一：多个用户归属于同一个用户组。

（3）一对多：一个用户归属于多个不同的用户组。

（4）多对多：多个用户归属多个不同的用户组。

3. Linux 系统的用户组配置文件

Linux 系统的用户组配置文件包括/etc/group 文件和/etc/gshadow 文件，具体介绍如下：

（1）/etc/group 文件。/etc/group 文件是存储系统中用户组的 ID（GID）、组名的文件。/etc/group 文件中每行由四个字段组成，以":"作为分隔符，这四个字段分别为组名、组密码、GID、用户组成员列表。

1）组名字段：这个字段是用户组的名称，由字母或数字构成。与用户名一样，组名在系统中是唯一的。

2）组密码字段：这个字段是用来指定组管理员，为了考虑系统的安全性，组密码一般用字母 X 来表示，只是一个密码标识而已。

3）GID 字段：这个字段是用户组的 ID，Linux 系统就是通过 GID 来区分用户组的，而组名只是为了便于用户识别。

4）用户组成员列表字段：这个字段列出用户组包含的附加组成员列表。如果该用户组中无附加组成员，则该字段为空。

（2）/etc/gshadow 文件。/etc/gshadow 文件用于存储 Linux 系统中用户组密码信息，对于大型服务器，针对很多用户和组，定制一些关系结构比较复杂的权限模型，设置用户组密码是极其必要的。为了保证密码的安全性，只有 root 用户对该文件具有只读权限且不能修改，其他用户不能对该文件进行任何操作，文件中每一行都是一个用户组密码的相关信息。etc/gshadow 文件中每行由四个字段组成，以":"作为分隔符。这四个字段分别为组名、组密码、组管理员、用户组成员列表。

1）组名字段：这个字段是用户组的名称，由字母或数字构成。

2）组密码字段：这个字段是用户组的密码，是给用户组管理员使用的，对于大多数用户组来说，通常不设置组密码，因此该字段通常为空。

3）组管理员字段：这个字段是该用户组的管理员账号，默认为空，表示未设置管理员。

4）用户组成员列表字段：这个字段列出每个用户组包含的附加组成员列表。

5.1.6 添加群组

（1）命令作用。groupadd 命令可用来建立新的用户组，只有系统管理员 root 用户可以使用 groupadd 命令，新用户组的信息将被添加到系统文件中。

（2）命令格式。groupadd 命令的格式如下：

groupadd　[选项]　用户组名

（3）命令选项。groupadd 命令选项及含义见表 5.5。

表 5.5　groupadd 命令选项及含义

选项名称	选项含义
-g	指定新建用户组 GID
-p	设置用户组密码
-r	创建系统用户组

【例 5.5】创建一个名为 gtest 的群组，命令示例如下：

groupadd gtest

5.1.7　修改群组

（1）命令作用。groupmod 命令用来修改用户组的相关信息，如用户组 GID、名称等。

（2）命令格式。groupmod 命令的格式如下：

groupmod　[选项]　用户组名

（3）命令选项。groupmod 命令选项及含义见表 5.6。

表 5.6　groupmod 命令选项及含义

选项名称	选项含义
-g	修改用户组 GID
-o	允许使用已存在的用户组 GID
-n	修改用户组名称

【例 5.6】修改群组 gtest01 为 gtest，命令示例如下：

groupmod -n gtest01 gtest

5.1.8　删除群组

（1）命令作用。groupdel 命令用于删除用户组，此命令只有 root 用户才能使用。此命令仅适用于删除"不是任何用户初始组"的用户组，如果用户组还是某用户的初始组，则无法成功删除。

（2）命令格式。groupdel 命令格式如下：

groupdel　用户组名

【例 5.7】删除群组名 gtest01，命令示例如下：

groupdel gtest01

5.1.9　添加、删除组成员

（1）命令作用。gpasswd 命令用于将一个用户添加到用户组或者从用户组中删除，还可以使用该命令给用户组设置一个组管理员。

（2）命令格式。gpasswd 命令的格式如下：

gpasswd　[选项]　用户组名

（3）命令选项。gpasswd 命令选项及含义见表 5.7。

表 5.7　gpasswd 命令选项及含义

选项名称	选项含义
-a	将一个用户加入一个用户组中
-d	将一个用户从一个用户组中删除
-A	指定用户组的管理员

【例 5.8】向组中添加用户，命令示例如下：

gpasswd -a chy gtest01

【例 5.9】将用户从组中删除，命令示例如下：

gpasswd -d chy gtest01

5.1.10　显示用户所属组

（1）命令作用。groups 命令用于将一个用户添加到用户组或者从用户组中删除，还可以使用该命令给用户组设置一个组管理员。

（2）命令格式。groups 命令的格式如下：

groups　[选项]　用户名

（3）命令选项。groups 命令选项及含义见表 5.8。

表 5.8　groups 命令选项及含义

选项名称	选项含义
--help	显示命令的帮助信息
--version	显示命令的版本信息

【例 5.10】查看当前用户所在的全部组，命令示例如下：

groups

5.2　项目准备知识

如果用户需要交互式（在本地）登录到计算机，然后操作一些基本的上网或文字处理工作，而又不希望该用户具有关机或者格式化硬盘的权限，则需要对用户进行权限管理。

如果希望若干用户通过网络访问本地计算机的资源，而这些用户对这些资源又需要拥有不同的访问权限，只有系统管理员才可以在本地创建用户和组，在图形界面下，可以使用"计算机管理"中的"本地用户和组"来对用户和组进行管理。

5.2.1 启动图形界面

在设置面板中单击"详细信息",然后选择"详细信息"选项,如图 5.1 所示。

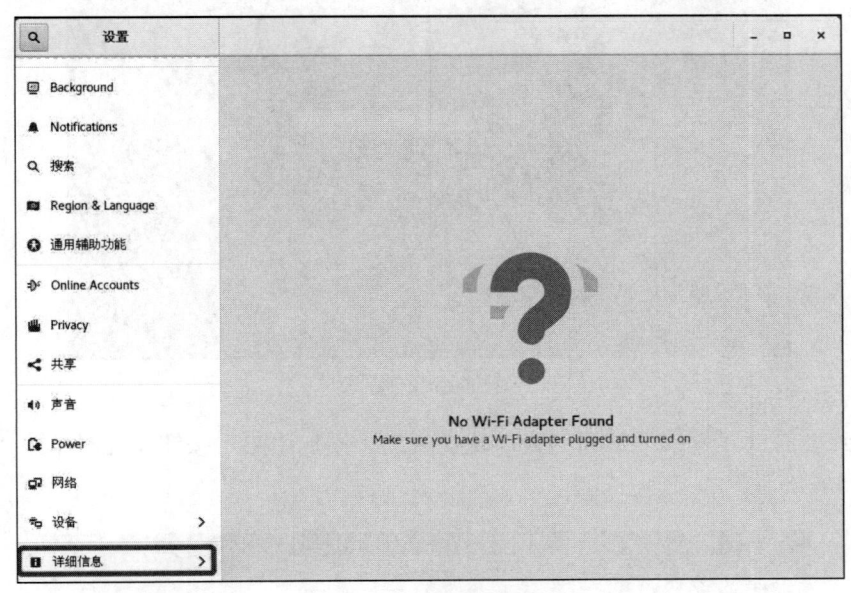

图 5.1 启动图形界面

选择"用户"选项,如图 5.2 所示。

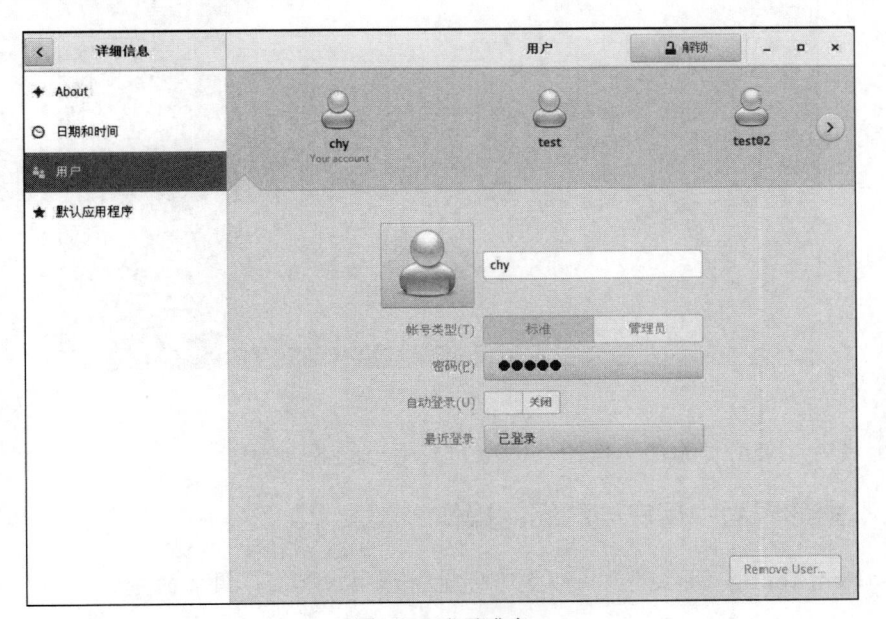

图 5.2 登录准备

单击"解锁"按钮,输入用户密码,如图 5.3 所示。

图 5.3 用户登录

可以看到之前的"解锁"按钮位置，现在变为"添加用户"按钮。此时单击"添加用户"按钮，如图 5.4 所示。

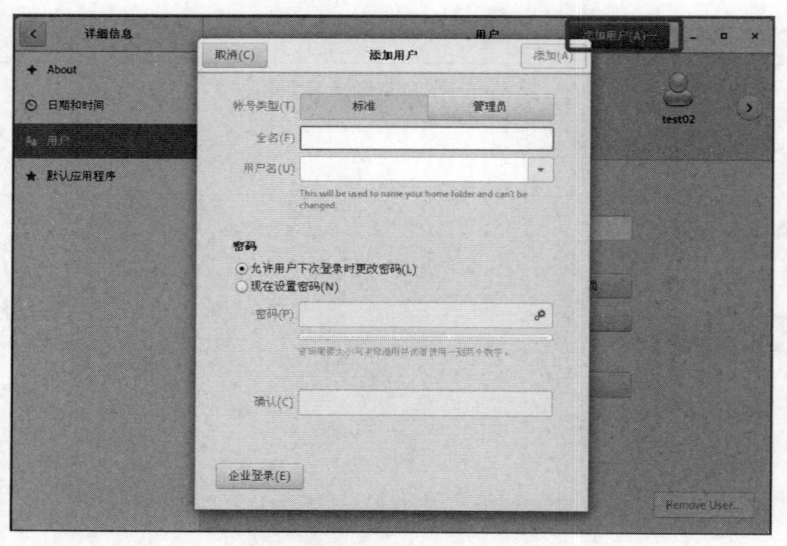

图 5.4 添加用户

输入全名后，单击"添加"按钮，即可完成用户的添加操作。

5.2.2 图形界面中用户与群组的操作

使用 system-config-users 插件可以更方便地管理用户和组，具体命令如下：

```
yum install system-config-users
```

使用该插件管理用户和组的详细操作步骤如图 5.5 所示。

图 5.5 使用 system-config-users 插件管理用户和组的详细操作步骤

待插件安装完毕后，单击"应用程序"→"杂项"→"用户和组群"，如图 5.6 所示。
接着进入用户和组群管理界面，如图 5.7 所示。
单击"添加用户"，即可弹出窗口，在弹窗中填入自定义内容，单击"确定"按钮，即可新增用户，如图 5.8 所示。

Linux 操作系统基础

图 5.6　用户和组群功能菜单

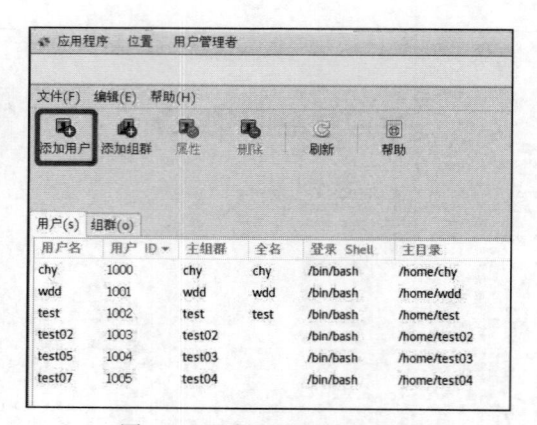

图 5.7　用户和组群管理界面

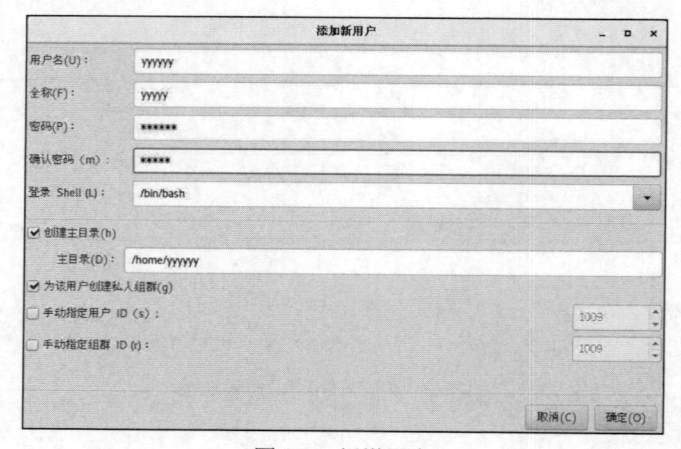

图 5.8　新增用户

添加组群与添加用户步骤类似，如图 5.9 所示。

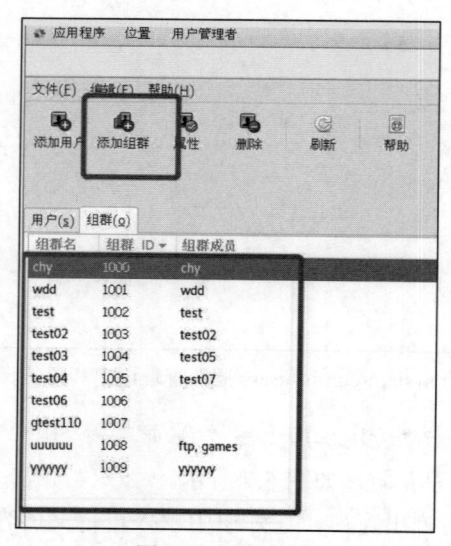

图 5.9　添加组群

项目 ❺ 用户、群组与权限的管理

单击"添加组群",即可弹出窗口,在弹窗中填入自定义组群名,单击"确定"按钮,即可新增组群,如图 5.10 所示。

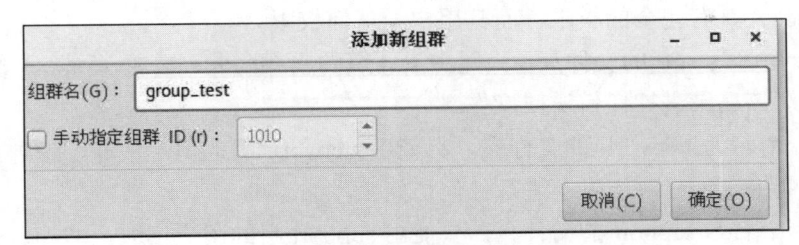

图 5.10 添加新组群

查看组群属性,先选中要查看属性的组群,再单击"属性",即可在弹窗中查看组群数据,也可以单击"组群用户",查看组群中包含的所有用户,如图 5.11 所示。

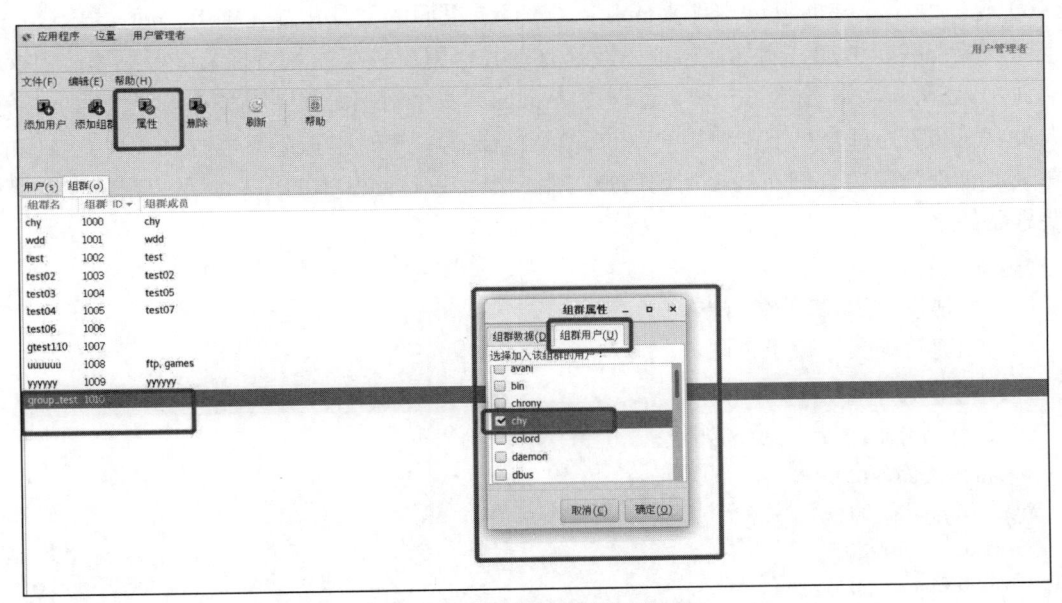

图 5.11 查看组群属性及用户

5.3 项目实施

任务 5.1 用户和群组的创建

(1)某软件开发公司即将开始在 Linux 系统上进行项目开发。要实现的环境是,公司有软件开发、网络和技术支持三个部门,对应建立三个用户组,分别为 soft、network、support。三个部门里各有两个用户,分别为 soft001、soft002,network001、network002,support 001、support 002。请根据公司的具体情况建立相应的目录及访问权限。

用户和群组的创建

97

步骤参考：

1）首先服务器采用用户验证的方式，每个用户可以访问自己的主目录，并且只有该用户能访问主目录，并具有完全的权限，而其用户无任何权限。

2）建立一个名为 soft 的文件夹，只能由 soft 组的用户读取、增加、删除、修改以及执行，其他用户不能对该目录进行任何访问操作。

3）建立一个名为 network 的文件夹，只能由 network 组的用户读取、增加、删除、修改以及执行，其他用户不能对该目录进行任何访问操作。

4）建立一个名为 support 的文件夹，只能由 support 组的用户读取、增加、删除、修改以及执行，其他用户不能对该目录进行任何访问操作。

5）建立一个名为 network_support 的文件夹，只能由 network 和 support 组的用户读取、增加、删除、修改以及执行，其他用户不能对该目录进行任何访问操作。

6）建立一个公共的只读文件夹 public，该目录里面的文件只能由 soft、network、support 三个用户组读取、增加、删除、修改以及执行，其他用户只可以对该目录进行只读访问操作。

（2）公司新增财务部（fina）、管理层（mana）两个部门。其中财务部有员工四名，管理层人员有三名。为每个员工创建用户账户。为安全起见，平时维护服务器时以管理员自己的账户登录，管理员需要合理布局公司的用户与用户组，以达到基本的用户与用户组的管理目的。主要思路如下：

- 创建用户。
- 创建用户组，加入用户。
- 创建管理员，赋予权限。

步骤参考：

1）创建各部门用户，示例如下：

```
#useradd finauser001
#passwd finauser001
#useradd finauser002
#passwd finauser002
#useradd manauser001
#passwd manauser001
#useradd manauser002
#passwd manauser002
#useradd manauser003
#passwd manauser003
```

2）创建用户组，并加入用户，示例如下：

```
#groupadd finagroup
#groupadd managroup
#groupmems  -a  finauser001  -g  finagroup
#groupmems  -a  finauser002  -g  finagroup
#groupmems  -a  manauser001  -g  managroup
#groupmems  -a  manauser002  -g  managroup
#groupmems  -a  manauser003  -g  managroup
```

3）创建管理员用户，并赋予权限，示例如下：

```
#useradd user_afu
#passwd   user_afu
New password:******
Retry new password:******
```

任务 5.2　文件权限的更改

某软件开发公司近期编写了一个定时清理磁盘的脚本程序，脚本文件名称为 cleandisk.sh，当公司实施人员上传脚本到服务器执行此脚本时，发现使用 user01 用户无法执行该脚本，文件 cleandisk.sh 的所属用户为 user01。请编写命令使 user01 用户能够正常执行该脚本文件完成磁盘清理工作。

代码参考：

```
chmod u+x cleandisk.sh
```

任务 5.3　文件和目录群组的更改

某软件开发公司采用 Nginx 作为 WEB 服务器，Nginx 使用 test 用户启动，启动后，Nginx 会访问/root/static/html 下的静态页面文件。test 用户名较为简单，会引发安全问题，公司基于安全考虑，要求将 test 用户修改为较为复杂的用户名 whvcsetest。此时，由于用户发生了变化，Nginx 无权限访问/root/static/html 下的静态页面文件。请编写命令使 Nginx 能够正常读取静态页面文件，确保公司业务正常流转。

步骤参考：

（1）输入下方命令，修改/root/static/html 所有文件和目录的所属组。

```
chown -R root:groupwhvcse
```

（2）输入下方命令，将新用户 whvcsetest 添加至该组。

```
gpasswd -a whvcsetest groupwhvcse
```

（3）给组 groupwhvcse 授予读取权限。

```
chmod -R g+r /root/static/html
```

5.4　习题

一、选择题

1. 在 Linux 系统中执行的命令及结果如下：

    ls -l myfile
    -rwxrw-r- - 1 root root 0 Mar 29 20:21 myfile

   用户 teacher 不是 root 组的用户，请问他对文件 myfile 具有（　　）权限。

   A．只读　　　　　B．读写　　　　　C．执行　　　　　D．读写和执行

2．假设你是公司的系统管理员，在一台 RHEL7 服务器上新建了一个用户 abc，设置了密码 123，查看结果如下所示：

[root@box2 ~]#cat /etc/shadow|grep abc
abc: 1 1 1mv3rA9k8$.R77PK0Kwx66nKqNHCGUz/:13698:0:99999:7:::

这时你因故离开了服务器一会儿，回来时使用同样的命令，执行结果如下所示：

[root@box2 ~]#cat /etc/shadow|grep abc
abc:! 1 1 1mv3rA9k8$.R77PK0Kwx66nKqNHCGUz/:13698:0:99999:7:::

那么在你离开时很可能有人执行了（　　）命令。

  A．useradd -U abc   B．usermod -U abc
  C．useradd -L abc   D．usermod -L abc

3．以下（　　）命令可以将文件 xfile 的权限设置为属主用户只读。

  A．chmod a=r xfile   B．chmod u=r xfile
  C．chmod g-wx xfile   D．chmod o+r xfile

4．在 Linux 系统中，请根据下列命令及其执行结果判断 root 用户对文件 text.txt 具有（　　）权限。

[root@localhost root]#ls －l text.txt
-rw-r－r-- 1 root root 55 2006-02-21 text.txt

  A．读、写、执行   B．读、写   C．读、执行   D．执行

5．在 CentOS 7 系统中，Linux 普通用户 user1 的默认宿主目录位于（　　）。

  A．/boot   B．/user1   C．/home/user1   D．/workspace

6．登录到字符操作界面后，提示符为"#"，表示当前的用户是（　　）。

  A．root   B．administrator   C．student   D．guest

7．出于安全考虑，Linux 系统的用户口令经过加密后保存在（　　）文件中。

  A．/etc/passwd   B．/etc/password   C．/etc/shadow   D．/etc/group

8．若需设置文件的属主用户有读取、写入权限，而其他任何用户只读，则权限模式可以表示为（　　）。

  A．566   B．644   C．655   D．764

9．使用以下（　　）命令可以对用户账号进行锁定及解除锁定等操作。（选择两项）

  A．useradd   B．usermod   C．passwd   D．userdel

二、简答题

1．新建用户 usr007，指定其用户 ID 为 888，工作目录为/home/usr007，所属组为 group2022，登录 Shell 为/bin/bash。创建完成后打印该用户的用户信息和组信息。提升用户 usr007 的权限，要求 usr007 可登录所有主机、可切换至所有用户、可执行所用命令。

2．使用 sudo 命令以 usr007 的身份在/tmp 下新建文件 usr008。

3．按照以下要求写出相应命令：

（1）新建一个组 group2021，新建一个系统组 group2022。

（2）更改用户组 group2022 的 GID 为 999，更改组名为 group_007。

（3）删除用户组 group_007。

拓展阅读　数据安全（data security）[1]

《中华人民共和国数据安全法》中第三条，给出了数据安全的定义，是指通过采取必要措施，确保数据处于有效保护和合法利用的状态，以及具备保障持续安全状态的能力。

要保证数据处理的全过程安全，数据处理，包括数据的收集、存储、使用、加工、传输、提供、公开等。

信息安全或数据安全有对立的两方面的含义。一是数据本身的安全，主要是指采用现代密码算法对数据进行主动保护，如数据保密、数据完整性、双向强身份认证等。二是数据防护的安全，主要是采用现代信息存储手段对数据进行主动防护，如通过磁盘阵列、数据备份、异地容灾等手段保证数据的安全。数据安全是一种主动的保护措施，数据本身的安全必须基于可靠的加密算法与安全体系，主要有对称算法与公开密钥密码体系两种。

数据处理的安全是指如何有效地防止数据在录入、处理、统计或打印中由于硬件故障、断电、死机、人为的误操作、程序缺陷、病毒或黑客等造成的数据库损坏或数据丢失现象，某些敏感或保密的数据可能被不具备资格的人员或操作员阅读，而造成数据泄密等后果。

而数据存储的安全是指数据库在系统运行之外的可读性。一旦数据库被盗，即使没有原来的系统程序，照样可以另外编写程序对盗取的数据库进行查看或修改。从这个角度说，不加密的数据库是不安全的，容易造成商业泄密，所以便衍生出数据防泄密这一概念，这就涉及了计算机网络通信的保密、安全及软件保护等问题。

2022年5月27日，由中国计算机学会计算机安全专委会、工业信息安全产业发展联盟、中关村网络安全与信息化产业联盟、北京工业互联网技术创新与产业发展联盟联合主办，北京安华金和科技有限公司承办的第五届中国数据安全治理高峰论坛云上论坛——数据安全治理关键技术论坛圆满落幕。同时，会上重磅发布《数据安全治理白皮书4.0》，在数据价值加速释放的今天，为数据安全产业发展提供指引和参考。

---

[1] 百度百科. 数据安全. https://baike.baidu.com/item/%E6%95%B0%E6%8D%AE%E5%AE%89%E5%85%A8/3204964?fr=Aladdin.

项目 6　软件包的管理

项目导读

计算器如果没有安装任何操作系统，它就是一堆没用的电子器件；安装了操作系统，但是没有安装应用软件，那也是花瓶一个。因此要把这个"花瓶"变成能够为我们使用的机器，就必须学会软件的安装。在 Windows 系统中，安装软件很简单，绝大部分情况是运行安装包，然后单击几次 Next 按钮就能完成软件的安装，但是在 Linux 系统中，软件包的安装和管理远比 Windows 操作系统复杂得多，因此，学会软件包的安装非常重要。

学习完本项目，将了解 rpm 软件包的概念，掌握 yum 的安装与配置，熟练掌握 rpm 命令和 yum 命令的使用，以及 tar 包的管理，还将学会 Linux 下其他压缩工具的使用等。

项目要点

- rpm 软件包的概念
- yum 的安装与配置
- tar 包的管理
- rpm 命令的使用
- yum 命令的使用
- Linux 下的其他压缩工具

6.1　项目基础知识

6.1.1　Linux 软件包介绍

Linux 软件包有两种，分别是源码包和二进制包。

Linux 源码包是由软件工程师使用特定的语法格式编写的程序代码，是写给人类看的程序语言，但是机器不认识，所以无法执行。而计算机只能识别机器语言，即二进制代码。所以安装源码包，需要编译器把源码包编译成计算机能看懂的二进制代码，因此安装时间较长。此外，初学者如果在安装过程中，遇到了错误，很难解决，安装难以继续完成。因此，为解决使用源码包安装方式的问题，Linux 软件包的安装出现了使用二进制包的安装方式。

Linux 二进制包就是源码包经过编译器成功编译之后产生的包。二进制包在发布之前已完成了编译的工作，软件包的内容是 0、1 二进制代码，计算机可以直接识别。因此，用户安装软件不再需要编译就可以马上使用，速度较快，且安装过程报错概率大大降低，二进制包是 Linux 下的默认安装软件包。

6.1.2 源码包与二进制包

源码包一般包含多个文件的集合，出于发行的需要，一般会把源码包打包压缩之后发布，Linux 中最常用的打包压缩格式为 tar.gz，因此源码包又被称为 Tarball。而且源码包需要用户自己去软件的官方网站下载，源码包的结构一般如下：源代码相关文件；配置和检测程序，如 config 等；软件安装说明和软件说明，如 README。

1. 源码包的优点

（1）开源，如果有足够的能力，可以修改源代码。

（2）可以自由选择所需的功能。

（3）软件是编译安装，所以更加适合自己的系统，更加稳定，效率更高。

（4）卸载方便。

2. 源码包的缺点

（1）安装步骤较多，尤其是安装较大的软件集合（如 LAMP 环境搭建）时，容易出现拼写错误。

（2）编译时间较长，安装比二进制安装时间长。

（3）因为是编译安装，安装过程中一旦报错新手很难解决。

在前面已经讲过，二进制包是在软件发布的时候已经进行过编译的软件包，所以安装速度比源码包快得多。但是因为已经进行编译，用户也就不能看到软件的源代码了。目前两大主流的二进制包系统是 DPKG 包和 rpm 包。

1）rpm 包管理系统：功能强大，安装、升级、查询和卸载非常简单方便，因此很多 Linux 发行版都默认使用此机制作为软件安装的管理方式，例如 Fedora、CentOS、SuSE 等。

2）DPKG 包管理系统：由 Debian Linux 所开发的包管理机制，通过 DPKG 包就可以进行软件包管理，主要应用在 Debian 和 Ubuntu 中。

本项目以 CentOS 系统为例，讲解以 rpm 二进制包为主。

6.2 项目准备知识

6.2.1 rpm 软件包

rpm（redhat package manager，红帽软件包管理器）的功能类似于 Windows 里面的"添加/删除程序"，但是功能又比"添加/删除程序"强很多。rpm 是一个强大的软件包管理系统，可安装、卸载、验证、查询和更新计算机软件包。每个软件包都包含一个文件存档以及有关该软件包的信息，例如其版本、描述等。此工具包最先是由 RedHat 公司推出的，但是其原始设计理念是开放式的，后来被其他 Linux 开发商所借用。rpm 是许多 Linux 发行版的核心组件，例如 Red Hat Enterprise Linux、Fedora Project、SUSE Linux Enterprise、openSUSE、CentOS、Tizen、Mageia、CBL-Mariner 等，rpm 格式是 Linux 标准库的一部分。

rpm 是以一种数据库记录的方式将所需要的软件安装到 Linux 主机的一套管理程序，最大的特点是将要安装的软件先编译并打包，通过包装好的软件中默认的数据库记录，记录这个软件在安装的时候需要的依赖属性模块，在用户的 Linux 主机安装时，rpm 会先根据软件里的记录数据，查询 Linux 主机的依赖属性软件是否满足，若满足则予以安装，不满足则不安装。安装的时候将该软件的信息全部写入 rpm 的数据库中以便将来的查询、验证与卸载。

rpm 是一个强大的包管理系统，主要功能如下：
- 计算机软件从源代码构建成易于分发的软件包。
- 安装、更新和卸载软件，支持在线安装和升级软件。
- 查询打包软件的详细信息，是否安装以及其版本，通过 rpm 可知软件包包含哪些文件，也能知道系统中的某个文件属于哪个软件包。
- 依赖性的检查，查看是否有软件包由于不兼容而扰乱了系统。
- 作为开发者可以把自己的程序打包为 rpm 包发布。
- 软件包签名 GPG 和 MD5 的导入、验证和发布。

1. rpm 的优缺点

（1）rpm 的优点。

1）软件的传输和安装都很方便，包管理系统简单，只通过几个命令就可以实现包的安装、升级、查询和卸载，安装速度比源码包安装快得多，这是由于已经编译完成并且打包，不需要再进行编译。

2）由于套件信息已经记录在 Linux 主机的数据库中，方便查询、升级与卸载。

（2）rpm 的缺点。

1）经过编译，不能再看到源代码，功能选择不如源码包灵活。

2）安装环境必须与打包时的环境一致或至少兼容。

3）需要满足软件的依赖属性需求，依赖性强。比如在安装软件包 a 时需要先安装 b 和 c，而在安装 b 时需要先安装 d 和 e。这就需要先安装 d 和 e，再安装 b 和 c，最后才能安装 a。

4）卸载时需要特别小心，尤其是处于关联属性最底层的软件不可以先卸载，否则可能造成整个系统出问题。

2. rpm 软件包的命名规则

命名格式：

name-version-release.arch.rpm

name-version-release.arch.src.rpm

说明：

name：软件包名称。

version：带有主、次和修订的软件包版本。

release：用于标识 rpm 包本身的发行号，还可包含适应的操作系统。

arch：硬件平台。硬件平台包括了 i386、i486、i586、i686、x86_64、ppc、sparc、alpha。如果是 noarch，说明这样的软件包可以在任何平台上安装和运行，不需要特定的硬件平台。

rpm/src.rpm：.rpm 或.src.rpm，是 rpm 包类型的后缀。.rpm 是编译好的二进制包，可用 rpm 命令直接安装；.src.rpm 表示是源代码包，需要安装源码包生成源码，并对源码进行编译生成.rpm 格式的 rpm 包，才可以对这个 rpm 包进行安装。

以 httpd-2.2.3-29.el5.i386.rpm 为例：httpd 是软件名称；2.2.3 是软件版本；29.el5 中 29 是发行版本号，el5 表示是 RHEL5；I386 是适用的硬件平台。

特殊名称：

（1）fcXX、elXX：表示这个软件包的发行商版本，就像 el5，说明这个软件包在 RHEL 5.x/CentOS 5.x 下使用。

（2）devel：表示这个 rpm 包是软件的开发包。例如：httpd-devel-2.2.3-29.el5.i386.rpm。

（3）manual 手册文档。例如：httpd-manual-2.2.3-29.el5.i386.rpm。

3．rpm 的使用权限

rpm 软件的安装、删除、更新只有 root 权限才能操作；对于查询功能任何用户都可以操作；如果普通用户拥有安装目录的权限，也可以进行安装。

rpm 软件包安装时，该软件的相关信息会被写入位于/var/lib/rpm/下的数据库文件中，rpm 查询实际上就是在该数据库文件中进行查找。查询时所有参数前面都要加-q 才能进行。查询操作主要针对两种信息：已安装的软件信息，由位于/var/lib/rpm/下的数据库文件提供；某个 rpm 文件的内容，由 rpm 文件中读出那些写入数据库的信息。使用 rpm 查询命令可以让用户很方便地在系统上查找所需软件是否安装，或者一个已安装的软件放在哪个目录里等。

6.2.2 yum 软件包

yum（yellowdog updater，modified，即 yellowdog 更新程序，已修改）是由美国杜克大学团队通过修改 yellowdog Linux 的 yellowdog updater 开发而成的。基于 rpm 包管理，能够从指定的服务器自动下载 rpm 包并且安装，可以自动处理依赖性关系，并且一次安装所有依赖的软体包，无须烦琐地一次次下载、安装。yum 提供了查找、安装、删除某一个、一组，甚至全部软件包的命令，而且命令简洁而又好记。

具体来说，Linux 首先将发布的软件放到一个叫作 yum 服务器的网络服务器中，然后通过分析这些软件的依赖关系，将软件中的记录信息写下来，并将各个包之间的依赖关系记录在文件中，当管理员使用 yum 安装、升级软件时，yum 会先从服务器端下载包的依赖性文件，并保存到本地 yum 数据库文件中，通过其中的数据对比客户端 rpm 数据库，马上就能找出尚未安装的关联软件，确定要下载的目标后，yum 就会到 yum 服务器一次性下载所有相关的 rpm 包，然后再用 rpm 机制进行安装。

前面为大家介绍了 rpm 二进制包安装软件，rpm 包安装的最大的缺点也提到过，就是依赖性太强，一旦遇到依赖问题，则需要手动解决包之间具有依赖性的问题，而 yum 是可自动解决包之间依赖关系的问题的安装方式。就好像 Windows 系统上通常可以通过各种软件管家实现软件的一键安装、升级和卸载，yum 就是 Linux 系统中的一键安装工具。

1. yum 安装

CentOS 默认已经安装了 yum，不需要另外安装，不过为了保险起见，还是先看一下系统中是否已安装了 yum，命令如下：

```
rpm -qa|grep yum
```

图 6.1 表示系统中已经安装了 yum。

```
[root@XY ~]# rpm -qa|grep yum
yum-utils-1.1.31-54.el7_8.noarch
yum-metadata-parser-1.1.4-10.el7.x86_64
yum-3.4.3-168.el7.centos.noarch
yum-plugin-fastestmirror-1.1.31-54.el7_8.noarch
PackageKit-yum-1.1.10-2.el7.centos.x86_64
yum-langpacks-0.4.2-7.el7.noarch
```

图 6.1 查看系统中是否已安装 yum

2. yum 配置

yum 的配置文件分为两部分：main 和 repository。main 部分定义了全局配置选项，整个 yum 配置文件应该只有一个 main，常位于/etc/yum.conf 中。repository 部分定义了每个源/服务器的具体配置，可以有一到多个，常位于/etc/yum.repo.d 目录下的各文件中。

yum.conf 文件一般位于/etc 目录下，一般其中只包含 main 部分的配置选项。

使用 cat 命令进入 yum.conf 查看一下，命令如下：

```
cat    /etc/yum.conf
```

结果图 6.2 如示。

```
[main]
cachedir=/var/cache/yum/$basearch/$releasever
keepcache=0
debuglevel=2
logfile=/var/log/yum.log
exactarch=1
obsoletes=1
gpgcheck=1
plugins=1
installonly_limit=5
bugtracker_url=http://bugs.centos.org/set_project.php?project_id=23&ref=http://bugs.centos.org/bug_report_page.php?category=yum
distroverpkg=centos-release
```

图 6.2 查看 yum.conf 文件

接下来对显示结果进行介绍。

cachedir=/var/cache/yum：yum 缓存的目录，yum 在此存储下载的 rpm 包和数据库，默认设置为/var/cache/yum。

keepcache=0：安装完成后是否保留软件包，0 为不保留（默认为 0），1 为保留。

debuglevel=2：Debug 信息输出等级，范围为 0~10，默认为 2。

logfile=/var/log/yum.log：yum 的日志文件所在的位置。

exactarch=1：有 1 和 0 两个选项，设置为 1，则 yum 只会安装和系统架构匹配的软件包，例如，yum 不会将 i686 的软件包安装在适合 i386 的系统中。

obsoletes=1：这是一个 update 的参数，相当于 upgrade，允许更新陈旧的 rpm 包。

gpgcheck=1：是否进行 GPG（GNU Private Guard，GNU 隐私卫士）校验，GPG 一种密钥

方式签名，以确定 rpm 包的来源是有效和安全的。

plugins=1：是否允许使用插件，默认是 0 不允许，但是，一般会用 yum-fastestmirror 这个插件。

installonly_limit=5：允许保留多少个内核包。

3. yum 源配置

repo 文件是 yum 的源配置文件。使用 yum 安装软件包之前，需指定好 yum 下载 rpm 包的位置，此位置称为 yum 源。换句话说，yum 源指的就是软件安装包的来源。使用 yum 安装软件时至少需要一个 yum 源。yum 源既可以使用网络 yum 源，也可以将本地光盘作为 yum 源。

yum 源配置文件位于/etc/yum.repos.d/目录下，文件扩展名为.repo（扩展名为.repo 的文件都是 yum 源的配置文件），CentOS-Base.repo 是 yum 网络源的配置文件，CentOS-Media.repo 是 yum 本地源的配置文件。

通常一个 repo 文件定义了一个或者多个软件仓库的细节内容，例如将从哪里下载需要安装或者升级的软件包，repo 文件中的设置内容将被 yum 读取和应用。

下面来看一下 CentOS-Base.repo 文件都有哪些内容，命令如下：

vi CentOS-Base.repo

结果如图 6.3 所示。

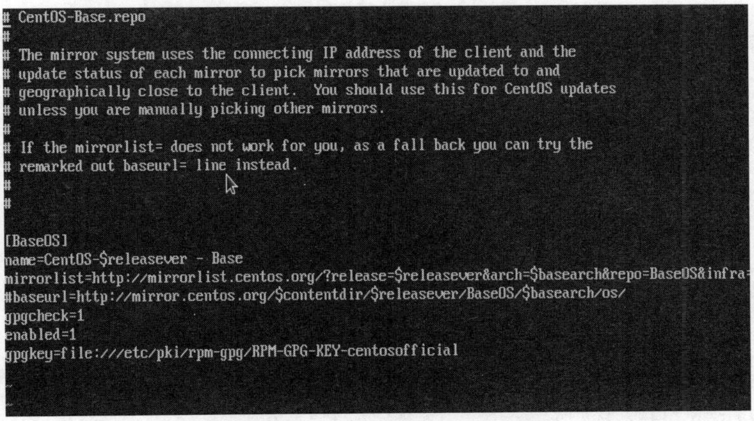

图 6.3　查看 CentOS-Base.repo 文件

接下来对显示结果进行介绍。

[BaseOS]：方括号里面的是软件源的名称，将被 yum 取得并识别。

name=CentOS-$releasever-Base：此为容器说明，定义了软件仓库的名称，通常是为了方便阅读配置文件。$releasever 变量定义了发行版本，通常是 8、9、10 等数字；$basearch 变量定义了系统的架构，可以是 i386、x86_64、ppc 等值。这两个变量根据当前系统的版本架构不同而有不同的取值，这可以方便 yum 升级的时候选择适合当前系统的软件包。

mirrorlist=http://mirrorlist.centos.org/?release=$releasever&arch=$basearch&repo=BaseOS&infra=$infra：指定一个镜像服务器的地址列表，通常是开启的状态。

#baseurl=http://mirror.centos.org/$contentdir/$releasever/BaseOS/$basearch/os/：baseurl 第一

个字符是"#"表示该行已经被注释，将不会被读取，这一行的意思是指定一个 yum 源服务器的地址，默认是 CentOS 官方的 yum 源服务器，也可以改成你喜欢的 yum 源地址。

gpgcheck=1：表示此 repo 中下载的 rpm 将进行 GPG 校验，以确定 rpm 包的来源是有效和安全的。如果值为 0，则表示 rpm 的数字证书不生效。

enabled=1：判断此容器是否生效，如果不写或写成 enabled=1，则表示此容器生效，写成 enable=0，则表示此容器不生效。

gpgkey=file:///etc/pki/rpm-gpg/RPM-GPG-KEY-centosofficial：数字证书的公钥文件保存位置，用于校验的 GPG 密钥。

如何更换 yum 使用的源，下面举例来说明，例如想使用阿里云的 yum 源。操作如下：

（1）首先将 Centos-Base.repo 文件进行备份，文件备份可以用 cp 命令复制一份，也可以把文件压缩成一个压缩包，命令如下：

zip Centos-Base.repo.zip Centos-Base.repo

（2）删除 Centos-Base.repo 文件，命令如下：

rm Centos-Base.repo

（3）下载阿里云的 yum 源到 etc/yum.repos.d 文件目录下，命令如下：

Wge -O /etc/yum.repos.d/CentOS-Base.repo http://mirrors.aliyun.com/repo/Centos-7.repo

（4）清理 yum 并生成缓存，命令如下：

yum clean all

6.2.3　tar 软件包

Linux 系统下最常用的打包程序是 tar，使用 tar 程序打出来的包称为 tar 包，tar 命令用于将一系列数据打包、归档。tar 包文件的命名通常都是以.tar 结尾的。tar 可以为文件和目录创建备份。利用 tar，用户可以为某一特定文件创建备份，也可以在备份中改变文件，或者向备份中加入新的文件。tar 最初被用来在磁带上创建备份，现在，用户可以在任何设备上创建备份，如软盘。利用 tar 命令可以把一大堆的文件和目录打包成一个文件，这对于备份文件或将几个文件组合成一个文件进行网络传输是非常有用的。在 Linux 系统中，tar 命令还具有压缩功能，可以生成压缩的存档文件。

tar 命令语法：tar [主选项+辅选项][文件或者目录]

说明：tar 命令的选项有很多，使用该命令时，主选项是必须要有的，它告诉 tar 要做什么事情，辅选项是辅助使用的，可以选用。

常用主选项如下：

A：新增归档文件到已有的归档文件。

c：创建新的备份文件。如果用户想备份一个目录或一些文件，就要选择这个选项。

d：对比备份文件内和文件系统上的文件的差异。

k：保存已经存在的文件。例如在还原某个文件的过程中遇到相同的文件，则不会进行覆盖。

m：在还原文件时，把所有文件的修改时间设定为现在。

M：创建多卷的档案文件，以便在几个磁盘中存放。

r：把要存档的文件追加到备份文件的末尾。例如用户已经做好备份文件，又发现还有一个目录或是一些文件忘记备份了，这时可以使用该选项，将忘记的目录或文件追加到备份文件中。

t：列出档案文件的内容，查看已经备份了哪些文件。

u：更新文件，用新增的文件取代原备份文件，如果在备份文件中找不到要更新的文件，则把它追加到备份文件的最后。

x：从档案文件中释放文件。

v：详细报告 tar 存档的过程信息。

w：每一步都要求确认。

z：用 gzip 或 unzip 来压缩/解压缩文件，加上该选项后可以将档案文件进行压缩，但还原时也一定要使用该选项进行解压缩。

常用辅选项如下：

C：切换到指定的目录

f：归档后的文件名，这个选项通常是必选的。

exclude：排除目录中的某些文件，然后备份。

【例 6.1】为/root/abc 目录包括它的子目录做备份文件，备份文件名为 abc.tar，命令如下：

tar cvf abc.tar /root/abc

【例 6.2】把/root/abc 目录下的 pig.txt 和 cat.txt 打包并压缩成 pc.tar.gz，命令如下：

tar zcvf pc.tar.gz /root/abc/pig.txt /root/abc/cat.txt

【例 6.3】将 pc.tar.gz 解压到当前目录，命令如下：

Tar -zxv pc.tar.gz

【例 6.4】查看 abc.tar 文件的内容，命令如下：

Tar tvf abc.tar

【例 6.5】将文件 d 添加到 abc.tar 包中，命令如下：

Tar rvf abc.tar d

【例 6.6】更新原来 tar 包 abc.tar 中的文件 a。

tar uvf abc.tar a
Tar tvf abc.tar

【例 6.7】将/root/abc.tar 解压到 opt/tmp2 目录下，命令如下：

mk opt/tmp2
tar xv /root/abc.tar -C opt/tmp2

【例 6.8】在压缩文件 abc 时排除 a.txt，压缩后的文件名为 abc.tar.gz，命令如下：

tar --exclude=abc/a.txt -zcvf abc.tar.gz abc

6.2.4　Linux 其他压缩工具

目前我们使用的计算机系统是使用 byte 单位计量的，但是实际上，计算机中最小的计量单位是 bit，我们知道 1byte=8bit，在日常使用中并不是所有的数据都能把这个 1byte 用完，有的可能用了 3bit，有的可能用了 4bit，而它们的实际占用空间是 2byte=16bit，剩余的空间就浪费了，压缩工具就是通过算法，将占用 3bit 的数据和占用 4bit 的数据放在 1byte 里，这样就能节省出来 1byte。压缩就是将这些没有用到的空间丢出来，让文件的占用空间变小，这就是压缩技术。而解压缩技术就是将压缩完的数据还原成未压缩的状态。

压缩比就是指压缩后与压缩前的文件所占用磁盘空间的大小比值。

我们常见的网站数据传输一般都使用压缩技术，数据在网络传输过程中使用压缩数据，当压缩数据达到用户主机时，通过解压缩，再展示出来。

1. 常见压缩和解压缩命令

（1）zip 命令和 uzip 命令。

1）zip 命令。zip 是一个使用广泛的压缩程序，文件经它压缩后会另外产生具有.zip 扩展名的压缩文件。zip 格式是 Windows 系统和 Linux 系统默认唯一通用的格式。

例如。将 test/目录下面的 file3 文件压缩到/mnt 目录并命名为 me.zip，命令如下：

$ zip /mnt/me.zip file3

可以看到，执行命令之后，在/mnt 目录生成了一个 me.zip 文件，注意：zip 命令会保留源文件。

压缩目录和压缩文件差不多，只是多了一个-r 参数，示例如下：

zip -r test.zip test

2）unzip 命令。unzip 命令是.zip 压缩文件的解压缩程序，比如把刚才生成的 me.zip 文件解压，命令如下：

unzip me.zip

把刚才生成的 test.zip 文件解压的命令如下：

unzip test.zip

可以注意到，执行命令之后，在命令行提示是否覆盖已有的文件，此时根据自己的需要输入即可。若不想要它提示，只要出现同名的文件就自动覆盖，该如何执行呢？此时加一个 -o 参数即可，示例如下：

unzip -o test.zip

（2）gzip 命令和 gunzip 命令。

1）gzip 命令。gzip 是一个使用广泛的压缩程序，文件经它压缩过后，其名称后面会多出.gz 扩展名。

gzip 是在 Linux 系统中经常使用的一个对文件进行压缩和解压缩的命令，既方便又好用。gzip 不仅可以用来压缩大的、较少使用的文件以节省磁盘空间，还可以和 tar 命令一起构成 Linux 操作系统中比较流行的压缩文件格式。据统计，gzip 命令对文本文件有 60%～70%的压缩率。gzip 命令的常见参数如下：

-a：使用 ASCII 文字模式。

-d：解开压缩文件。

-f：强行压缩文件，不理会文件名称或硬链接是否在以及该文件是否为符号连接。

-h：在线帮助。

-l：列出压缩文件的相关信息。

-L：显示版本与版权信息。

-best：此参数的效果和指定"-9"参数相同。

-fast：此参数的效果和指定"-1"参数相同。

例如，把/root 目录下的 a 文件压缩成.gz 文件的命令如下：

gzip a

观察结果可以看到目录中立马生成了一个 a.gz 压缩包文件，但是源文件 a 不见了。gzip 命令有两点需要注意：一是它只能压缩文件，不能压缩目录；二是 gzip 不保留源文件。

2）gunzip 命令。gzip 对应的解压命令是 gunzip。例如解压上面的 a.gz 的命令如下：

gunzip a.gz

解压出来后，压缩包源文件同样没有被保留。

虽然 gzip 不能压缩目录，但是可以配合上面讲到的 tar 命令一起来压缩目录。

（3）bzip2 命令和 bunzip2 命令。

1）bzip2 命令。bzip2 命令用于创建和管理（包括解压缩）.bz2 格式的压缩包。与 gzip 相比，bzip2 的压缩率更高，但是压缩文件时占用的内存也更多。bzip2 命令的常见参数如下：

-c：将压缩与解压缩的结果送到标准输出。

-d：执行解压缩。

-h：在线帮助。

-s：降低程序执行时内存的使用量。

-v：压缩或解压缩文件时，显示详细的信息。

● 用 bzip2 压缩文件的命令如下：

bzip2 examplefile or bzip2 -s examplefile

● 用 bzip2 解压文件的命令如下：

bzip2 -d examplefile.bz2 or bunzip2 examplefile.bz2

● 用 bzip2 详细说明的命令如下：

bzip2 -v examplefile

bzip2 是 gzip 的升级版，因为它和 gzip 差不多，也只能压缩文件，不过多了一个选项-k（是否保留原文件），而且它的压缩比很高，因此比较适合压缩大型的文件。

2）bunzip2 命令。bunzip2 是与 bzip 命令对应的解压缩命令，比如把当前目录下的 file3.bz2 压缩包解压，并且保留原压缩文件的命令如下：

bunzip2 -k file3.bz2

其中参数-k 的作用是产生解压文件后保留原文件。

2．对比压缩用时和压缩率

查看压缩用时使用 time 命令，示例如下：

[root@localhost test]# time gzip -c services > services.gz
real 0m0.023s
user 0m0.020s
sys 0m0.003s
[root@localhost test]# time bzip2 -k services
real 0m0.047s
user 0m0.043s
sys 0m0.003s

可以使用 time 命令对比 gzip 和 bzip2 的运行时间，从结果可以看出这两个命令的运行时间分别是 0.023 和 0.047，由此可知，bzip2 所使用的时间是比较长的，而这个时间会跟文件体积成正比，所以在使用这两种压缩方式的时候也要把时间成本考虑在内。

6.3 项目实施

任务 6.1 rpm 软件包查询

某软件开发公司技术人员小王因项目实施要求，需了解某台 Linux 服务器上是否安装了 firefox 软件、服务器中安装的所有软件、软件包的详细信息和文件列表，以及软件包的依赖关系等，请你告诉他操作方法。

1. 用 rpm 命令查询软件包是否安装

rpm 查询软件包是否安装的命令格式如下：

rpm -q 包名

例如，需要查看 Linux 系统中是否安装 firefox，则 rpm 查询命令如下：

rpm -q firefox

结果如图 6.4 所示。

```
[root@XY ~]# rpm -q firefox
firefox-68.10.0-1.el7.centos.x86_64
```

图 6.4 rpm-q firefox 命令运行结果

如果系统中安装了要查询的软件，则输出软件的包名信息，如果没有安装，则告诉未安装该软件包。

查询的时候，只需要输入包名就可以，并不需要输入包全名，系统可以自动识别。

2. 查询系统中所有安装的软件包：-qa

rpm 查询 Linux 系统中所有已安装软件包的命令格式如下：

rpm -qa

结果如图 6.5 所示。

```
perl-5.16.3-297.el7.x86_64
info-5.1-5.el7.x86_64
libcurl-7.29.0-59.el7.x86_64
perl-TermReadKey-2.30-20.el7.x86_64
chkconfig-1.7.6-1.el7.x86_64
openldap-2.4.44-22.el7.x86_64
autoconf-2.69-11.el7.noarch
xz-libs-5.2.2-1.el7.x86_64
liboauth-0.9.7-4.el7.x86_64
hunspell-en-GB-0.20121024-6.el7.noarch
libnl3-3.2.28-4.el7.x86_64
python-urlgrabber-3.10-10.el7.noarch
libofa-0.9.3-24.el7.x86_64
elfutils-libelf-0.176-5.el7.x86_64
mailx-12.5-19.el7.x86_64
libXvMC-1.0.10-1.el7.x86_64
libgpg-error-1.12-3.el7.x86_64
redhat-rpm-config-9.1.0-88.el7.centos.noarch
libXres-1.2.0-1.el7.x86_64
yajl-2.0.4-4.el7.x86_64
bind-libs-lite-9.11.4-26.P2.el7.x86_64
xcb-util-keysyms-0.4.0-1.el7.x86_64
```

图 6.5 rpm -qa 命令运行结果

可以看到，会把系统中安装的所有的软件包输出。如果想要查询某个包是否安装，但是记不全包名，那么可以使用管道符查找，比如要查询包含 dhcp 的软件，命令如下：

```
rpm -qa | grep dhcp
```

结果如图 6.6 所示。

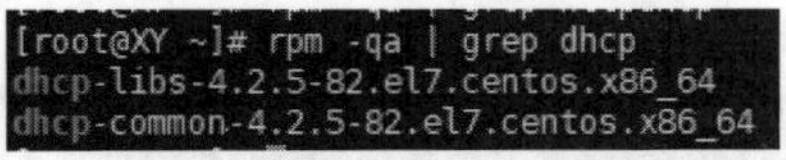

```
[root@XY ~]# rpm -qa | grep dhcp
dhcp-libs-4.2.5-82.el7.centos.x86_64
dhcp-common-4.2.5-82.el7.centos.x86_64
```

图 6.6　rpm -qa | grep dhcp 命令运行结果

执行命令之后，会把软件名包含 dhcp 的软件全部列出来。

3. 查询软件包的详细信息：-qi

rpm 查询软件包的详细信息，命令格式如下：

```
rpm -qi 包名
```

比如要查询 firefox 软件的详细信息，命令如下：

```
rpm -qi firefox
```

结果如图 6.7 所示。

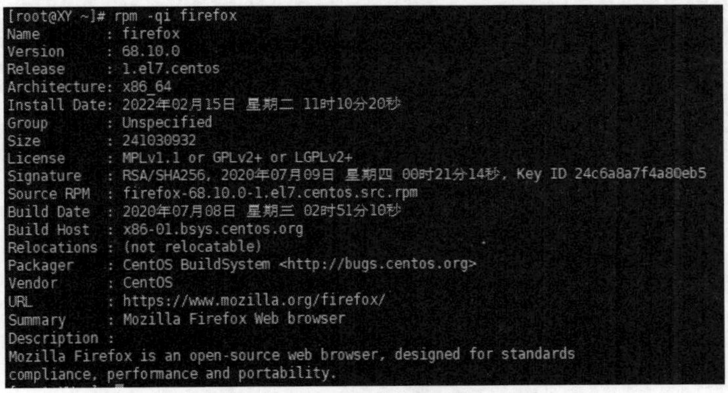

```
[root@XY ~]# rpm -qi firefox
Name        : firefox
Version     : 68.10.0
Release     : 1.el7.centos
Architecture: x86_64
Install Date: 2022年02月15日 星期二 11时10分20秒
Group       : Unspecified
Size        : 241030932
License     : MPLv1.1 or GPLv2+ or LGPLv2+
Signature   : RSA/SHA256, 2020年07月09日 星期四 00时21分14秒, Key ID 24c6a8a7f4a80eb5
Source RPM  : firefox-68.10.0-1.el7.centos.src.rpm
Build Date  : 2020年07月08日 星期三 02时51分10秒
Build Host  : x86-01.bsys.centos.org
Relocations : (not relocatable)
Packager    : CentOS BuildSystem <http://bugs.centos.org>
Vendor      : CentOS
URL         : https://www.mozilla.org/firefox/
Summary     : Mozilla Firefox Web browser
Description :
Mozilla Firefox is an open-source web browser, designed for standards
compliance, performance and portability.
```

图 6.7　rpm -qi firefox 命令运行结果

图 6.7 中软件主要参数的解释如下：

- Name：包名。
- Version：版本号。
- Release：发行版本。
- Install Date：安装时间。
- Group、Source RPM：组和源 rpm 包文件名。
- Signature：数字签名。
- Summary：软件包说明。
- Description：软件详细描述。
- Packager、URL：厂商以及地址。

4. 查询软件包的文件列表：-ql

rpm 软件包通常采用默认路径安装，各安装文件会分门别类安放在指定的目录文件下。使用 rpm 命令可以查询到已安装软件包中包含的所有文件及各自的安装路径，命令格式如下：

rpm -ql 包名

比如查看 firefox 软件包所有文件以及各自的安装位置，可以使用如下命令：

rpm -ql firefox

运行结果如图 6.8 所示。

```
[root@XY ~]# rpm -ql firefox
/etc/firefox
/etc/firefox/pref
/usr/bin/firefox
/usr/lib64/firefox
/usr/lib64/firefox/LICENSE
/usr/lib64/firefox/application.ini
/usr/lib64/firefox/browser/blocklist.xml
/usr/lib64/firefox/browser/chrome
/usr/lib64/firefox/browser/chrome.manifest
/usr/lib64/firefox/browser/chrome/icons
/usr/lib64/firefox/browser/chrome/icons/default
/usr/lib64/firefox/browser/chrome/icons/default/default128.png
/usr/lib64/firefox/browser/chrome/icons/default/default16.png
/usr/lib64/firefox/browser/chrome/icons/default/default32.png
/usr/lib64/firefox/browser/chrome/icons/default/default48.png
/usr/lib64/firefox/browser/chrome/icons/default/default64.png
/usr/lib64/firefox/browser/defaults/preferences
/usr/lib64/firefox/browser/features/formautofill@mozilla.org.xpi
/usr/lib64/firefox/browser/features/fxmonitor@mozilla.org.xpi
/usr/lib64/firefox/browser/features/screenshots@mozilla.org.xpi
/usr/lib64/firefox/browser/features/webcompat-reporter@mozilla.org.xpi
/usr/lib64/firefox/browser/features/webcompat@mozilla.org.xpi
/usr/lib64/firefox/browser/omni.ja
/usr/lib64/firefox/chrome.manifest
/usr/lib64/firefox/defaults/pref/channel-prefs.js
/usr/lib64/firefox/defaults/preferences/all-redhat.js
/usr/lib64/firefox/dependentlibs.list
/usr/lib64/firefox/dictionaries
/usr/lib64/firefox/distribution/distribution.ini
/usr/lib64/firefox/distribution/extensions
/usr/lib64/firefox/distribution/extensions/langpack-ach@firefox.mozilla.org.xpi
/usr/lib64/firefox/distribution/extensions/langpack-af@firefox.mozilla.org.xpi
/usr/lib64/firefox/distribution/extensions/langpack-an@firefox.mozilla.org.xpi
/usr/lib64/firefox/distribution/extensions/langpack-ar@firefox.mozilla.org.xpi
/usr/lib64/firefox/distribution/extensions/langpack-ast@firefox.mozilla.org.xpi
/usr/lib64/firefox/distribution/extensions/langpack-az@firefox.mozilla.org.xpi
```

图 6.8　rpm -ql firefox 命令运行结果

5. 查询系统文件属于哪个 rpm 包：-qf

查询某系统文件属于哪个 rpm 包，命令格式如下：

rpm -qf 系统文件名

注意：只有使用 rpm 包安装的文件才能使用该命令，手动方式建立的文件无法使用此命令。

比如查询 ls 命令所属的软件包，可以执行如下命令：

rpm -qf /bin/ls

运行结果如图 6.9 所示。

```
[root@XY ~]# rpm -qf /bin/ls
coreutils-8.22-24.el7.x86_64
```

图 6.9　rpm -qf /bin/ls 命令运行结果

6. 查询软件包的依赖关系：-qR

使用 rpm 命令安装 rpm 包，有时候需考虑与其他 rpm 包的依赖关系。可以使用命令来查询某已安装软件包依赖的其他包，该命令的格式如下：

rpm -qR 包名

比如，查询 sudo 软件包的依赖性，可执行如下命令：

```
rpm -qR sudo
```

运行结果如图 6.10 所示。

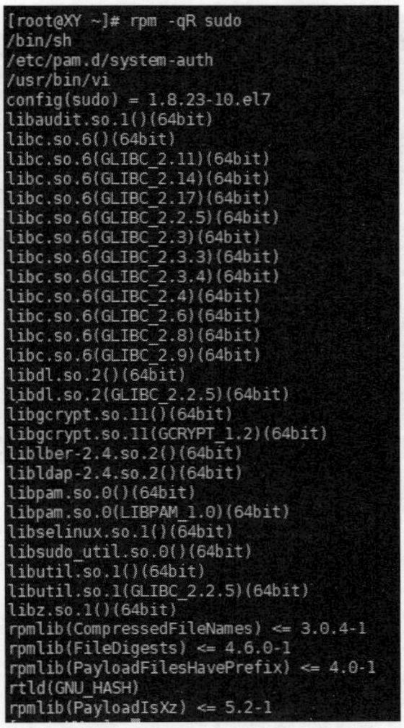

```
[root@XY ~]# rpm -qR sudo
/bin/sh
/etc/pam.d/system-auth
/usr/bin/vi
config(sudo) = 1.8.23-10.el7
libaudit.so.1()(64bit)
libc.so.6()(64bit)
libc.so.6(GLIBC_2.11)(64bit)
libc.so.6(GLIBC_2.14)(64bit)
libc.so.6(GLIBC_2.17)(64bit)
libc.so.6(GLIBC_2.2.5)(64bit)
libc.so.6(GLIBC_2.3)(64bit)
libc.so.6(GLIBC_2.3.3)(64bit)
libc.so.6(GLIBC_2.3.4)(64bit)
libc.so.6(GLIBC_2.4)(64bit)
libc.so.6(GLIBC_2.6)(64bit)
libc.so.6(GLIBC_2.8)(64bit)
libc.so.6(GLIBC_2.9)(64bit)
libdl.so.2()(64bit)
libdl.so.2(GLIBC_2.2.5)(64bit)
libgcrypt.so.11()(64bit)
libgcrypt.so.11(GCRYPT_1.2)(64bit)
liblber-2.4.so.2()(64bit)
libldap-2.4.so.2()(64bit)
libpam.so.0()(64bit)
libpam.so.0(LIBPAM_1.0)(64bit)
libselinux.so.1()(64bit)
libsudo_util.so.0()(64bit)
libutil.so.1()(64bit)
libutil.so.1(GLIBC_2.2.5)(64bit)
libz.so.1()(64bit)
rpmlib(CompressedFileNames) <= 3.0.4-1
rpmlib(FileDigests) <= 4.6.0-1
rpmlib(PayloadFilesHavePrefix) <= 4.0-1
rtld(GNU_HASH)
rpmlib(PayloadIsXz) <= 5.2-1
```

图 6.10 rpm -qR sudo 命令运行结果

7. 查询软件包生成的配置文件：-qc

可以使用 rpm 查询命令来查询已安装包生成的配置文件，该命令的格式如下：

```
rpm -qc 包名
```

比如查询 sudo 的配置文件，可以执行如下命令：

```
rpm -qc sudo
```

运行结果如图 6.11 所示。

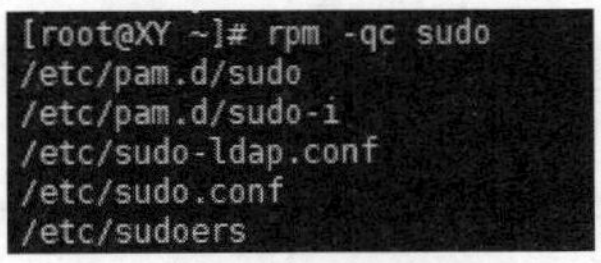

```
[root@XY ~]# rpm -qc sudo
/etc/pam.d/sudo
/etc/pam.d/sudo-i
/etc/sudo-ldap.conf
/etc/sudo.conf
/etc/sudoers
```

图 6.11 rpm -qc sudo 命令运行结果

8. 查询软件包生成的文本文件：-qd

可以使用 rpm 查询命令来查询已安装包生成的文本文件，该命令的格式如下：

```
rpm -qd 包名
```

比如查询 sudo 的文本文件，可以执行如下命令：

```
rpm -qc sudo
```

9. 对于未安装的软件包的查看：-qp

查看的前提是已有一个 rpm 文件。

（1）查看一个软件包的用途、版本等信息，命令格式如下：

rpm -qpi file.rpm

举例：rpm -qpi /home/xuyan/wps-office-11.1.0.10920-1.x86_64.rpm，运行结果如图 6.12 所示。

图 6.12　查看软件包信息命令运行结果

（2）查看一件软件包所包含的文件，命令格式如下：

rpm -qpl file.rpm

举例：rpm -qpl /home/xuyan/wps-office-11.1.0.10920-1.x86_64.rpm。

（3）查看软件包的文档所在的位置，命令格式如下：

rpm -qpd file.rpm

举例：rpm -qpd /home/xuyan/wps-office-11.1.0.10920-1.x86_64.rpm。

（4）查看一个软件包的配置文件，命令格式如下：

rpm -qpc file.rpm

举例：rpm -qpc /home/xuyan/wps-office-11.1.0.10920-1.x86_64.rpm

（5）查看一个软件包的依赖关系，命令格式如下：

rpm -qpR file.rpm

举例：rpm -qpR /home/xuyan/wps-office-11.1.0.10920-1.x86_64.rpm。

任务 6.2　rpm 软件包安装

某软件开发公司技术人员小王因项目实施要求，需在某台 Linux 服务器上安装相关 rpm 软件包，他应该怎么做呢？下面让我们一起来学习下 rpm 软件包的安装。

rpm 的使用很简单，只需要学会 rpm 命令就能安装各种 rpm 软件，默认情况下安装 rpm 文件时，首先要获取文件中所附的设置参数值，然后将所得值与当前用户的系统环境进行比对，从而获知是否有属性关联软件尚未安装。如果检查系统环境没问题，则开始执行 rpm 文件安装过程，当安装过程结束后，该软件的相关信息会被写入位于/var/lib/rpm 下的 rpm 数据库文件中。软件中的文件在安装过程中将会被释放到不同的位置，这些路径都有其特殊的含义，常用的重要目录见表 6.1。

表 6.1 常用的重要目录

目录	说明
/etc	配置文件放置的目录，例如/etc/test
/usr/bin	可执行文件存放目录
/usr/lib	程序使用的动态函数库存放目录
/usr/share/doc	基本的软件使用手册与说明文件存放目录
usr/share/man	帮助文件存放目录

由上面的安装路径可以看出，rpm 包安装的服务可以使用系统服务管理命令（service）来管理，因此不建议手动指定安装路径。

rpm 软件包的安装命令如下所述。

（1）安装程序包。安装程序包的命令格式如下：

rpm -i 包名

举例：rpm -i /home/xuyan/wps-office-11.1.0.10920-1.x86_64.rpm，运行结果如图 6.13 所示。

图 6.13 安装程序包命令运行结果

（2）安装时显示详细信息。安装时显示详细信息的命令格式如下：

rpm -iv 包名

举例：rpm -iv /home/xuyan/wps-office-11.1.0.10920-1.x86_64.rpm，运行结果如图 6.14 所示。

图 6.14 安装时显示详细信息命令运行结果

（3）安装时以#号显示安装进度条，每个#号代表 2%的进度。安装时以#号显示安装进度的命令格式如下：

rpm -ih 包名

举例：rpm -ih /home/xuyan/wps-office-11.1.0.10920-1.x86_64.rpm，运行结果如图 6.15 所示。

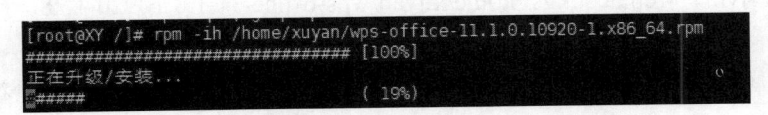

图 6.15 安装时显示安装进度条命令运行结果

（4）联合使用。联合使用的命令格式如下：

rpm -ihv 包名

举例：rpm -ihv /home/xuyan/wps-office-11.1.0.10920-1.x86_64.rpm，运行结果如图 6.16 所示。

图6.16 联合使用命令运行结果

（5）测试能否安装。测试能否安装的命令格式如下：

rpm -ihv --test 包名

举例：rpm -ihv --test /home/xuyan/wps-office-11.1.0.10920-1.x86_64.rpm，运行结果如图6.17所示。

图6.17 测试能否安装命令运行结果

该命令用于安装测试，检查依赖关系，并不实际安装。图6.17显示rpm软件包wps-office-11.1.0.10920-1.x86_64.rpm安装测试失败，缺少 libXss.so.l()(64bit)，需要先安装 libXss.so.l()(64bit)，然后才能安装wps-office-11.1.0.10920-1.x86_64.rpm。

（6）忽略依赖关系。如果安装某个软件包，发现rpm告诉用户"有相关属性的套件尚未安装"，而用户又想直接强制安装这个套件，可以加上--nodeps告知rpm不要去检查套件的依赖性。但是不建议这么安装，因为软件包有依赖性的原因是因为彼此会使用对方的机制或功能，如强制安装而不考虑软件包的属性依赖，则可能会导致该软件无法正常使用。

忽略依赖关系的命令格式如下：

rpm -ivh --nodeps 包名

举例：rpm -ivh --nodeps /home/xuyan/wps-office-11.1.0.10920-1.x86_64.rpm。

如果软件包已经安装，那么此命令可以把软件包重新安装一遍。一般使用该命令的情况可能是系统中的软件包已经破坏了，其中一个或多个文件丢失或损毁，如果用户想修复这个软件包，用直接安装的方法，rpm将提示已安装，如果采用该命令，rpm会成功替换原软件包，重新安装。

（7）强制重新安装。强制重新安装的命令格式如下：

rpm -ivh --replacepkgs 包名

举例：rpm -ivh --replacepkgs /home/xuyan/wps-office-11.1.0.10920-1.x86_64.rpm，运行结果如图6.18所示。

（8）替换属于其他软件包的文件。rpm是聪明的软件包管理器，它维护着每个已安装软件包的文件信息。如果在安装一个新的软件包时，rpm发现其中某个文件和已经安装的某个软件包中的文件名字相同但内容不同，那么rpm会认为这是一个文件冲突，会报错退出。如果用户想忽略这个错误，可以用-replacefile选项，指示rpm发现文件冲突时，直接替换掉源文件即可。注意：除非用户对所冲突的文件有很深的了解，否则不要轻易替换文件，以免破坏已安装软件包的完整性，确保其正常运行。

```
[root@XY /]# rpm -iv /home/xuyan/wps-office-11.1.0.10920-1.x86_64.rpm
软件包准备中...
        软件包 wps-office-11.1.0.10920-1.x86_64 已经安装
[root@XY /]# rpm -ivh --replacepkgs /home/xuyan/wps-office-11.1.0.10920-1.x86_64.rpm
准备中...                          ################################# [100%]
正在升级/安装...
   1:wps-office-11.1.0.10920-1    ################################# [100%]
[root@XY /]#
```

图 6.18 强制重新安装命令运行结果

另外，若要安装的软件包中的文件已存在，但此文件并不属于任何软件包，rpm 的做法是将文件换名保存，并以警告信息提醒用户。

任务 6.3 rpm 软件包升级安装

某软件开发公司技术人员小刘因项目实施要求，需在某台 Linux 服务器上升级相关 rpm 软件包，他应该怎么做呢？下面让我们一起来学习下 rpm 软件包的升级。

1. 软件包安装升级

软件包安装升级的命令格式如下：

rpm -Uvh 包名

举例：rpm -Uvh foo-1.0-1.i386.rpm。

-Uvh：如果指定需要升级的软件包在此之前没有被安装，则直接安装并升级，如果安装过旧的版本，则执行更新操作。

rpm：将自动卸载已安装的老版本的 foo 软件包，用户无法看到有关信息。事实上用户可以总是使用-U 来安装软件包，因为即便以往未安装过该软件包，也能正常运行。

因为 rpm 执行智能化的软件包升级，自动处理配置文件，会显示如下信息：

saving /etc/foo.conf as /etc/foo.conf.rpm save

这表示用户对配置文件的修改，不一定能"向上兼容"该软件包中的配置文件。因此，rpm 会备份原始的文件，再安装新文件。用户应当尽快解决这两个配置文件的不同之处，以便系统能持续正常运行。

因为升级其实就是软件包的卸载与安装的综合，在使用旧版本的 rpm 软件包来升级新版本的软件时，会产生以下信息：

rpm -Uvh foo-1.0-1.i386.rpm
foo package foo-2.0-1 (which is newer) is already installed
error: foo-1.0-1.i386.rpm cannot be installed

要使用 rpm 强行"升级"，请使用 --oldpackage：

rpm -Uvh --oldpackage foo-1.0-1.i386.rpm

2. 软件包更新

软件包更新的命令格式如下：

rpm -Fvh 包名

rpm 更新选项，是检查命令行中指明的包版本与安装在系统中的包版本是否一致，当 rpm 更新选项处理完已安装包的新版本时，该包会升级到新版本。但是，rpm 更新选项无法安装系统目前没有的软件包。这与 rpm 升级不同，-U 选项能够安装软件包，无论旧版本的包是否已安装。

rpm 更新选项可以很好地更新一个软件包或一组软件包。如果用户下载了大量的软件包，但只想升级系统中已有的包时，rpm 更新选项会非常有用。使用 rpm 更新选项意味着无须从下载的包中挑挑拣拣，也不用事先删除不要的包。

这种情况下，只需简单的键入：

rpm -Fvh *.rpm

rpm 工具就会自动升级那些已经安装好的包。

任务 6.4　rpm 软件包卸载

某软件开发公司技术人员小王因项目实施要求，需在某台 Linux 服务器上卸载相关 rpm 软件包，他应该怎么做呢？下面让我们一起来学习下 rpm 软件包的卸载。

rpm 软件包的卸载要考虑包之间的依赖性。例如，先安装 httpd 软件包，后安装 httpd 的功能模块 mod_ssl 包，那么在卸载时，就必须先卸载 mod_ssl，然后卸载 httpd，否则会报错。rpm 软件包的卸载很简单，命令格式如下：

rpm -e 包名

举例：rpm -e wps-office，运行结果如图 6.19 所示。

图 6.19　卸载命令运行结果

如果想要强制卸载，可以加上 --nodeps 强行卸载。但此方式不推荐大家使用，因为此方式很可能导致其他软件也无法正常使用。

任务 6.5　rpm 软件包验证

某软件开发公司技术人员小王在项目实施中发现 Linux 系统中装有大量的 rpm 包，且每个包都含有大量的安装文件。他想校验系统中是否存在文件误删、误修改文件数据、恶意篡改文件内容等问题。下面我们来一起学习一下 Linux 提供的两种校验方法。

- rpm 包校验：将已安装文件和/var/lib/rpm/目录下的数据库内容进行比较，确定文件内容是否被修改/删除。
- rpm 包数字证书校验：用来校验 rpm 包本身是否被修改。

1. Linux rpm 包校验

rpm 包校验可用来判断已安装的软件包（或文件）是否被修改，此方式可使用的命令格式分为以下 3 种。

校验指定 rpm 包中的文件，命令格式如下：

rpm -V 已安装的包名

校验某个系统文件是否被修改，命令格式如下：

rpm -Vf 系统文件名

校验系统中已安装的所有软件包，命令格式如下：

rpm -Va

举例：rpm -Va，运行结果如图 6.20 所示。

图 6.20　rpm -Va 命令运行结果

图 6.20 中列出的信息从左到右分别表示已改变的因素：

S（file Size differs）：文件的大小是否发生了变化。

M（Mode differs）：文件的类型或文件的权限是否被改变。

5（MD5 sum differs）：文件 MD5 校验和是否改变（可以看成文件内容是否改变）。

D（Device major/minor number mis-match）：主从设备号是否改变。

L（readLink(2)path mis-match）：文件路径是否改变。

U（User ownership differs）：文件的所有者是否改变。

G（Group ownership differs）：文件所属组是否改变。

T（mTime differs）：文件的最后修改时间是否改变。

如果文件某个属性正常，则会显示点（.）字符，否则将显示其代表字符，"遗漏"表示缺少该文件。在图 6.20 中命令结果第一行出现了"遗漏"表明缺少 /run/gluster 文件，第二行出现了 S 字符，表示/var/lib/unbound/root.key 文件的大小改变了，出现 5 表明文件内容与原内容不同了，最后的 T 字符则表明文件的最后修改时间改变了。通过这些字符用户可以清楚地知道一个文件哪里改变了，这是 rpm 的聪明之处。

格式中的 c 字符和 g 字符表示文件类型，文件类型有以下几类：

c：配置文件，config file。

d：文档文件，documentation。

g：ghost 文件，通常该文件不包含在某个软件中，较少发生，ghost file。

l：授权文件，license file。

r：自述文件，read me。

2. Linux rpm 包数字证书校验

上述 rpm 包校验方法只能用来校验已安装的 rpm 包及其文件，如果 rpm 包本身就被篡改过，使用该方法就无法有效校验了，因此需要使用另一种方法：rpm 包数字证书校验。

数字证书，又称数字签名，由软件商直接发布。Linux 系统安装数字证书后，若 rpm 包进行了修改，此包携带的数字证书也会改变，将无法与系统成功匹配，软件无法安装。

使用数字证书校验 rpm 包如下所述。

必须找到原厂的公钥文件，然后才能安装 rpm 包。

安装 rpm 包会提取 rpm 包中的证书信息，然后和本机安装的原厂证书进行校验。如果校验通过，则允许安装；如果校验不通过，则不允许安装并发出警告。

一般来说，Linux 系统都会发布自己的数字证书，可以使用 locate GPG-KEY 命令来搜索文件，运行结果如图 6.21 所示。

图 6.21 locate GPG-KEY 命令运行结果

数字证书默认会放到系统中的/etc/pki/rpm-gpg/位置。

安装数字证书命令为 rpm --import /etc/pki/rpm-gpg/RPM-GPG-KEY-CentOS-7，运行结果如图 6.22 所示。

图 6.22 安装数字证书命令运行结果

数字证书安装完成后，可使用 rpm -qa|grep gpg-pubkey 命令进行查询，运行结果如图 6.23 所示。

图 6.23 查询数字证书命令运行结果

可以看到，数字证书已成功安装。在装有数字证书的系统上安装 rpm 包时，系统会自动验证包的数字证书，验证通过则可以安装，安装时不会弹出软件签名和秘钥警告，反之将无法安装。

既然可以安装数字证书，同样也能卸载数字证书，因为数字证书本身也是一个 rpm 包，因此可以使用 rpm -e 卸载，命令为 rpm -e gpg-pubkey-f4a80eb5-53a7ff4b，运行结果如图 6.24 所示。

```
[root@XY etc]# rpm -qa|grep gpg-pubkey
gpg-pubkey-f4a80eb5-53a7ff4b
[root@XY etc]# rpm -e gpg-pubkey-f4a80eb5-53a7ff4b
[root@XY etc]# rpm -qa|grep gpg-pubkey
[root@XY etc]#
```

图 6.24　卸载数字证书命令运行结果

卸载数字证书后，进行 rpm 软件包安装检测时会弹出软件签名和秘钥警告，示例如图 6.25 所示。

```
[root@XY etc]# rpm -ihv --test /home/xuyan/libXScrnSaver-1.2.2-6.1.el7.x86_64.rpm
警告：/home/xuyan/libXScrnSaver-1.2.2-6.1.el7.x86_64.rpm: 头V3 RSA/SHA256 Signature, 密钥 ID f4a80eb5: NOKEY
准备中...                          ################################# [100%]
[root@XY etc]#
```

图 6.25　rpm 软件包安装警告

任务 6.6　yum 的相关操作命令

某软件开发公司技术人员小王在项目实施中希望使用 yum 命令在 Linux 操作系统中查询软件、安装软件、升级软件和卸载软件，他应该怎么操作呢？让我们一起来学习下 yum 的相关操作命令吧。

1. yum 查询命令

yum list：列出 yum 服务器上的所有软件名称。

yum list [包名]：查询执行软件包的安装情况。

yum search [关键字]：从 yum 源服务器上查找与关键字相关的所有软件包。

yum info [包名]：查询执行软件包的详细信息。

2. yum 安装命令

语法：yum -y install 包名

install：表示安装软件包。

-y：自动回答结果为 yes。如果不加 -y，那么每个安装的软件都需要手动回答 yes。

上例是一个非常典型的 yum 用例，说明用户不必知道软件的具体位置，不用手动下载具体软件，也不用装载原版光盘进行挂载、查询、安装的全部过程。而且 yum 还会主动解决软件的依赖关系，一次性解决所有事物。

3. yum 升级命令

使用 yum 升级软件包，需确保 yum 源服务器中软件包的版本比本机安装的软件包版本高。

（1）升级所有软件包。

语法：yum -y update

考虑到服务器强调稳定性，该命令并不常用。

123

(2) 升级特定的软件包命令。

语法：yum -y update [包名]

4．yum 卸载命令

语法：yum remove 包名

使用 yum 卸载软件包时，会同时卸载所有与该包有依赖关系的其他软件包，即便有依赖包属于系统运行必备文件，也会被 yum 无情卸载，带来的直接后果可能会使系统崩溃。除非能确定卸载此包以及它的所有依赖包不会对系统产生影响，否则不要使用 yum 卸载软件包。

最后需要说明的是：虽然 yum 的功能如此强大，但 yum 是建立在 rpm 基础上的，不是所有的软件都能找到 yum 发布方式，因此 rpm 是不能用 yum 代替的。

6.4 习题

一、选择题

1．rpm 包 aaa-1.3.4.i686.rpm，关于它的解说不正确的是（　　）。
　　A．aaa-1.3.4.i686 为包名
　　B．1.3.4 为版本信息
　　C．i686 为平台信息，说明它是 32 位的
　　D．主版本号为 1，次版本号为 3，修订版本号为 4

2．rpm -q 的用法不对的是（　　）。
　　A．rpm -q 可以查看所有已经安装过的 rpm 包
　　B．rpm -qf 文件名绝对路径，可以查看该文件由哪个包安装
　　C．rpm -ql 包名，可以查看该包安装了哪些文件
　　D．rpm -qi 包名，可以查看该包的详细信息

3．下面关于 yum 安装包不正确的说法是（　　）。
　　A．yum install 包名可以安装这个包
　　B．yum groupinstall 包名可以安装这个包
　　B．yum groupinstall 是用来安装一个套件的，比如可以安装开发相关的或者图形相关的
　　D．yum install -y 包名可以直接安装，避免让用户确认

4．关于搭建本地 yum 源，以下说法正确的是（　　）。
　　A．如果 Linux 不能联网，又想使用 yum 安装 rpm 包，可以搭建一个本地的 yum 源
　　B．搭建本地 yum 源可以支持系统自动升级
　　C．网络 yum 源的 rpm 包不如本地的 rpm 包全
　　D．本地 yum 源安装要比网络 yum 源安装简单

5．以下工具可以压缩目录的有（　　）。
　　A．gz　　　　　　B．gzip　　　　　　C．bzip2　　　　　　D．tar

二、简答题

1. rpm 软件包管理系统的功能是什么？优缺点有哪些？
2. yum 常用命令和参数有哪些？

拓展阅读　开源软件[1]

　　Linux 是一款开源软件，我们可以随意浏览和修改它的源代码。开源软件就是把软件程序和源代码文件一起打包提供给用户，用户既可以不受限制地使用该软件的全部功能，也可以根据自己的需求修改源代码，甚至编制成衍生产品再次发布，软件的使用、修改和发布不受许可证的限制，开源是一群"极客"的理想状态：接纳、包容、发展、求同存异、互利共赢，大家聚集在开源社区，共同推动开源软件的进步。

　　相对开源软件，闭源软件一般需要收费，如果使用盗版软件，一方面，会构成侵犯知识产权行为，可能会承担行政或民事责任甚至刑事责任；另一方面，盗版软件使用者基本都面临着由于盗版带来的病毒风险，给自己的信息资产带来巨大损害，存在安全隐患。此外，盗版软件盛行，软件公司就会难以为继、无从发展，侵权盗版软件已成为制约我国乃至全世界软件产业发展的主要障碍，因此我们应该重视知识产权保护，自觉抵制盗版软件，尊重智慧结晶。

---

[1] 严长生. 开源软件是什么？有哪些？http://c.biancheng.net/view/2943.html.

项目 7　进程与服务管理

项目导读

Linux 是一个多用户、多任务的操作系统。多用户是指多个用户可以在同一时间使用计算机系统；多任务是指 Linux 可以同时执行多个任务，可以在还未执行完一个任务时又执行另一个任务。操作系统管理多个用户的请求和多个任务。本项目详细介绍进程与作业管理的命令，包括启动进程、查看进程、终止进程、调度作业等命令。

项目要点

- 进程的基本概念
- 进程的类型、属性、启动方式
- 进程的管理命令
- 作业的基本概念
- 作业的管理命令
- 进程的图形化管理
- 服务管理的基本概念
- 服务管理相关命令的使用

7.1　项目基础知识

7.1.1　进程的基本概念

进程（process）是操作系统对一个正在运行的程序的一种抽象表现形式。在 Linux 中，每个运行的程序都可以称为一个进程。进程的一个比较正式的定义是：正在运行的一个单独的程序。进程与程序是有区别的，进程不是程序，但是由程序产生的。程序只是一组可执行的静态指令集组成，是存储在磁盘上的二进制可执行文件，不占系统的运行资源；而进程是一个有生命周期的、随时都可能发生变化的、动态的、使用系统运行资源的程序。一个程序可以启动多个进程。

1. 进程的类型

Linux 操作系统有三种不同类型的进程。

（1）交互进程：由一个 Shell 启动的进程。交互进程既可以在前台运行，也可以在后台运行。

（2）批处理进程：这种进程和终端没有联系，是一个进程序列。

（3）监控进程（也称守护进程）：Linux 系统启动时启动的进程，并在后台运行。

2．进程的属性

进程具有以下属性：

（1）进程 ID（PID）：系统中每一个进程都分配一个 ID 号，这个 ID 号是唯一数值，用来区分进程。

（2）父进程的 ID（PPID）。

（3）启动进程的用户 ID（UID）和所属组的 ID（GID）。

（4）进程的状态：有运行状态（RUNNING）、休眠状态（SLEEPING）、可中断睡眠状态（INTERRUPTABLE）、不可中断睡眠状态（UNINTERRUPTABLE）、挂起状态（STOPPED）、僵尸状态（ZOMBIE）。

（5）进程的谦让度和优先级。

（6）进程所连接的终端名。

（7）进程资源：由两部分组成，分别为内核空间资源和用户空间资源。

（8）进程资源占用：例如占用资源大小（内存、CPU 占用量）。

3．进程的启动方式

每个进程都可能以两种方式存在：前台与后台。所谓前台进程就是用户目前的屏幕上可以进行操作控制的进程，后台进程则是实际在操作，但由于屏幕上无法看到的进程，通常使用后台方式执行。

在 Linux 系统中每个进程都具有一个进程号，用于系统识别和调度进程。启动一个进程有两个主要途径：手工启动和调度启动。后者是事前进行设置，根据用户要求自动启动。

由用户输入命令，直接启动一个进程便是手工启动进程。手工启动进程可以分很多种，根据所启动的进程类型和性质的不同，其又可以细分为前台启动和后台启动两种方式。

（1）前台启动进程。前台启动是手工启动一个进程最常用的方式，因为当用户输入一个命令并运行，就已经启动了一个进程，而且是一个前台的进程，此时系统其实已经处于一个多进程的状态（一个是 Shell 进程，另一个是新启动的进程）。还有的用户在输入 ls-l 命令后立即使用 ps-x 查看，却没有看到 ls 进程，这是因为 ls 这个进程结束得太快，使用 ps 查看时该进程已经执行结束。假如启动一个比较耗时的进程，然后再把该进程挂起，并使用 ps 命令查看，就会看到该进程在 ps 显示列表中，命令如下：

[root@HJ~]#find ／etc／ -name aa

运行结果如图 7.1 所示。

```
[root@HJ ~]# find /etc/ -name aa
/etc/aa
/etc/aa
```

图 7.1 使用 ps 命令查看进程运行结果

以上是在根目录下的 etc 目录下查找 aa 目录，紧接着按 Ctrl+Z 组合键，即可将该进程挂起。

[root@HJ~]#ps   <   --查看正在运行的进程

运行结果如图 7.2 所示。

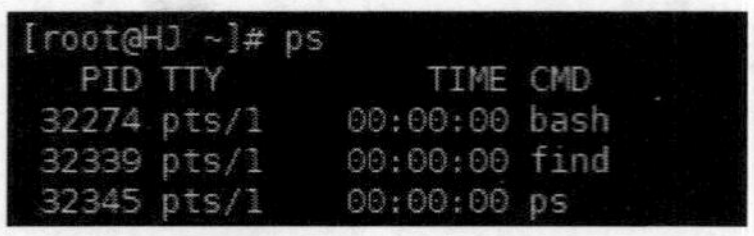

图 7.2　使用 ps 使用命令查看正在运行的进程

通过运行 ps 命令查看进程信息，可以看到，刚刚执行的 find 命令的进程号为 32339，同时 ps 命令的进程号为 32345。

（2）后台启动进程。进程直接从后台运行，用得相对较少，除非该进程非常耗时，且用户也不急着需要其运行结果时，例如，用户需要启动一个需要长时间运行的格式化文本文件的进程，为了不使整个 Shell 在格式化过程中都处于"被占用"状态，从后台启动这个进程是比较明智的选择。

从后台启动进程，其实就是在命令结尾处添加一个"&"符号（注意，&前面有空格）。输入命令并运行之后，Shell 会提供一个数字，此数字就是该进程的进程号。然后直接就会出现提示符，用户就可以继续完成其他工作，命令如下：

[root@HJ~]# find /etc / -name aa &

运行结果如图 7.3 所示。

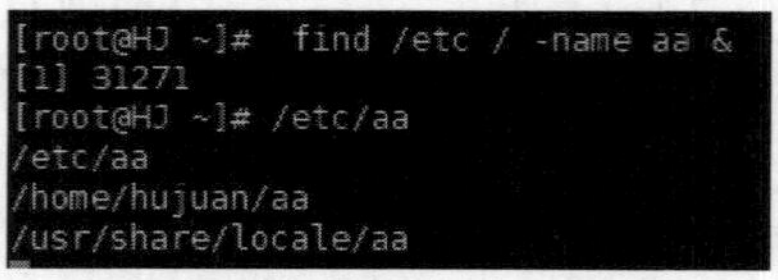

图 7.3　查看后台启动进程运行结果

其中[1]是工作号，31271 是进程号。

以上介绍了手工启动的两种方式，实际上它们有个共同的特点，就是新进程都是由当前 Shell 这个进程产生的。换句话说，是 Shell 创建了新进程，于是称这种关系为进程间的父子关系，其中 Shell 是父进程，新进程是子进程。

值得一提的是，一个父进程可以有多个子进程，通常子进程结束后才能继续父进程；如果从后台启动，父进程就不用等待子进程结束了。

另外，在 Linux 系统中，任务可以被配置在指定的时间、日期或者系统平均负载量低于指定值时自动启动，这就是 Linux 调度启动进程。例如，Linux 预配置了重要系统任务的运行，以便可以使系统能够实时被更新，系统管理员也可以使用自动化的任务来定期对重要数据进行备份。

7.1.2　作业的基本概念

作业和进程的概念是有区别的，一个或多个正在执行的进程可以称为一个作业，且作业是相对 Shell 来说的，在 Shell 中执行一条命令，实际上就是提交了一个作业，只不过有的作业需要运行很长时间,有的作业很快就结束。因此,作业可以说是 Shell 里面的一个概念。

作业控制是指控制当前正在运行的进程的行为,也称为进程控制。作业控制就是 Shell 的一个特性,使用户能够在多个独立进程间进行切换。例如,用户可以挂起一个正在运行的进程,稍后再恢复其运行。bash 记录所有启动的进程情况,并保持对所有已经启动的进程的跟踪,在每一个正在运行的进程生命周期内的任何时候,用户可以任意地挂起进程或者重新启动恢复运行。

一般而言,进程与作业控制相关联时,才被称为作业。

大多数情况下,用户在同一时间只运行一个作业,即它们最后向 Shell 输入的命令。但是使用作业控制,用户可以同时运行多个作业,并在需要时在这些作业间进行切换。例如,可以利用 bg 和 fg 命令实现前台作业和后台作业之间的转换,将正在进行的前台作业切换到后台,也可以把正在进行的后台作业调入前台运行。也可以利用 at 和 cron 等命令实现作业的自动调度执行。

7.1.3 进程的图形化管理

Linux 本身没有图形界面,Linux 现在的图形界面的实现只是 Linux 下的应用程序实现的。

图形界面并不是 Linux 的一部分,Linux 只是一个基于命令行的操作系统,Linux 和 Xfree 的关系就与当年 DOS 和 Windows 3.0 的关系一样。Windows 3.0 不是独立的操作系统,它只是 DOS 的扩充,是 DOS 下的应用程序级别的系统,不是独立的操作系统。同样 XFree 只是 Linux 下的一个应用程序而已,不是系统的一部分,但是 XFree 的存在可以方便用户使用计算机。Windows 95 及以后的版本就不一样了,它们的图形界面是操作系统的一部分,图形界面在系统内核中就实现了,没有了图形界面 Windows 就不是 Windows 了,但 Linux 却不一样,没有图形界面 Linux 还是 Linux,很多装 Linux 的 WEB 服务器就根本不装 XFree 服务器。这也 Windows 和 Linux 的重要区别之一。

图形界面下对防火墙的服务配置的管理:单击"应用程序"→"杂项"→"防火墙",打开如图 7.4 所示的"防火墙配置"界面。

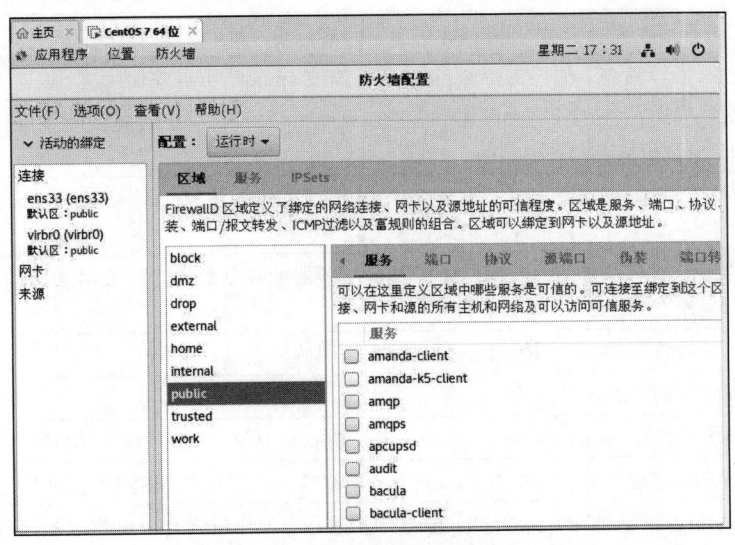

图 7.4 "防火墙配置"界面

根据防火墙配置需要，选择相应的服务进行勾选即可。

7.1.4 服务管理的基本概念

1. 服务

在 Linux 系统中，服务（service）是执行指定系统功能的程序或进程，以便支持其他程序，尤其是底层程序。服务是后台运行着的一个程序，是使用户能够创建在自己的会话中可长时间运行的可执行应用程序。服务应用程序通常可以在本地和通过网络为用户提供一些功能，例如客户端/服务器应用程序、WEB 服务器、数据库服务器以及其他基于服务器的应用程序。

2. 服务的作用

Linux 系统服务主要有以下作用：

（1）启动、停止、暂停、恢复或禁用远程和本地计算机服务。

（2）管理本地和远程计算机上的服务。

（3）设置服务失败时的故障恢复操作。例如，重新自动启动服务或重新启动计算机。

（4）为特定的硬件配置文件启用或禁用服务。

（5）查看每个服务的状态和描述。

3. 系统服务

Linux 在启动时要启动很多系统服务，它们向本地和网络用户提供了 Linux 的系统功能接口，直接面向应用程序和用户，其常用的系统服务见表 7.1。

表 7.1 Linux 中常用的系统服务

服务名称	功能简介
acpid	电源管理接口。如果是笔记本用户建议开启，可以监听内核层的相关电源事件
anacron	系统的定时任务程序。cron 的一个子系统，如果定时任务错过了执行时间，可以通过 anacron 继续唤醒执行
alsasound	alsa 声卡驱动。如果使用 alsa 声卡，开启
apmd	电源管理模块。如果支持 acpid，就不需要 apmd，可以关闭
atd	指定系统在特定时间执行某个任务，只能执行一次。如果需要则开启，但一般使用 crond 来进行循环定时任务
auditd	审核子系统。如果开启了此服务，SELinux 的审核信息会写入/var/log/audit/audit.log 文件，如果不开启，审核信息会记录在 syslog 中
autofs	让服务器可以自动挂载网络中的其他服务器的共享数据，一般用来自动挂载 NFS 服务。如果没有 NFS 服务建议关闭
bluetooth	蓝牙设备支持。一般不会在服务器上启用蓝牙设备，关闭它
capi	仅对使用 ISND 设备的用户有用
chargen	使用 UDP 协议的 chargen server。主要功能是提供类似远程打字的功能
crond	系统的定时任务，一般的 Linux 服务器都需要定时任务帮助系统维护。建议开启
daytime	daytime 使用 TCP 协议的 daytime 守护进程，该协议为客户机实现从远程服务器获取日期和时间的功能

续表

服务名称	功能简介
echo	输出字符到客户端
gpm	在字符终端（tty1～tty6）中可以使用鼠标复制和粘贴
httpd	apache 服务的守护进程。如果需要启动 apache，就开启
iptables	防火墙功能，Linux 中防火墙是内核支持功能。这是服务器的主要防护手段，必须开启
mysqld	mysql 数据库服务器。如果需要就开启，否则关闭
named	DNS 服务的守护进程，用来进行域名解析。如果是 DNS 服务器则开启，否则关闭
network	提供网络设置功能。通过这个服务来管理网络，所以开启
nfs	NFS 服务，Linux 与 Linux 之间的文件共享服务。需要就开启，否则关闭
nfslock	在 Linux 中如果使用了 NFS 服务，为了避免同一个文件被不同的用户同时编辑，所以有这个锁服务。有 NFS 是开启，否则关闭
ntpd	该服务可以通过互联网自动更新系统时间，使系统时间永远都准确。需要则开启，但不是必须服务
portmap	用在远程过程调用（RPC）服务，如果没有任何 RPC 服务，可以关闭。主要是 NFS 和 NIS 服务需要
rsync	远程数据备份守护进程
sendmail	sendmail 邮件服务的守护进程。如果有邮件服务就开启，否则关闭
smb	网络服务 samba 的守护进程。可以让 Linux 和 Windows 之间共享数据。如果需要则开启
squid	代理服务的守护进程。如果需要则开启，否则关闭
sshd	ssh 加密远程登录管理的服务。服务器的远程管理必须使用此服务，不要关闭
syslog	日志的守护进程
vsftpd	vsftp 服务的守护进程。如果需要 FTP 服务则开启，否则关闭
xfs	这个是 X Windows 的字体守护进程。为图形界面提供字体服务，如果不启动图形界面，就不用开启
xinetd	超级守护进程。如果有依赖 xinetd 的服务就必须开启
yppasswdd	NIS 服务中提供用户验证服务

7.2 项目准备知识

7.2.1 进程的管理命令

1. ps 静态监视进程工具

在 Linux 中，可以使用 ps 命令对进程进行查看，即 ps 命令是一个查看系统运行的进程管理/检测工具。使用该命令可以让用户确定哪些进程正在执行和执行的状态、进程是否结束、哪些进程占用了过多的资源等，它不会像 top 或者 htop 一样实时显示数据，但它在功能和输出上更加简单；如果想对进程进行时间监控，应该用 top 工具。

ps 命令的语法格式：ps　[选项]

由于 ps 命令的功能相当强大，因此该命令提供了大量的选项参数，常用的参数有以下几个：

a：显示所有用户的所有进程（包括其他用户）。

e：在命令后显示环境变量。

l：长格式输出更加详细的信息。

u：按用户名和启动时间的顺序来显示进程。

j：用任务格式来显示进程。

f：用树形格式来显示进程。

x：显示没有控制终端的进程。

r：显示运行中。

w：宽行输出，通常用于显示完整的命令行。

【例 7.1】显示指定用户的进程。

使用-u 命令后跟用户名来过滤所属用户的进程。多个用户名可以用逗号隔开（输出行数较多，以下截取部分）。命令如下：

```
ps -f -u root
```

运行结果如图 7.5 所示。

图 7.5　ps -f -u root 命令运行结果

表 7.2 列出了以上输出信息中各列的具体含义。

表 7.2　ps 命令输出信息含义

表头	含义
UID	运行此进程的用户的 ID
PID	进程的 ID
PPID	父进程的 ID
C	该进程的 CPU 使用率，单位是百分比
STIME	该进程启动的时间
TTY	该进程由哪个终端产生
TIME	该进程占用 CPU 的运算时间，注意不是系统时间
CMD	产生此进程的命令名

2. top 动态查看进程工具

top 命令和 ps 命令的基本作用是相同的，显示系统当前的进程和其他状况，但是 top 命令是一个动态显示过程，即可以使一个正在运行系统的实时数据展示出来，展示的内容包含系统的基本信息，以及当前正在被 Linux 内核管理的任务。这些系统的摘要信息的类型、任务展示的类型，以及排序和大小都是用户可配置的，并且这些配置可以是持久性的，不受重启影响的。

同 ps 命令相比，top 是动态、实时监控系统任务的工具，它输出的结果也是连续的。因此，top 命令经常用来监控 Linux 的系统状况，是常用的性能分析工具，能够实时显示系统中各个进程的资源占用情况。

top 命令的语法格式如下：

```
top  [选项]
```

top 提供了以下常用参数：

-d：指定 top 命令每隔几秒更新。默认是 3 秒。

-b：使用批量模式输出，但不能接收命令行输入。一般和-n 参数合用，用于把 top 命令重定向到文件中。

-c：显示命令行，而不仅仅是命令名。

-dN：显示两次刷新时间的间隔，例如-d3，表示两次刷新间隔为 3s。

-i：禁止显示空闲进程或僵尸进程。

-nNUM：显示更新次数，然后退出。例如-n3，表示 top 更新 3 次数据就退出。

-pPID：仅显示制定进程的 ID；PID 是一个数值。

-q：不经任何延时就刷新。

-s：安全模式运行，禁用一些交互指令。

-u 用户名：只监听某个用户的进程。

-S：累积模式，输出每个进程的总的 CPU 时间，包括已死的子进程。

在 top 命令的显示窗口中，还可以使用如下按键，进行一下交互操作：

?或 h：显示交互模式的帮助。

P：按照 CPU 的使用率排序，默认就是此选项。

M：按照内存的使用率排序。

N：按照 PID 字段排序。

P：按%CPU 字段排序。

T：按照 CPU 的累积运算时间排序，也就是按照 TIME+项排序。

H：是否显示所有线程的乒乓切换开关。

i：是否显示闲置（Idled）进程和僵死（Zombied）进程的乒乓切换开关。

k：按照 PID 给予某个进程一个信号。一般用于中止某个进程，信号 9 是强制中止的信号。

r：按照 PID 给某个进程重设优先级别。

q：退出 top 命令。

< 或 >：移动排序字段。< 为向左移动，> 为向右移动。

3. 查看进程树的 pstree 命令

pstree 命令用于查看进程树之间的关系，并以树状图的形式呈现出来，通过该命令可以清楚地看出哪一个是父进程，哪一个是子进程，从而得知是谁创建了谁。

pstree 命令的语法格式如下：

```
pstree  [选项]
```

pstree 有以下几个常用参数：

-a：显示启动每个进程对应的完整指令，包括启动进程的路径、参数等。

-c：不使用精简法显示进程信息，即显示的进程中包含子进程和父进程。

-h：列出树状图时，特别标明现在执行的程序。

-l：采用长列格式显示树状图。

-n：根据进程 PID 号来排序输出，默认是以程序名排序输出的。

-p：显示进程的 PID。

-u：显示进程对应的用户名称。

【例 7.2】显示当前所有进程的进程号和进程 ID。（输出信息较多，以下截取部分）

命令如下：

```
[root@HJ ~]# pstree  -p
```

运行结果如图 7.6 所示。

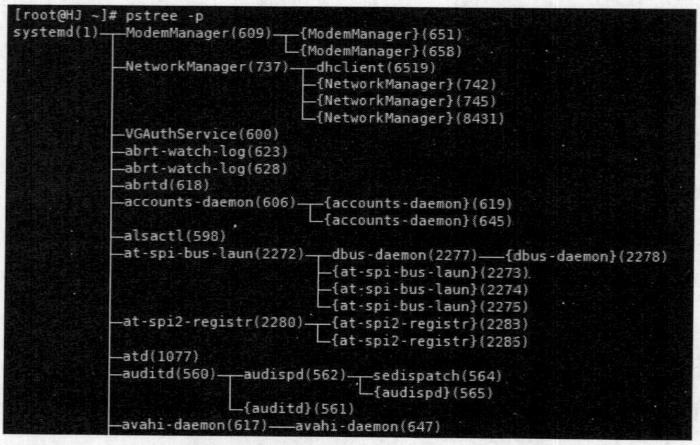

图 7.6　使用 pstree 命令查看进程的 PID

【例 7.3】显示所有进程的所有详细信息，遇到相同的进程名可以压缩显示。（输出信息较多，以下截取部分）

命令如下：

```
[root@HJ ~]#   pstree   -a
```

运行结果如图 7.7 所示。

4. 调整进程优先级的工具 nice、renice

（1）nice 命令。命令说明：指定将启动进程的优先级。

语法格式如下：

```
nice  [-优先级数值]
```

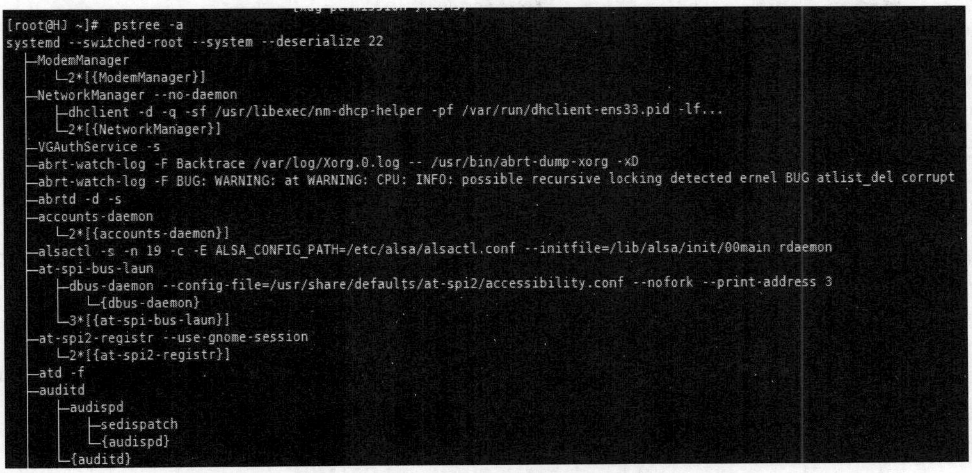

项目 7　进程与服务管理

```
[root@HJ ~]# pstree -a
systemd --switched-root --system --deserialize 22
  ├─ModemManager
  │   └─2*[{ModemManager}]
  ├─NetworkManager --no-daemon
  │   ├─dhclient -d -q -sf /usr/libexec/nm-dhcp-helper -pf /var/run/dhclient-ens33.pid -lf...
  │   └─2*[{NetworkManager}]
  ├─VGAuthService -s
  ├─abrt-watch-log -F Backtrace /var/log/Xorg.0.log -- /usr/bin/abrt-dump-xorg -xD
  ├─abrt-watch-log -F BUG: WARNING: at WARNING: CPU: INFO: possible recursive locking detected ernel BUG atlist_del corrupt
  ├─abrtd -d -s
  ├─accounts-daemon
  │   └─2*[{accounts-daemon}]
  ├─alsactl -s -n 19 -c -E ALSA_CONFIG_PATH=/etc/alsa/alsactl.conf --initfile=/lib/alsa/init/00main rdaemon
  ├─at-spi-bus-laun
  │   ├─dbus-daemon --config-file=/usr/share/defaults/at-spi2/accessibility.conf --nofork --print-address 3
  │   │   └─{dbus-daemon}
  │   └─3*[{at-spi-bus-laun}]
  ├─at-spi2-registr --use-gnome-session
  │   └─2*[{at-spi2-registr}]
  ├─atd -f
  ├─auditd
  │   ├─audispd
  │   │   ├─sedispatch
  │   │   └─{audispd}
  │   └─{auditd}
```

图 7.7　使用 pstree 命令查看进程的详细信息

【例 7.4】使用 nice 命令，命令如下：

[root@HJ ~]# nice　-3　bash　　　　//启动程序的优先级为 3

（2）renice 命令。允许用户修改一个正在运行进程的优先级，即利用 renice 命令可以在命令执行时调整其优先级。

语法格式如下：

renice　[-优先级数值]　[选项]

renice 有以下几个常用参数：

-p：进程号，修改指定进程的优先级。

-u：用户名，修改指定用户所启动进程的默认优先级。

-g：群组号，修改指定群组中所有用户启动进程的默认优先级。

【例 7.5】使用 renice 命令。

首先查看 PID，命令如下：

[root@HJ ~]#　ps

运行结果如图 7.8 所示。

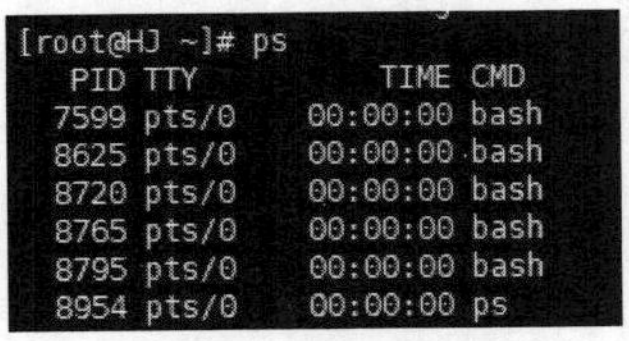

```
[root@HJ ~]# ps
   PID TTY          TIME CMD
  7599 pts/0    00:00:00 bash
  8625 pts/0    00:00:00 bash
  8720 pts/0    00:00:00 bash
  8765 pts/0    00:00:00 bash
  8795 pts/0    00:00:00 bash
  8954 pts/0    00:00:00 ps
```

图 7.8　使用 ps 命令查看 PID

然后，修改优先级，命令如下：

[root@HJ ~]# renice　-3　-p　7599 bash　　　//将进程号为 7599 的优先级从 0 修改为-3

运行结果如图 7.9 所示。

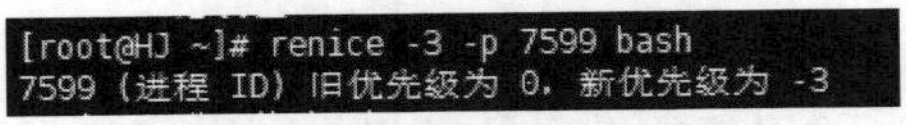

```
[root@HJ ~]# renice -3 -p 7599 bash
7599 （进程 ID）旧优先级为 0，新优先级为 -3
```

图 7.9　将进程号为 7599 的优先级修改后的结果

5. 终止进程的工具 kill、killall、pkill

终止一个进程或者终止一个正在运行的程序，一般是通过 kill、killall、pkill 等命令进行的。例如，一个程序已经死掉，但又不能退出，这时就需要考虑应用这些工具。

在 Linux 系统运行期间，若发生了以下情况，就可以通过这些命令将这些进程杀死。

- 进程占用了过多的 CPU 时间。
- 进程锁住了一个终端，使其他前台进程无法运行。
- 进程运行时间过长，但没有预期效果或者无法正常退出。
- 进程产生了过多的到屏幕或磁盘文件的输出。

（1）kill 命令。kill 通过指定进程的 PID 为进程发送进程信号，它通常是和 ps 或 pgrep 命令结合在一起使用的。

语法格式：kill   [信号代码或参数]   PID

其中，信号代码可以省略，常用的信号代码是-9，表示强制终止。

kill 有以下几个常用参数：

-s：指定需要送出的信号，既可以是信号名也可以是对应的数字。

-p：指定 kill 命令只是显示进程的 PID，并不真正输出结束信号。

-l：显示信号名称列表，可以在 usr/include/linux/signal.h 文件中找到。

（2）killall 命令。killall 通过指定进程的名称为进程发送进程信号。从程序的名字 killall，就可以看出该命令的功能是一次性杀死所有进程。

语法格式：killall   [正在运行的程序名]

killall 也可以和 ps 或 pgrep 结合起来使用，通过 ps 或 pgrep 可以查看哪些程序正在运行。

（3）pkill 命令。通过模式匹配为指定的进程发送进程信号。pkill 和 killall 的用法差不多，也是直接杀死正在运行中的程序；如果想杀死单个进程，可以使用 kill 命令。

语法格式：pkill   [正在运行的程序名]

7.2.2 作业的管理命令

1. jobs 命令

命令说明：列出所有正在运行的作业。

语法格式如下：

jobs   [选项]

jobs 有以下几个常用参数：

-p：仅显示进程号。

-l：同时显示进程号和作业号。

-n：仅显示自上次输出了状态变化提示（比如显示有进程退出）后，发生了状态变化的进程。

-r：仅显示运行中的作业。

-s：仅显示停止的作业。

-x：运行命令及其参数，并用新的命令的进程 ID 替代所匹配的原有作业的进程组 ID。

【例 7.6】使用 jobs 命令查看 sleep 3500 的运行情况，如图 7.10 所示。

```
[root@HJ ~]# sleep  3500  &
[1] 9143
[root@HJ ~]# ps aux  |  grep  sleep
root       9143  0.0  0.0 108052   356 pts/1    S    18:04   0:00 sleep 3500
root       9152  0.0  0.0 108052   356 ?        S    18:04   0:00 sleep 60
root       9154  0.0  0.0 112824   976 pts/1    S+   18:04   0:00 grep --color=auto sleep
[root@HJ ~]# jobs
[1]+  运行中                 sleep 3500 &
[root@HJ ~]# 
```

图 7.10　使用 jobs 命令查看 sleep 3500 的运行情况

2. fg 命令

命令说明：在前台恢复运行一个被挂起的进程。

语法格式如下：

```
fg  [作业编号]
```

fg 命令也可以和如下符号组合：

%Number：通过作业编号引用作业。

%String：引用名称以特定字符串开头的作业。

%?String：引用名称中包含特定字符串的作业。

%+ OR %%：引用当前作业。

%-：引用前一个作业。

使用 fg 命令把作业放到前台将导致从列表中除去作业进程的标识符，此列表是那些当前外壳环境所知道的。

【例 7.7】使用 fg 命令恢复被挂起进程，命令如下：

```
[root@HJ ~]# fg 1
```

运行结果如图 7.11 所示。

```
[root@HJ ~]# jobs
[1]-  已停止                 sleep 100000
[2]+  已停止                 sleep 200000
[root@HJ ~]# fg 1
sleep 100000
```

图 7.11　使用 fg 命令恢复被挂起进程的运行结果

即将[1]恢复运行。

3. bg 命令

命令说明：把前台的作业或进程切换到后台运行，若没有指定进程号，则将当前作业切换到后台。

语法格式：bg　[作业编号]

【例 7.8】使用 bg 命令将进程切换到后台运行，命令如下：

```
[root@HJ ~]# bg 2
```

运行结果如图 7.12 所示。

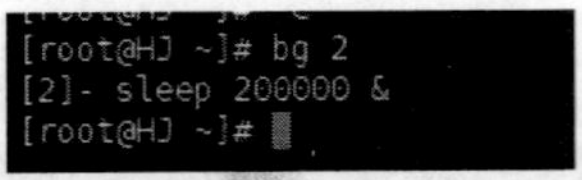

图 7.12 使用 bg 命令将进程切换到后台运行

4. at 命令

用户使用 at 命令在指定时刻执行指定的命令序列。也就是说，该命令至少需要指定一个命令和一个执行时间才可以正常运行。at 命令可以只指定时间，也可以同时指定时间和日期，其目的是实现在某个日期/时间自动完成某些工作，例如，在每天上午 8：00 提示管理员修改密码。需要注意的是，指定时间有个系统判别问题。例如，用户现在指定了一个执行时间为凌晨 1：00，而发出 at 命令的时间是前一天晚上的 20：00，那么究竟是哪一天执行该命令呢？如果用户在凌晨 1：00 以前仍然在工作，那么该命令将在这个时候完成；如果用户凌晨 1：00 以前就退出了工作状态，那么该命令将在第二天凌晨才会得到执行。

at 命令类似打印进程，会把任务放到/var/spool/mail 目录中，到指定时间运行。at 命令相当于另一个 Shell，运行 at time 命令时，发送一个个命令，可以输入任意命令或者程序。

命令说明：安排系统在指定时间运行程序。

语法格式如下：

at　[选项]　[时间]
Ctrl+D　结束 at 命令的输入

at 有以下几个常用参数：

-d：删除指定的调度作业。

-m：当指定的任务被完成后，将给用户发送邮件，即使没有标准输出。

-l：显示等待执行的调度作业。

-v：显示任务将被执行的时间。

-c：在命令行上列出的作业标准输出。

-q [a-z]：使用指定的队列。

-f 文件名：从指定文件中读取执行的命令。

-t 时间参数：以时间参数的形式提交要运行的任务。

at 命令允许使用一套相当复杂的指定时间的方法，实际上是将 POSIX.2 标准扩展了。它可以接受在当天的 hh：mm（小时：分钟）式的时间指定，如果该时间已经过去，那么就放在第二天执行。当然，也可以使用 midnight（深夜）、noon（中午）、teatime（饮茶时间，一般是指下午 4：00）等比较模糊的词语来指定时间。用户还可以采用 12 小时计时制，即在时间后加上 am（上午）或者 pm（下午）来说明是上午还是下午。

也可以指定命令执行的具体日期，指定格式为 month day（月 日）mm/dd/yy（月/日/年）。指定的日期必须跟在指定时间的后面。

上面介绍的都是绝对计时法，还可以使用相对计时法，这对于安排不久就要执行的命令是很有好处的。指定格式为：now + count　time-units。其中 now 是当前时间；time-units 是时间单位，这里可以是 minutes、hours、days 或 weeks；count 是时间数，如几天、几小时、几分钟等。

还有一种计时方法就是直接使用 today、tomorrow 来指定完成命令的时间。

at 命令中时间的表示方法如下：

绝对表示方法：

midnight	//当天午夜
noon	//当天中午
teatime	//当天下午 4 点
hh：mm	mm/dd/yy

比如 04：00 代表 4：00am。如果时间已过，就会在第二天的这一时间执行。

相对表示方法：

now +n minutes	//从现在起向后 n 分钟
now +n hours	//从现在起向后 n 小时
now +n days	//从现在起向后 n 天
now +n weeks	//从现在起向后 n 周

表示时间的具体例子：

at now +5 minutes	//任务在 5 分钟后执行
at now +2 hours	//任务在 2 小时后执行
at now +3 days	//任务在 3 天后的现在执行
at now +1 weeks	//任务在一周后的现在执行
at midnight	//任务在午夜执行
at noon	//任务在中午执行
at 8：30am	//任务在上午 8：30 执行
at 16：30 03/11/2022	//任务在 2022 年 3 月 11 日 16：30 执行

下面通过一些例子来说明 at 命令的具体用法。

【例 7.9】指定在今天下午 5：30 执行某命令。假设现在时间是中午 12：00，2022 年 3 月 1 日，其命令格式如下：

```
at 5：30pm
at 17：30
at 17：30 today
at now + 5 hours
at now + 30 minutes
```

以上这些命令表达的意思是完全一样的，所以在安排时间时完全可以根据个人喜好和具体情况自由选择。一般采用绝对时间的 24 小时计时法可以避免由于用户自己的疏忽造成计时错误的情况发生，例如上例可以写成：

```
at 17：30 3/1/2022
at 17：30 1.3.2022
at 17：30 Mar 1
```

这样非常清楚地显示了执行时间日期，而且其他人对该信息也一目了然。

对于 at 命令来说，需要定时执行的命令是从标准输入或者使用-f 选项指定的文件中读取并执行的。如果 at 命令是从一个使用 su 命令切换到用户 Shell 中执行的，那么当前用户被认为是执行用户，所有的错误和输出结果都会传输给这个用户。但是如果有邮件送出，则收到邮件的将是原来的用户，也就是登录时 Shell 的所有者。在任何情况下，超级用户都可以使用这个命令。

【例 7.10】在 2 天后下午 5：00 执行文件 work 中的作业。

[root@HJ ~]# at -f work 5pm + 2 days

5．batch 命令

batch 命令用低优先级运行作业，该命令几乎和 at 命令的功能完全相同，唯一的区别在于，at 命令是在指定的精确时刻执行指定命令；而 batch 却是在系统负载较低、资源比较空闲的时候执行命令。该命令适合执行占用资源较多的命令。

命令说明：安排系统自行运行程序。

语法格式如下：

batch　[-V]　[-q 队列]　[-f 文件名]　[-mv]　[时间]

具体的参数可以参考 at 命令。一般来说，不用为 batch 命令指定时间参数，因为 batch 本身的特点就是由系统决定执行任务的时间，如果用户再指定一个时间，就失去了本来的意义。使用组合键 Ctrl+D 来结束输入，且 batch 和 at 命令都将自动转入后台，所以启动的时候也不需要加上&符号。

【例 7.11】使用 batch 命令，运行结果如图 7.13 所示。

```
[root@HJ ~]# batch
at> <EOT>
job 10 at Wed Mar  9 10:59:00 2022
[root@HJ ~]#
```

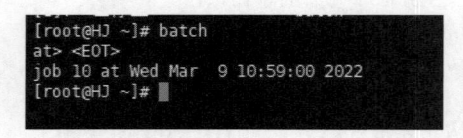

图 7.13　安排系统自行运行的结果

6．cron 和 crontab 命令

前面介绍的两条命令都会在一定时间内完成一定的任务，但是要注意它们都只能执行一次。也就是说，当指定了运行命令后，系统在指定时间完成任务后一切就结束了。但是，在很多时候需要不断重复一些命令，比如某公司每周一自动向员工报告一周公司的活动安排，这时候就需要使用 cron 命令来完成任务。cron 来源于希腊语单词 chronos（意为"时间"），是 Linux 系统下自动执行计划任务的程序。守护进程 crond 启动以后，根据其内部计时器每分钟唤醒一次，检测如下文件的变化并将其加载到内存。

- /etc/crontab：是 crontab 格式（man 5 crontab）的文件。
- /etc/cron.d/*：是 crontab 格式（man 5 crontab）的文件。
- /var/spool/cron/*：是 crontab 格式（man 5 crontab）的文件。

一旦发现上述配置文件中安排的 cron 任务的时间和日期与系统的当前时间和日期符合，就执行相应的 cron 任务。

另外，在系统的启动过程中，通过执行/etc/rc.d/init.d 目录中的 crond 脚本，Linux 系统会自动启动 crond 进程，crond 进程会首次检查/var/spool/cron 目录中是否存在用户定义的 crontab 文件，然后检测 etc/crontab，最后检测/etc/cron.d 目录是否存在系统 crontab 文件。

crontab 命令用户安装、删除或者列出用于驱动 cron 后台进程的表格。也就是说，用户把需要执行的命令序列放到 crontab 文件中以获得执行。每个用户都可以有自己的 crontab 文件。下面介绍一下如何创建一个 crontab 文件。

在/var/spool/cron 下的 crontab 文件不可以直接创建和修改，它是通过 crontab 命令得到的。现在假设有个用户 foxy，需要创建自己的一个 crontab 文件，首先可以使用任何文本编辑器建立一个新文件，然后向其中写入需要运行的命令和要定期执行的时间。

crontab 命令和 crontab 文件的区别如下：

- crontab 命令用于创建、编辑显示或者删除/var/spool/cron 目录中的文件，同时也提供一个/etc/crontab 文件。
- crontab 文件是一种具有特定格式的文件，由守护进程 crond 加载到内存并根据其时间设定决定当前是否应该执行相应的 cron 任务。实际上泛指/etc/crontab 文件本身、/var/spool/cron 与 etc/cron.d 等目录中的所有文件，尽管其文件名可能不是 crontab。

【例 7.12】创建自己的 crontab 命令，如，希望每隔一分钟，将系统的时间写入/etc 目录下的 date1.txt 文件中。

[root@HJ ~]# crontab -e

在打开的 crontab 命令编辑界面输入 crontab 命令：

*****date   >> /etc /date1.txt

说明：前面五个*表示时间是每隔一分钟，date 命令就是得到当前的系统时间，>>命令表示将结果累加到文件后面。

输入完命令后保存 crontab 命令，则出现如下语句，表示该调度命令已经成功。

crontab: installing new crontab

如果需要改变其中的命令内容，需要重新编辑原来的文件，然后再使用 crontab 命令安装。

可以使用 crontab 命令的用户是有限制的。如果 etc/cron.allow 文件存在，那么只有其中列出的用户才能使用该命令；如果该文件不存在但 cron.deny 文件存在，那么只有未列在该文件中的用户才能使用 crontab 命令；如果两个文件都不存在，就取决于一些参数设置，可能是只允许超级用户使用该命令，也可能是所有用户都可以使用该命令。

crontab 命令的语法格式如下：

crontab   [-u user]   file
crontab [-u user]   {-l|-r|-e}

第一种格式用于安装一个新的 crontab 文件，安装来源是 file 所指的文件，如果使用"-"符号作为文件名，就意味着使用标准输入作为安装来源。

-u: 如果使用该选项，指定了具体用户的 crontab 文件将被修改。如果不指定该选项，crontab 将默认是操作者本人的 crontab，也就是执行该 crontab 命令的用户的 crontab 文件将被修改。

-l: 在标准输出上显示当前的 crontab。

-r: 删除当前的 crontab 文件。

-e: 使用 VISUAL 或者 EDITOR 环境变量所指的编辑器编辑当前的 crontab 文件。当结束编辑离开时，编辑后的文件将自动安装。

【例 7.13】使用 crontab 命令查询创建的 crontab。

```
[root@HJ ~]# crontab -l
*****date   >>   /etc/date1.txt
```

crontab 文件中每行都包括六个域，其中前五个域是指定命令被执行的时间，最后一个域是要被执行的命令。每个域之间使用空格或者制表符号分隔。格式如下：

```
#.—————————— minute (0 - 59)
# |.————————— hour (0 - 23)
# | |.———————— day of month (1 - 31)
# | | |.——— month (1 - 12) OR jan, feb, mar, apr, …
# | | | | .———day of week(0-6)(Sunday=0 or 7)OR sun, mon, tue, wed, thu, fri, sat
# | | | | |
# * * * * * user-name command to be executed
```

第一项是分钟，第二项是小时，第三项是一个月的第几天，第四项是一年的第几个月，第五项是一周的星期几，第六项是要执行的命令。这些项都不能为空，必须填入。如果用户不需要指定其中的几项，也可以使用"*"代替。因为"*"是通配符，可以代替任何字符，所以就可以认为是任何时间，也就是该项被忽略了。指定时间的合法范围见表 7.3。

表 7.3 指定时间的合法范围

时间	说明	取值范围
minute	一小时中的哪一分钟	00～59
hour	一天中的哪一个小时	00～23，其中 00 点就是晚上 12 点
day-of-month	一月中的哪一天	01～31
month-of-year	一年中的哪一月	01～12
day-of-week	一周中的哪一天	0～7，其中周日是 0

这样，用户就可以向 crontab 写入无限多的行以完成无限多的命令。命令域中可以写入所有可以在命令行写入的命令和符号，其他所有时间域都支持列举，也就是域中可以写入很多的时间值，只要满足这些时间值中的任何一个都执行命令，每两个时间值中间使用逗号分隔。

7.2.3 服务管理的常用命令

1. service 命令

service 命令实际上只是一个脚本，它在/etc/init.d/ 目录查找指定的服务脚本，然后调用该服务脚本来完成任务。

语法格式如下：

```
service   [服务名]   [选项]
```

service 有以下几个常用参数：

start：启动服务。

stop：停止服务。

restart：重启服务。

status：查看服务状态。

【例 7.14】查看网络服务的状态，命令如下：

[root@HJ ~]# service network status

运行结果如图 7.14 所示。

图 7.14　使用 service 命令查看网络服务的状态

2. chkconfig 命令

chkconfig 命令主要用来更新（启动或停止）和查询系统服务的运行级信息，但需要注意：chkconfig 不是立即自动禁止或激活一个服务，它只是简单地改变了符号链接。

语法格式：chkconfig　[--level 运行级别]　[系统服务名]　[on|off]

chkconfig 有以下几个常用参数：

--level：设定在哪个运行级别中开机自启动（on），或者关闭自启动（off）。

等级 0：表示关机。

等级 1：表示单用户模式。

等级 2：表示无网络链接的多用户命令模式。

等级 3：表示有网络链接的多用户命令模式。

等级 4：表示系统保留。

等级 5：表示带图形界面的多用户模式。

等级 6：表示重新启动。

【例 7.15】查看网络服务，命令如下：

[root@HJ ~]# chkconfig --list|grep network

运行结果如图 7.15 所示。

图 7.15　网络服务的运行情况

3. ntsysv 命令

ntsysv 命令用于设置系统的各种服务。通过 ntsysv 命令可以启动或者停止某些服务。ntsysv 界面如图 7.16 所示，可以使用向上、向下键来查看服务列表，使用空格键可以选择或取消服务。"*"表示某服务被设置启动。

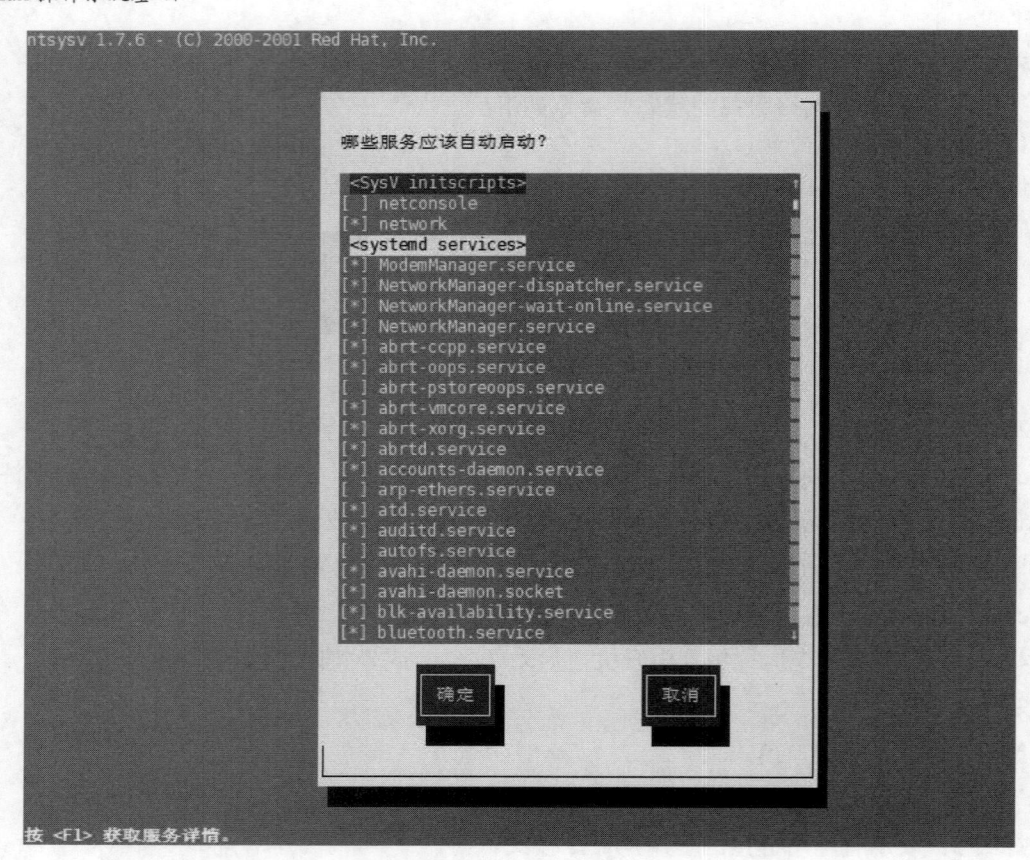

图 7.16　ntsysv 界面

7.3　项目实施

任务 7.1　ps 命令的应用

企业员工小张发现自己的 Linux 主机运行变慢，想查看主机到底运行了哪些进程，请你帮忙解决。

根据你的项目经验，你准备使用 ps -aux 查看系统进程信息，命令如下：

```
[root@HJusr]#ps    -aux   |   more
[root@HJusr]#ps    -aux   > 333.txt
[root@HJusr]#more    333.txt
```

这里是把所有进程显示出来（图 7.17，输出行数较多，截取部分），并输出到 333.txt 文件（图 7.18）中，然后再通过 more 来分页查看，即可以用管道"|"和 more 链接起来分页查看。

```
[root@HJ usr]# ps -aux |more
USER        PID %CPU %MEM    VSZ   RSS TTY      STAT START   TIME COMMAND
root          1  0.0  0.2 202048  5480 ?        Ss   2月18   1:47 /usr/lib/systemd/systemd --switched-root --syst
 22
root          2  0.0  0.0      0     0 ?        S    2月18   0:00 [kthreadd]
root          4  0.0  0.0      0     0 ?        S<   2月18   0:00 [kworker/0:0H]
root          6  0.0  0.0      0     0 ?        S    2月18   0:05 [ksoftirqd/0]
root          7  0.0  0.0      0     0 ?        S    2月18   0:00 [migration/0]
root          8  0.0  0.0      0     0 ?        S    2月18   0:00 [rcu_bh]
root          9  0.0  0.0      0     0 ?        R    2月18   0:39 [rcu_sched]
root         10  0.0  0.0      0     0 ?        S<   2月18   0:00 [lru-add-drain]
root         11  0.0  0.0      0     0 ?        S    2月18   0:03 [watchdog/0]
root         12  0.0  0.0      0     0 ?        S    2月18   0:03 [watchdog/1]
root         13  0.0  0.0      0     0 ?        S    2月18   0:00 [migration/1]
root         14  0.0  0.0      0     0 ?        S    2月18   0:04 [ksoftirqd/1]
root         16  0.0  0.0      0     0 ?        S<   2月18   0:00 [kworker/1:0H]
root         18  0.0  0.0      0     0 ?        S    2月18   0:00 [kdevtmpfs]
root         19  0.0  0.0      0     0 ?        S<   2月18   0:00 [netns]
root         20  0.0  0.0      0     0 ?        S    2月18   0:00 [khungtaskd]
root         21  0.0  0.0      0     0 ?        S<   2月18   0:00 [writeback]
root         22  0.0  0.0      0     0 ?        S<   2月18   0:00 [kintegrityd]
```

图 7.17　使用 ps 命令查看所有进程

```
[root@HJ usr]# ps -aux > 333.txt
[root@HJ usr]# more 333.txt
USER        PID %CPU %MEM    VSZ   RSS TTY      STAT START   TIME COMMAND
root          1  0.0  0.2 202048  5480 ?        Ss   2月18   1:47 /usr/lib/systemd/systemd --switched-root --syst
em --deserialize 22
root          2  0.0  0.0      0     0 ?        S    2月18   0:00 [kthreadd]
root          4  0.0  0.0      0     0 ?        S<   2月18   0:00 [kworker/0:0H]
root          6  0.0  0.0      0     0 ?        S    2月18   0:05 [ksoftirqd/0]
root          7  0.0  0.0      0     0 ?        S    2月18   0:00 [migration/0]
root          8  0.0  0.0      0     0 ?        S    2月18   0:00 [rcu_bh]
root          9  0.0  0.0      0     0 ?        R    2月18   0:39 [rcu_sched]
root         10  0.0  0.0      0     0 ?        S<   2月18   0:00 [lru-add-drain]
root         11  0.0  0.0      0     0 ?        S    2月18   0:03 [watchdog/0]
root         12  0.0  0.0      0     0 ?        S    2月18   0:03 [watchdog/1]
root         13  0.0  0.0      0     0 ?        S    2月18   0:00 [migration/1]
root         14  0.0  0.0      0     0 ?        S    2月18   0:04 [ksoftirqd/1]
root         16  0.0  0.0      0     0 ?        S<   2月18   0:00 [kworker/1:0H]
root         18  0.0  0.0      0     0 ?        S    2月18   0:00 [kdevtmpfs]
root         19  0.0  0.0      0     0 ?        S<   2月18   0:00 [netns]
root         20  0.0  0.0      0     0 ?        S    2月18   0:00 [khungtaskd]
root         21  0.0  0.0      0     0 ?        S<   2月18   0:00 [writeback]
root         22  0.0  0.0      0     0 ?        S<   2月18   0:00 [kintegrityd]
root         23  0.0  0.0      0     0 ?        S<   2月18   0:00 [bioset]
root         24  0.0  0.0      0     0 ?        S<   2月18   0:00 [bioset]
root         25  0.0  0.0      0     0 ?        S<   2月18   0:00 [bioset]
root         26  0.0  0.0      0     0 ?        S<   2月18   0:00 [kblockd]
root         27  0.0  0.0      0     0 ?        S<   2月18   0:00 [md]
root         28  0.0  0.0      0     0 ?        S<   2月18   0:00 [edac-poller]
root         29  0.0  0.0      0     0 ?        S<   2月18   0:00 [watchdogd]
root         35  0.0  0.0      0     0 ?        S    2月18   0:07 [kswapd0]
root         36  0.0  0.0      0     0 ?        SN   2月18   0:00 [ksmd]
root         37  0.0  0.0      0     0 ?        SN   2月18   0:03 [khugepaged]
root         38  0.0  0.0      0     0 ?        S<   2月18   0:00 [crypto]
root         46  0.0  0.0      0     0 ?        S<   2月18   0:00 [kthrotld]
root         49  0.0  0.0      0     0 ?        S<   2月18   0:00 [kmpath_rdacd]
root         50  0.0  0.0      0     0 ?        S<   2月18   0:00 [kaluad]
root         51  0.0  0.0      0     0 ?        S<   2月18   0:00 [kpsmoused]
root         53  0.0  0.0      0     0 ?        S<   2月18   0:00 [ipv6_addrconf]
root         66  0.0  0.0      0     0 ?        S<   2月18   0:00 [deferwq]
--More--(13%)
```

图 7.18　使用 ps 命令将所有进程输入 333.txt

表 7.4 列出了以上输出信息各列的具体含义。

表 7.4　ps 命令输出信息含义

表头	含义
USER	该进程是由哪个用户产生的
PID	进程的 ID
%CPU	该进程占用 CPU 时间与总时间的百分比
%MEM	该进程占用内存与系统内存总量的百分比

续表

表头	含义
VSZ	该进程占用虚拟内存的空间，单位为 KB
RSS	该进程占用实际物理内存的空间，单位为 KB
TTY	该进程是在哪个终端运行的。其中，tty1~tty7 代表本地控制台终端（可以通过 Alt+F1~F7 快捷键切换不同的终端）。tty1~tty6 是本地的字符界面终端，tty7 是图形终端。pts/0~255 代表虚拟终端，一般是远程连接的终端，第一个远程连接占用 pts/0，第二个远程连接占用 pts/1，一次增长
STAT	进程状态。常见的状态有以下几种： -D：不可被唤醒的睡眠状态，通常用于 I/O。 -R：该进程正在运行。 -S：该进程处于睡眠状态，可被唤醒。 -T：停止状态，可能是在后台暂停或进程处于出错状态。 -W：内存交互状态。 -X：死掉的进程。 -Z：僵尸进程，进程已经中止，但是部分程序还在内存当中。 -<：高优先级。 -N：低优先级。 -L：被锁入内存。 -S：包含子进程。 -l：多线程（小写 L）。 -+：位于后台
START	该进程的启动时间
TIME	该进程占用 CPU 的运算时间，注意不是系统时间
COMMAND	产生此进程的命令名

任务 7.2　top 命令的应用

某企业的网络工程师突然离职，正在运行的 Linux 服务器、HTTP 服务器无人管理，你作为新的网络工程师想了解一下当前它的总体运行情况，你准备采用什么命令来实现这个目标？

根据你的工作经验，你准备使用 top 命令显示系统相关实时信息。

说明： 输入 top 命令后的显示结果是动态变化的。分别显示时间、任务、CPU 占用、内存、用户状态等实时数据的动态变化。当然，也可以把 top 命令的输出内容传到一个文件中（[root@HJ~]#top　> 555.txt），然后就可以查看 555.txt 文件，并对系统进程状态进行分析。

以下分两部分说明图 7.19 所示输出信息各行各列的作用和具体含义。

1. 统计信息

第一行为任务队列信息，具体内容见表 7.5。

第二行为进程信息，具体内容见表 7.6。

项目 7 进程与服务管理

```
[root@HJ ~]# top
top - 18:27:05 up 4 days,  5:36,  3 users,  load average: 0.08, 0.04, 0.05
Tasks: 202 total,   1 running, 199 sleeping,   2 stopped,   0 zombie
%Cpu(s):  0.0 us,  0.2 sy,  0.0 ni, 99.8 id,  0.0 wa,  0.0 hi,  0.0 si,  0.0 st
KiB Mem :  1863032 total,   174012 free,   794788 used,   894232 buff/cache
KiB Swap:  2097148 total,  2086132 free,    11016 used,   852488 avail Mem

  PID USER      PR  NI    VIRT    RES    SHR S  %CPU %MEM     TIME+ COMMAND
    1 root      20   0  202048   5508   3156 S   0.3  0.3   1:10.18 systemd
  610 root      20   0  295564   4600   3364 S   0.3  0.2   8:51.97 vmtoolsd
 2195 root      20   0 3538584 186864  43616 S   0.3 10.0   3:52.69 gnome-shell
 2549 root      20   0  609508  14996   7656 S   0.3  0.8   8:47.28 vmtoolsd
    2 root      20   0       0      0      0 S   0.0  0.0   0:00.19 kthreadd
    4 root       0 -20       0      0      0 S   0.0  0.0   0:00.00 kworker/0:0H
    6 root      20   0       0      0      0 S   0.0  0.0   0:04.63 ksoftirqd/0
    7 root      rt   0       0      0      0 S   0.0  0.0   0:00.38 migration/0
    8 root      20   0       0      0      0 S   0.0  0.0   0:00.00 rcu_bh
    9 root      20   0       0      0      0 S   0.0  0.0   0:31.83 rcu_sched
   10 root       0 -20       0      0      0 S   0.0  0.0   0:00.00 lru-add-drain
   11 root      rt   0       0      0      0 S   0.0  0.0   0:02.87 watchdog/0
```

图 7.19　top 命令的运行结果

表 7.5　任务队列信息

内容	说明
18：27：05	系统当前时间
up 4 days，5：36	系统的运行时间，本机已经运行 4 天 5 小时 36 分钟
3 users	当前登录了三个用户
load average：0.08，0.04，0.05	系统在之前 1 分钟、5 分钟、15 分钟的平均负载

表 7.6　进程信息

内容	说明
Tasks：202 total	系统中的进程总数
1 running	正在运行的进程数
199 sleeping	正处于睡眠的进程数
2 stopped	正在停止的进程数
0 zombie	僵尸进程数。如果不是 0，则需要手工检查僵尸进程

第三行为 CPU 信息，具体内容见表 7.7。

表 7.7　CPU 信息

内容	说明
%Cpu(s)：0.0 us	用户态的 CPU 时间百分比
0.2 sy	内核态的 CPU 时间百分比
0.0 ni	运行低优先级进程的 CPU 时间百分比
99.8 id	空闲 CPU 时间百分比
0.0 wa	处于 I/O 等待的 CPU 时间百分比
0.0 hi	处理硬中断的 CPU 时间百分比
0.0 si	处理软中断的 CPU 时间百分比
0.0 st	当前系统运行在虚拟机中的时候，被其他虚拟机占用的 CPU 时间百分比

第四行为物理内存使用信息，具体内容见表 7.8。

表 7.8 物理内存使用信息

内容	说明
KiB Mem：1863032 total	物理内存总量
174012 free	空闲的物理内存总量
794788 used	已经使用的物理内存总量
894232 buff/cache	用于读写磁盘缓存的内存量/用于读写文件缓存的内存量

第五行为交换分区内存使用信息，具体内容见表 7.9。

表 7.9 交换分区内存使用信息

内容	说明
KiB Swap：2097148 total	交换分区的总量
2086132 free	空闲交换分区的总量
11016 used	已经使用的交换分区的总量
852488 avail Mem	可以测量、可以分配和使用的内存量，而不会导致更多的交换

2. 进程信息

第六行及以下为系统进程信息，具体内容见表 7.10。

表 7.10 系统进程信息

内容	说明
PID	进程的 ID
USER	该进程所有者的用户名，如 root
PR	进程调度优先级，数值越小优先级越高
NI	进程 nice 值（优先级），数值越小优先级越高
VIRT	该进程使用的虚拟内存，单位为 KB
RES	该进程使用的物理内存（不包括共享内存），单位为 KB
SHR	进程使用的共享内存，单位为 KB
S	进程状态
%CPU	该进程占用 CPU 的百分比
%MEM	该进程占用内存的百分比
TIME+	该进程启动后到现在所用的全部 CPU 时间
COMMAND	进程的启动命令（默认只显示二进制，top-c 能够显示命令行和启动参数）

top 命令如果不正确退出，则会持续运行。在 top 命令的交互界面中按 q 键会退出 top 命令；也可以按?或 h 键得到 top 命令交互界面的帮助信息；还可以按 k 键中止某个进程。

任务 7.3 终止进程工具的应用

你作为企业新的网络工程师，使用 ps 命令发现了很多莫名其妙的运行

终止进程工具的应用

进程，你准备关闭这些进程，使用什么命令比较好？根据你的工作经验，你打算使用 kill 命令来实现这个目标。

1. kill 命令的使用

单击虚拟机中的"应用程序"→"办公"→"字典"，使用 ps -ax 命令，查看所有进程的信息，输入命令[root@HJ ~]# ps -ax |grep "dic"，运行结果如图 7.20 所示。

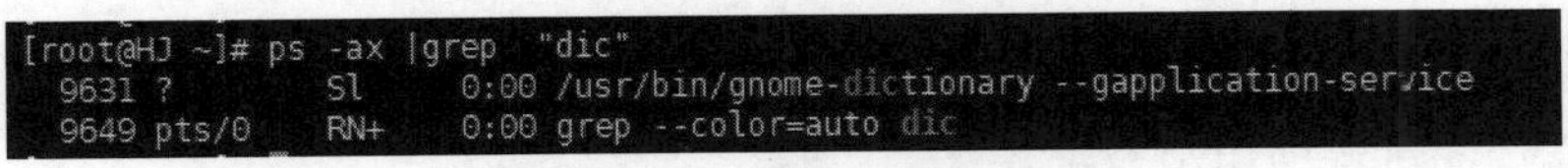

图 7.20 查看所有进程的信息

查看所有进程信息后，终止 ID 为 9631 的进程，并查看结果，输入如下命令：

[root@HJ ~]# kill 9631
[root@HJ ~]# ps -ax |grep "dic"

运行结果如图 7.21 所示。

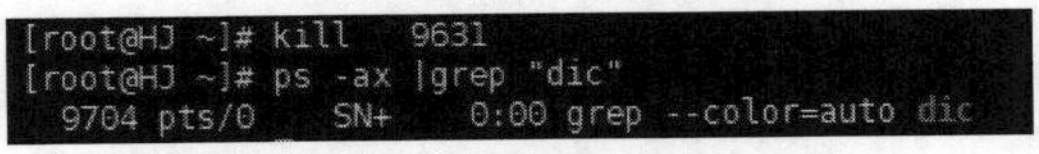

图 7.21 终止进程并查看结果

可以看到 ID 为 9631 的进程已被终止。

2. killall 命令的使用

先使用 ps 命令查看系统用户进程，命令如下：

[root@HJ ~]# ps -u

运行结果如图 7.22 所示。

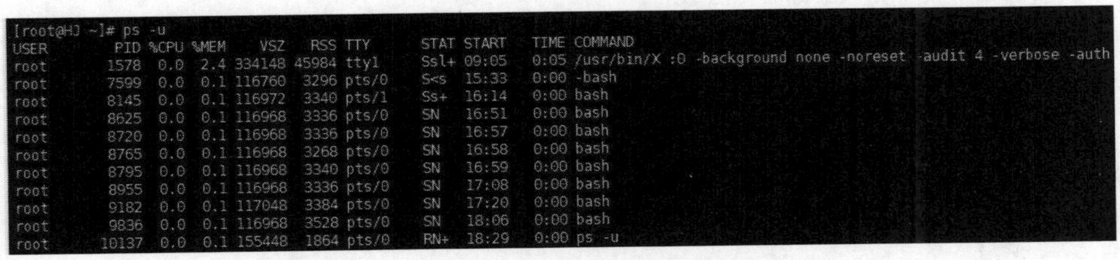

图 7.22 使用 ps 命令查看系统用户进程的结果

再使用 killall 命令一次性终止系统用户进程，命令如下：

[root@HJ ~]# killall -9 bash

运行结果如图 7.23 所示。

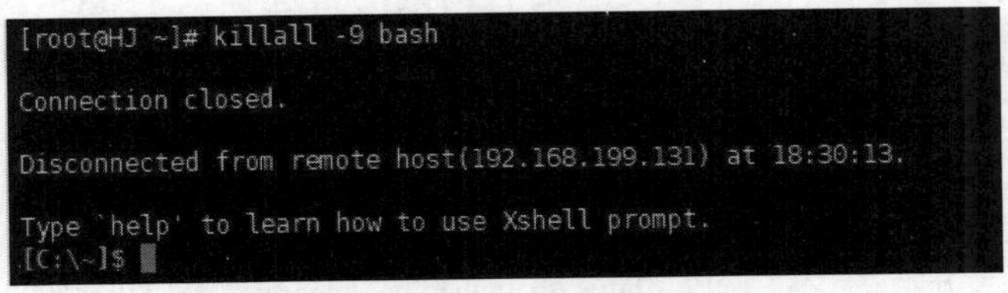

图 7.23 使用 killall 命令的运行结果

可以看出 bash 进程全部被终止了。

7.4 习题

一、填空题

1. 前台启动的进程使用组合键_____终止。
2. _____命令能够实时地显示进程状态信息。
3. 在 Linux 系统中，压缩文件后生成后缀为.gz 文件的命令是_____。
4. 打印当前进程，以扩展格式显示输出的命令是_____。
5. 用 top 命令显示当前系统进程状态，每隔 2 秒更新一次的命令是_____。
6. 列出树状进程的命令是_____。
7. 结束后台进程的命令是_____。
8. 用 root 给一个 nice 值为-5，用于执行 vi 的命令是_____。
9. Linux 有三个查看文件的命令，若希望在查看文件内容过程中可以用光标上下移动来查看文件内容，应使用命令_____。
10. 链接分为_____和_____。

二、简答题

1. 简述进程与作业的区别。
2. 简述 batch 命令和 at 命令的区别。
3. 简述 Linux 系统中，服务的概念和作用。

拓展阅读　鸿蒙系统[1]

鸿蒙系统的诞生，源于华为在 2019 年受到美国的制裁，失去了很大的国外市场。华为的领导层和研发部门暗下决心，一定要开发出属于华为自己的核心技术来回击美国的制裁。由此可以看出，想要不受制于人，技术创新是必需的。在这个物联网时代，各种智能化设备逐步普及到社会各个角落，而这些智能化设备离不开计算机技术的应用。作为新时代学子，要立鸿鹄之志，做马克思主义的坚定信仰者，做走在时代前列的奋进者、开拓者、奉献者，更要认真学好计算机专业应用技术，不断进行技术创新，为我国计算机技术发展做出贡献。

---

[1] 简叔．外媒：鸿蒙系统开始进入第二阶段．https://baijiahao.baidu.com/s?id=1730547920107309071&wfr=spider&for=pc.

项目 8 存 储 管 理

项目导读

对于一个系统管理员来说，管理好服务器的磁盘和所属的文件是一项非常重要的工作。图形界面的 Windows 操作系统非常容易管理，但对于传统字符型命令行界面的 Linux 操作系统来说，就稍微有点复杂。本项目主要讲解文件系统、磁盘分区、磁盘格式化和磁盘挂载等，以及 Linux 操作系统下磁盘的存储管理。

项目要点

- 磁盘分区、格式化
- 文件系统的挂载与卸载
- 磁盘阵列的配置
- LVM 的基本操作

8.1 项目基础知识

8.1.1 磁盘的组成

磁盘由盘片、机械手臂、磁头、主轴马达组成，而数据的写入主要是在盘片上面，盘片上又细分为扇区与柱面两种单位，扇区每个为 512byte，其中，磁盘的第一个扇区特别重要，因为磁盘的第一个扇区记录了以下重要信息：

（1）主引导分区（BMR）：可以安装引导加载程序的地方，有 446byte。

（2）分区表：记录磁盘分区的状态，有 64byte。

（3）磁盘分区表：在分区表所在的 64byte 容量中，总共分为四组记录区，每组记录区记录了该区段的起始与结束的柱面号码。

假设某磁盘设备文件名为/dev/hda，那么这四个分区在 Linux 系统中的设备文件名如下所示，重点在于文件名后面会再接一个数字，这个数字与该分区所在位置有关：

- P1:/dev/hda1
- P2:/dev/hda2
- P3:/dev/hda3

- P4:/dev/hda4

由于分区表只有 64byte，最多只能容纳四个分区，这四个分区被称为主或扩展分区。由此可以得到几个重要信息：

- 其实所谓分区，只是针对那个 64byte 的分区表进行设置而已。
- 磁盘默认的分区表仅能写入四组分区信息。
- 分区的最小单位为柱面。
- 当系统要写入磁盘时，一定会参考磁盘分区表，才能针对某个分区进行数据处理。

（4）磁盘的分区。要掌握磁盘的分区，需要掌握 MBR、扩展分区、逻辑分区的概念。

磁盘分为两个区域。一个是放置该磁盘的信息区，称为主引导记录（Main Boot Record，MBR），一个是实际文件数据放置的地方。其中，MBR 是整个磁盘最重要的区域，一旦 MBR 物理实体损坏，则该磁盘就差不多报废了，一般来说，MBR 有 512byte，且可以分为三个部分。

1）第一部分有 446byte，用于存放引导代码，即 bootloader。

2）第二部分有 64byte，用于存放磁盘分区表。其中，每个分区的信息需要用 16byte 来记录。因此，一个磁盘最多可以有四个分区，这四个分区称为主分区（P）和扩展分区（E）。

由于扩展分区只能有一个，所以这四个分区可以是四个主分区或者三个主分区加一个扩展分区，如下所示：

P + P + P + P

P + P + P + E

需要重点说明的是，扩展分区不能直接使用，还需要将其划分为逻辑分区才行，这样就产生了一个问题，既然扩展分区不能直接使用，但为什么还要划分出一定的空间来给扩展分区呢？这是因为，当用户想要将磁盘划分为五个分区时，就需要扩展分区来帮忙了。

由于 MBR 仅能保存四个分区的数据信息，如果超过四个，系统允许在额外的磁盘空间存放另一份磁盘分区信息，这就是扩展分区。若将磁盘分成 3P+E，则 E 实际上是告诉系统，磁盘分区表在另外的那份分区表，即扩展分区其实是指向正确的额外分区表。本身扩展分区不能直接使用，还需要额外将扩展分区分成逻辑分区才能使用，因此，用户通过扩展分区就可以使用五个以上的分区了。

3）第三部分有 2byte，是 magic number。

（5）和 Windows 的区别。在 Windows 操作系统中，是先将物理地址分开，再在分区上建立目录；所有路径都从盘符开始，如 C://program file。

Linux正好相反，是先有目录，再将物理地址映射到目录中。在 Linux 操作系统中，所有路径都从根目录开始。Linux 默认可分为三个分区，分别是boot 分区、swap 分区和根分区。

无论是 Windows 操作系统，还是 Linux 操作系统，每个分区均可以有不同的文件系统，如 fat32、NTFS、Yaffs2 等。Linux 各分区的功能如下：

1）boot 分区。该分区对应于/boot 目录，约 100MB。该分区存放Linux的Grub(bootloader)和内核源码。用户可通过访问/boot 目录来访问该分区。换句话说，用户对/boot 目录的操作就是操作该分区。

2）swap 分区。该分区没有对应的目录，故用户无法访问。Linux 下的swap 分区即为虚拟内存。虚拟内存是指将磁盘上某个区域模拟为内存。因此虚拟内存的实际物理地址仍然在磁盘上。虚拟内存，或者说 swap 分区只能由系统访问，其大小为物理内存的两倍。虚拟内存用于当系统内存空间不足时，先将临时数据存放在 swap 分区，等待一段时间后，再将数据调入内存中执行。所以，虚拟内存只是暂时存放数据，在该空间内并没有执行。

3）根分区。Linux 根分区是系统分区的意思，系统内所有的东西都存放在根分区中，也被称为 root 分区；Linux 是一个树形文件系统，根分区就是它的 root 节点，任何目录文件都会挂在根节点以下，并且 Linux 只有一个根，不管将磁盘分多少个区，都要将这些分区挂载到根目录下才可以使用。

8.1.2 磁盘挂载

Linux 系统中"一切皆文件"，所有文件都放置在以根目录为树根的树形目录结构中。Linux 中任何硬件设备也都是文件，它们各有自己的一套文件系统（文件目录结构）。

因此产生的问题是，当在 Linux 系统中使用这些硬件设备时，只有将 Linux 本身的文件目录与硬件设备的文件目录合二为一，硬件设备才能为我们所用。合二为一的过程称为"挂载"。如果不挂载，通过 Linux 系统中的图形界面系统可以查找到硬件设备，但命令行方式无法找到。

但是，并不是根目录下任何一个目录都可以作为挂载点，由于挂载操作会使得原有目录中文件被隐藏，因此根目录以及系统原有目录都不要作为挂载点，会造成系统异常甚至崩溃，挂载点最好是新建的空目录。

挂载点的概念：当要使用某个设备时，如磁盘、光盘或软盘，必须先将它们对应到 Linux 系统中的某个目录上，这个对应的目录就叫挂载点（mount point）。只有经过这样的对应操作之后，用户或程序才能访问到这些设备。

同样，分区被格式化以后，如果需要存储数据就必须被访问。Linux 文件系统中根目录为最高的目录，如果想访问分区，那么分区就必须作为根目录下的子目录出现，所以需要先创建一个挂载点（就是目录），然后将目录与分区关联（挂载），管理员就可以访问分区的数据了。

命令格式如下：

mount [-t vfstype] [-o options] device dir

参数说明：

（1）-t vfstype：指定文件系统的类型，通常不必指定，mount 会自动选择正确的类型。

光盘或光盘镜像：iso9660。

DOS fat16 文件系统：msdos。

Windows 9x fat32 文件系统：vfat。

Windows NT NTFS 文件系统：ntfs。

Mount Windows 文件网络共享：smbfs。

UNIX（LINUX）文件网络共享：nfs。

（2）-o options：主要用来描述设备或档案的挂载方式。

loop：用来把一个文件当成磁盘分区挂载上系统。

ro：采用只读方式挂载设备。
rw：采用读写方式挂载设备。
iocharset：指定访问文件系统所用字符集。
（3）device：要挂载（mount）的设备。
（4）dir：设备在系统上的挂载点。

8.2 项目准备知识

8.2.1 磁盘阵列

独立磁盘冗余阵列（Redundant Arrays of Independent Disks，RAID）简称为磁盘阵列，其实就是将多个独立的磁盘组在一起形成一个大的磁盘系统，从而实现比单块磁盘更好的存储性能和更高的可靠性。RAID 是把相同的数据存储在多个磁盘的不同的地方的方法。通过把数据放在多个磁盘上，输入输出操作能以平衡的方式交叠，改良性能。因为多个磁盘增加了平均故障间隔时间（Mean Time Between Failure，MTBF），可通过存储冗余数据提高容错能力。

加利福尼亚大学伯克利分校（University of California-Berkeley）于 1988 年发表文章"A Case for Redundant Arrays of Inexpensive Disks"。文章中，谈到了 RAID 这个词，而且定义了 RAID 的五个层级。加利福尼亚大学伯克利分校研究的目的是反映当时 CPU 的效能。CPU 效能每年增长 30%～50%，而硬磁机只能增长约 7%。研究小组希望能找出一种新的技术，在短期内，立即提升效能来平衡计算机的运算能力。在当时，研究小组的主要目的是提高效能与降低成本。另外，研究小组也开发出容错（fault-tolerance）、逻辑数据备份（logical data redundancy）技术，而产生了 RAID 理论。初期，便宜（inexpensive）的磁盘也是研究重点，但研究小组后来发现，大量便宜磁盘组合并不适用于现实的生产环境，后来将 inexpensive 改为 independent，许多独立的磁盘组就产生了。

从概念上来讲，所谓的 RAID 就是将两块或多块磁盘创建（映射）成一个逻辑卷，以增大磁盘的容量和磁盘的带宽（读写速度）。简单地说，RAID 是把多块独立的磁盘（物理磁盘）按不同的方式组合起来形成一个磁盘组（逻辑磁盘），从而提供比单个磁盘更高的存储性能和数据备份功能。组成磁盘阵列的不同方式称为 RAID 级别。在用户看来，组成的磁盘组就像一个磁盘，用户可以对它进行分区、格式化等操作。总之，对磁盘阵列的操作与单个磁盘一模一样。不同的是，磁盘阵列的存储速度要比单个磁盘高很多，而且可以提供自动数据备份功能。

磁盘阵列的样式有三种：

- 外接式磁盘阵列柜最常被使用在大型服务器上，具可热交换（hot swap）的特性，不过这类产品的价格都很高。
- 内接式磁盘阵列卡，价格便宜，但需要较高的安装技术，适合技术人员使用操作。硬件阵列能够提供在线扩容、动态修改阵列级别、自动数据恢复、驱动器漫游、超高速缓冲等功能。它能提供性能、数据保护、可靠性、可用性和可管理性的解决方案。

- 利用软件仿真的方式，是指通过网络操作系统自身提供的磁盘管理功能将连接的普通 SCSI（Small Computer System Interface，小型计算机系统接口）卡上的多块磁盘配置成逻辑盘，组成阵列。软件阵列可以提供数据冗余功能，但是磁盘子系统的性能会有所降低，有的降低幅度还比较大，达 30%。因此会拖累机器的速度，不适合大数据流量的服务器。

RAID 技术基本功能如下：

（1）通过对磁盘上的数据进行条带化（stripping），实现对数据成块存取，减少磁盘的机械寻道时间，提高了数据存取速度。

条带化是将数据划分成一定大小的部分（pieces）之后将它们平均地存放在属于一个逻辑卷的多个磁盘上。与单个磁盘相比，这样通常会在一个逻辑卷上产生更大的磁盘容量和 I/O 带宽（更高的磁盘读写速度）。

（2）通过对一个阵列中的几块磁盘同时读取，减少了磁盘的机械寻道时间，提高数据存取速度。

（3）通过镜像（mirroring）或者数据校验（parity）的方式，实现了对数据的冗余保护。

镜像是将相同的数据同步地写到同一逻辑卷的不同成员（磁盘）上的处理操作。通过这种将相同的信息写到同一逻辑卷中的每一个成员（磁盘）上的方法，镜像提供了对数据的保护。其实，所谓的镜像就是数据冗余。因为当一个磁盘上的数据损坏时，还可以使用其他磁盘上的相同数据。

parity 一词有人翻译成奇偶校验，其实 parity 就是检查数据的错误。在一些 RAID 级别中，当系统进行读写数据时会执行一些计算（这些计算主要是在写操作时进行）。这样当在一个逻辑卷中的一个或多个磁盘出了问题而无法访问时，就有可能利用同样的数据校验操作重新构造出磁盘上损坏的数据并读出这些数据来，这是因为在 parity 的算法中包含了错误纠正代码（Error Correction Code，ECC）的功能，这种算法为 RAID 卷中的每一个数据条带（块）计算出相应的数据校验码。

将以上介绍的三种特性放在一起，就是条带化产生较好的 I/O 执行效率，镜像提供了对数据的保护，而数据校验可以检查数据并利用数据校验码来恢复数据。这实际上就是 RAID 的三大特性，即大规模、保护数据和提高 I/O 的访问速度。最初，RAID 只是一种将两个或多个磁盘逻辑地组合在一起的非常简单的方法。与现实生活中的其他事情相似，随着用户需求的不断增加，RAID 的级别目前已经有 0～7 级，加之不同级别之间的各种组合，可以选择的 RAID 种类很多。限于篇幅，本书将只介绍 RAID 0、RAID 1 和 RAID 5 这三种最基本而且常用的 RAID 方法。其他 RAID 方法都大同小异。

8.2.2　RAID 0 的工作原理与设置

RAID 0 的概念是在 N（N 大于等于 2）块磁盘上选择合理的带区来创建带区集。其原理如图 8.1 所示，类似于显示器隔行扫描，将数据分割成不同条带分散写入所有的磁盘中同时进行读写。多块磁盘的并行操作使同一时间内磁盘读写的速度提升 N 倍。

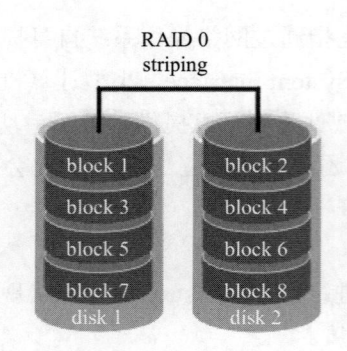

图 8.1 RAID 0 原理

RAID 0 的数据被并行写入每个磁盘，每个磁盘都保存了完整数据的一部分，读取也采用并行方式，磁盘数量越多，读取和写入速度越快。因为没有冗余，一块磁盘坏掉全部数据丢失。至少两块磁盘才能组成 RAID 0 阵列，容量是所有磁盘之和。

RAID 0 在物理结构上就是把 N 块同样的磁盘用硬件的形式通过智能磁盘控制器或用操作系统中的磁盘驱动程序以软件的方式串联在一起创建一个大的卷集。

在使用 RAID 0 时，计算机数据依次写入各块磁盘中，它的最大优点就是可以成倍地提高磁盘的容量。如使用了三块 80GB 的磁盘组建成 RAID 0 模式，那么磁盘容量就会是 240GB。其速度方面，各单独一块磁盘的速度完全相同。最大的缺点在于任何一块磁盘出现故障，整个系统都将会受到破坏，可靠性仅为单独一块磁盘的 $1/N$。

在使用 RAID 0 时要注意以下几点：

（1）RAID 0 连续以位或字节为单位分割数据，并行读/写于多个磁盘上，因此具有很高的数据传输率，但它没有数据冗余。

（2）RAID 0 只是单纯地提高性能，并没有为数据的可靠性提供保证，而且其中一个磁盘失效将影响所有数据。

（3）RAID 0 不能应用于数据安全性要求高的场合。

虽然 RAID 0 可以提供更多的空间和更好的性能，但是整个系统是非常不可靠的，如果出现故障，无法进行任何补救。所以，RAID 0 一般只在那些对数据安全性要求不高的情况下才被人们使用。

8.2.3 RAID 1 的工作原理与设置

RAID 1 又称为磁盘镜像，原理如图 8.2 所示，即把一个磁盘的数据镜像到另一个磁盘，也就是说数据在写入一块磁盘的同时，会在另一块闲置的磁盘上生成镜像文件。其在不影响性能的情况下可最大限度地保证系统的可靠性和可修复性：只要系统中任何一对镜像盘中至少有一块磁盘可以使用，甚至可以在一半数量的磁盘出现问题时系统都可以正常运行，当一块磁盘失效时，系统会忽略该磁盘，转而使用剩余的镜像盘读写数据，具备很好的磁盘冗余能力。

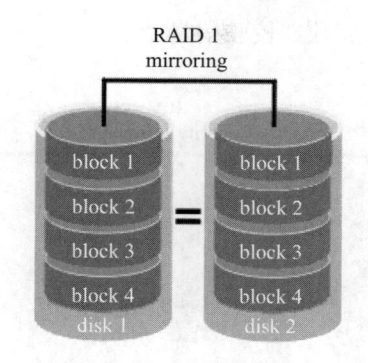

图 8.2　RAID 1 原理

RAID 1 有数据冗余，可靠性强，disk 1、disk 2 被写入相同的数据，其中 disk 2 可以作为 disk 1 的完整备份。读取时，从两块磁盘上并行读取，写入慢，读取快。任何一块磁盘坏掉不会丢失数据，至少两块磁盘并且两块磁盘大小相等才能组成 RAID 1 阵列。RAID 1 容量是所有磁盘容量之和的一半（一半用来写数据，一半用来做备份）。

在使用 RAID 1 时要注意以下几点：

（1）通过磁盘数据镜像实现数据冗余，在成对的独立磁盘上产生互为备份的数据。

（2）当原始数据繁忙时，可直接从镜像拷贝中读取数据，因此 RAID 1 可以提高读取性能。

（3）RAID1 是磁盘阵列中单位成本最高的，但提供了很高的数据安全性和可用性。当一个磁盘失效时，系统可以自动切换到镜像磁盘上读写，而不需要重组失效的数据。

特别要注意的是，虽然 RAID 1 对数据来讲绝对安全，但是成本也会明显增加，磁盘利用率为 50%，以四块 80GB 容量的磁盘来说，可利用的磁盘空间仅为 160GB。另外，出现磁盘故障的 RAID 系统不再可靠，应当及时更换损坏的磁盘，否则剩余的镜像盘也会出现问题，那么整个系统就会崩溃。更换新盘后原有数据需要很长时间同步镜像，外界对数据的访问不会受到影响，只是这时整个系统的性能有所下降。因此，RAID 1 多用在保存关键性数据的场合。

RAID 1 主要通过二次读写实现磁盘镜像，所以磁盘控制器的负载也相当大，尤其是在需要频繁写入数据的环境中。为了避免出现性能瓶颈，使用多个磁盘控制器就显得很有必要了。

8.2.4　RAID 5 的工作原理与设置

RAID 5（又称为分布式奇偶校验的独立磁盘结构）是一种存储性能、数据安全和存储成本兼顾的存储解决方案。RAID 5 可以理解为是 RAID 0 和 RAID 1 的折中方案，原理如图 8.3 所示。RAID 5 可以为系统提供数据安全保障，但保障程度要比 RAID 1 低而磁盘空间利用率要比 RAID 1 高。RAID 5 具有和 RAID 0 相似的数据读取速度，只是多了一个奇偶校验信息，写入数据的速度比对单个磁盘进行写入操作稍慢。同时由于多个数据对应一个奇偶校验信息，RAID 5 的磁盘空间利用率要比RAID 1高，存储成本相对较低，是运用较多的一种解决方案。

RAID 5 采用奇偶校验，可靠性强，磁盘校验和被散列到不同的磁盘里面，增加了读写速率。只有当两块磁盘同时丢失时，数据才无法恢复，至少三块磁盘并且磁盘大小应该相等才能组成 RAID 5 阵列。容量是所有磁盘容量之和减去其中一块磁盘的容量，被减去的容量被分配到三块磁盘的不同区域用来存放数据校验信息。

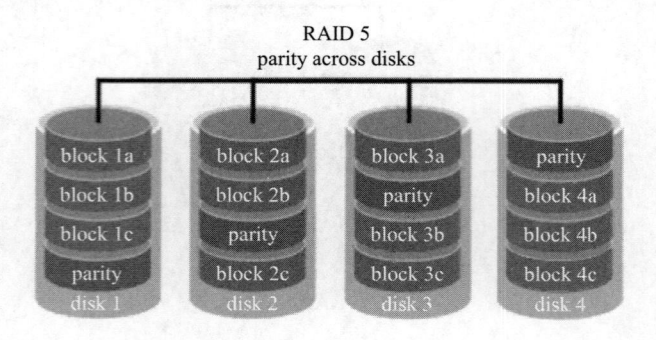

图 8.3　RAID 5 原理

RAID 5 的读出效率很高，写入效率一般，块式的集体访问效率不错。因为奇偶校验码在不同的磁盘上，所以提高了可靠性。但是它对数据传输的并行性解决不好，而且控制器的设计也相当困难。

在使用 RAID 5 时要注意以下几点：

（1）N（$N \geqslant 3$）块盘组成阵列，一份数据产生 $N-1$ 个条带，同时还有一份校验数据，共 N 份数据在 N 块盘上循环均衡存储。

（2）N 块盘同时读写，读性能很高，但由于有校验机制的问题，写性能相对不高，磁盘空间利用率为$(N-1)/N$。

（3）可靠性高，允许坏一块盘，不影响所有数据。

从 RAID 5 的原理图可以看到，它的奇偶校验码存在于所有磁盘上，其中的 parity 代表本带区的奇偶校验值。因为奇偶校验码在不同的磁盘上，所以提高了可靠性。但是它对数据传输的并行性问题解决得不好，而且控制器的设计也相当困难。在 RAID 5 中有"写损失"，即每一次写操作，将产生四个实际的读/写操作，其中两次读旧的数据及奇偶信息，两次写新的数据及奇偶信息。

8.2.5　LVM 的原理和基本操作

LVM 是 Logical Volume Manager（逻辑卷管理）的简写，它是 Linux 环境下对磁盘分区进行管理的一种机制。Linux 用户安装 Linux 操作系统时遇到的一个常见的难以决定的问题就是如何正确地评估各分区大小，以分配合适的磁盘空间。普通的磁盘分区管理方式在逻辑分区划分好之后就无法改变其大小，当一个逻辑分区存放不下某个文件时，这个文件因为受上层文件系统的限制，也不能跨越多个分区来存放，所以也不能同时放到别的磁盘上。而某个分区空间耗尽时，解决的方法通常是使用符号链接，或者使用调整分区大小的工具，但这只是暂时的解决办法，没有从根本上解决问题。随着 Linux 的逻辑卷管理功能的出现，这些问题都迎刃而解，用户在无须停机的情况下可以方便地调整各个分区大小。

1. LVM 的由来

LVM 是一个多才多艺的磁盘系统工具。无论是在 Linux 系统还是在其他类似的系统中，都非常好用。传统分区使用固定大小分区，重新调整大小十分麻烦。但是，LVM 可以创建和管理"逻辑"卷，而不是直接使用物理磁盘。可以让管理员弹性管理逻辑卷的扩大缩小，操作简单，而不损坏已存储的数据。可以随意将新的磁盘添加到 LVM，以直接扩展已经存在的逻辑卷。LVM 并不需要重启就可以让内核知道分区的存在。

每个 Linux 使用者在安装 Linux 时都会遇到这样的困境：在为系统分区时，如何精确评估和分配各个磁盘分区的容量，因为系统管理员不但要考虑到当前某个分区需要的容量，还要预见该分区以后可能需要的容量的最大值。因为如果估计不准确，当遇到某个分区不够用时管理员可能要备份整个系统、清除磁盘、重新对磁盘进行分区，然后恢复数据到新分区。

虽然有很多动态调整磁盘的工具可以使用，例如 PartitionMagic 等，但是它并不能完全解决问题，因为某个分区可能会再次被耗尽；另外这需要重新引导系统才能实现，对于很多关键的服务器，停机是不可接受的。

因此完美的解决方法应该是在零停机前提下可以自如地对文件系统的大小进行调整，以方便实现文件系统跨越不同磁盘和分区。幸运的是 Linux 提供的 LVM 机制就是一个完美的解决方案。

2．LVM 的本质

LVM 本质上是一个虚拟设备驱动，是在内核中块设备和物理设备之间添加的一个新的抽象层次，如图 8.4 所示。它可以将几块磁盘（物理卷，physical volume）组合起来形成一个存储池或者卷组（volume group）。LVM 可以每次从卷组中划分出不同大小的逻辑卷（logical volume）创建新的逻辑设备。底层的原始的磁盘不再由内核直接控制，而由 LVM 层来控制。对于上层应用来说，卷组替代了磁盘块成为数据存储的基本单元。LVM 管理着所有物理卷的物理盘区，维持着逻辑盘区和物理盘区之间的映射。LVM 逻辑设备向上层应用提供了和物理磁盘相同的功能，如文件系统的创建和数据的访问等。但 LVM 逻辑设备不受物理约束的限制，逻辑卷不必是连续的空间，它可以跨越许多物理卷，并且可以在任何时候任意调整大小。相比物理磁盘来说，更易于磁盘空间的管理。

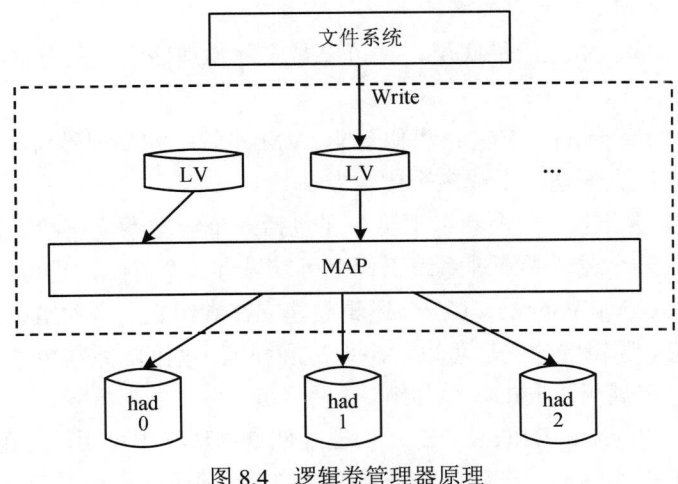

图 8.4 逻辑卷管理器原理

从用户的应用来看，LVM 逻辑卷相当于一个普通的块设备，对其的读写操作和普通的块设备完全相同。而从物理设备层来看，LVM 相对独立于底层的物理设备，并且屏蔽了不同物理设备之间的差异。因而在 LVM 层上实现数据的连续保护，可以不需要单独考虑每一种具体的物理设备，避免了在数据复制过程中因物理设备之间的差异而产生问题。从 LVM 的内核实现原理上来看，LVM 是在内核通用块设备层到磁盘设备驱动层的请求提交流之间开辟的另外一条路径，即在通用块设备层到磁盘设备驱动层之间插入了 LVM 管理映射层用于截获一定的请求进行处理，如图 8.5 所示。

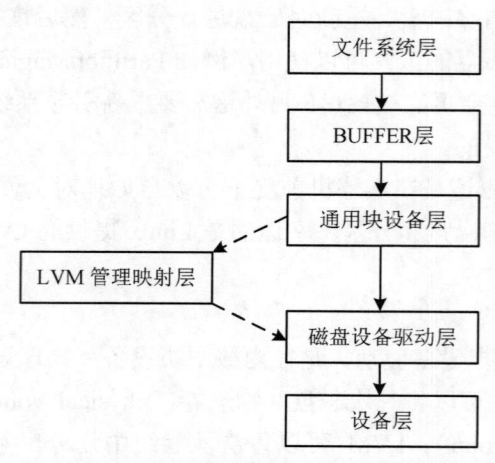

图 8.5　LVM 在 Linux 内核中的层次

3. LVM 的基本术语

（1）物理存储介质（Physical Storage Media，PSM）：指系统的物理存储设备，即磁盘，如/dev/hda、/dev/sda 等，是存储系统最底层的存储单元。

（2）物理卷（Physical Volume，PV）：指磁盘分区或从逻辑上与磁盘分区具有同样功能的设备（如 RAID），是 LVM 的基本存储逻辑块，但和基本的物理存储介质（如分区、磁盘等）比较，却包含与 LVM 相关的管理参数。

物理卷在逻辑卷管理中处于最底层，它可以是实际物理磁盘上的分区，也可以是整个物理磁盘。

（3）卷组（volume group，VG）：类似于非 LVM 系统中的物理磁盘，其由一个或多个物理卷组成。可以在卷组上创建一个或多个逻辑卷。

卷组建立在物理卷之上，一个卷组中至少要包括一个物理卷，在卷组建立之后可动态添加物理卷到卷组中。一个逻辑卷管理系统工程中可以只有一个卷组，也可以拥有多个卷组。

（4）逻辑卷（Logical Volume，LV）：逻辑卷建立在卷组之上，卷组中的未分配空间可以用于建立新的逻辑卷，逻辑卷建立后可以动态地扩展和缩小空间。系统中的多个逻辑卷可以属于同一个卷组，也可以属于不同的多个卷组。

（5）物理区域（Physical Extent，PE）：物理区域是物理卷中可用于分配的最小存储单元，物理区域的大小可根据实际情况在建立物理卷时指定。物理区域大小一旦确定将不能更改，同一卷组中的所有物理卷的物理区域大小需要一致。

物理区域是物理卷的基本划分单元，具有唯一编号的物理区域是可以被 LVM 寻址的最小单元。物理区域的大小是可配置的，默认为 4MB。所以物理卷由大小等同的基本单元物理区域组成。

（6）逻辑区域（Logical Extent，LE）：逻辑卷也被划分为可被寻址的基本单位，称为逻辑区域。逻辑区域是逻辑卷中可用于分配的最小存储单元，逻辑区域的大小取决于逻辑卷所在卷组中的物理区域的大小。在同一个卷组中，逻辑区域的大小和物理区域是相同的，并且一一对应。

（7）卷组描述区域（Volume Group Descriptor Area，VGDA）：卷组描述区域存在于每个物理卷中，用于描述物理卷本身、物理卷所属卷组、卷组中的逻辑卷及逻辑卷中物理区域的分配等所有信息，卷组描述区域是在使用 pvcreate 建立物理卷时建立的。

LVM 分层结构如图 8.6 所示。图中顶部，首先是实际的物理磁盘及其划分的分区和其上的物理卷。一个或多个物理卷可以用来创建卷组。然后基于卷组可以创建逻辑卷。只要在卷组中有可用空间，就可以随心所欲地创建逻辑卷。文件系统就是在逻辑卷上创建的，然后可以在操作系统挂载和访问。

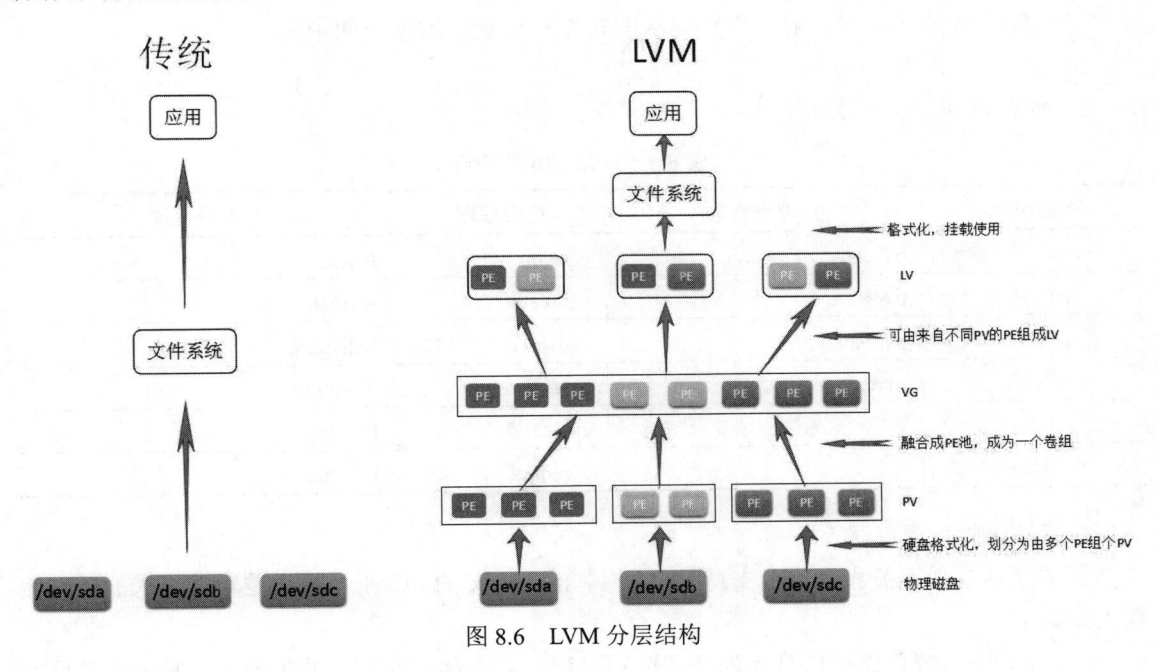

图 8.6 LVM 分层结构

4. LVM 的优点

LVM 通常用于装备大量磁盘的系统，但它同样适用于仅有一两块磁盘的小系统。

（1）小系统使用 LVM 的益处。传统的文件系统是基于分区的，一个文件系统对应一个分区，这种方式比较直观，但不易改变，小系统的特点如下：

- 不同的分区相对独立，无相互联系，各分区空间极易利用不平衡，空间不能充分利用。
- 当一个文件系统/分区已满时，无法对其进行扩充，只能采用重新分区/建立文件系统，非常麻烦；或把分区中的数据移到另一个更大的分区中；或采用符号连接的方式使用其他分区的空间。
- 如果要把磁盘上的多个分区合并在一起使用，只能采用再分区的方式，这个过程需要数据的备份与恢复。

采用 LVM 可解决上述难题，具体表现如下：
- 磁盘的多个分区由 LVM 统一为卷组管理，可以方便地加入或移走分区以扩大或减小卷组的可用容量，充分利用磁盘空间。
- 文件系统建立在逻辑卷上，而逻辑卷可根据需要改变大小（在卷组容量范围内）以满足要求。
- 文件系统建立在 LVM 上，可以跨分区，方便使用。

（2）大系统使用 LVM 的益处。在大系统中使用 LVM 的优点如下：
- 在使用很多磁盘的大系统中，使用 LVM 主要是方便管理、增加了系统的扩展性。
- 用户/用户组的空间建立在 LVM 上，可以随时按要求增大，或根据使用情况对各逻辑卷进行调整。当系统空间不足而加入新的磁盘时，不必把用户的数据从原磁盘迁移到新磁盘，而只需把新的分区加入卷组并扩充逻辑卷即可。同样，使用 LVM 可以在不停服务的情况下，把用户数据从旧磁盘转移到新磁盘空间中去。

5. LVM 的常用命令

LVM 的常用命令见表 8.1。

表 8.1 LVM 的常用命令

功能/命令	物理卷管理	卷组管理	逻辑卷管理
扫描	pvscan	vgscan	lvscan
建立	pvcreate	vgcreate	lvcreate
显示	pvdisplay	vgdisplay	lvdisplay
删除	pvremove	vgremove	lvremove
扩展		vgextend	lvextend
缩小		vgreduce	lvreduce

6. LVM 的处理流程

从读写请求处理流程上看，支持 LVM 机制的 Linux 的 I/O 子系统对逻辑卷请求的处理流程大致如下：

（1）文件系统首先调用具体的文件读写过程，将偏移量和文件的起始位置转换为具体文件系统的数据块，同时将这些信息以 buffer-head 结构的形式传递到文件缓冲层（BUFFER 层）。

（2）缓冲层根据数据块的逻辑设备号和块号，将 buffer-head 结构转换成一个代表请求的 bio 结构，发向 ivm 映射层。

（3）LVM 内核处理程序分析该请求，同时根据需要决定是否进行一些拆分操作，将该拆分后的请求转换到各自对应的磁盘，并将转换后的请求挂到真正的设备上。

（4）最后由磁盘驱动程序完成读写过程，然后再将处理后的结构依次向上层传送到达文件系统。

8.3 项目实施

任务 8.1 Linux 磁盘分区和格式化

目前 Linux 的磁盘分区主要使用 fdisk 和 parted 两种工具，相对于 fdisk，parted 使用得较少，主要用于大于 2TB 的分区，因此 fdisk 工具是最为常用的磁盘分区工具。此任务学习使用 fdisk 对磁盘进行分区。

第一步：在 Linux 虚拟机设置里按默认设置添加一块 20GB 的新磁盘，如图 8.7 所示，完成后开启虚拟机

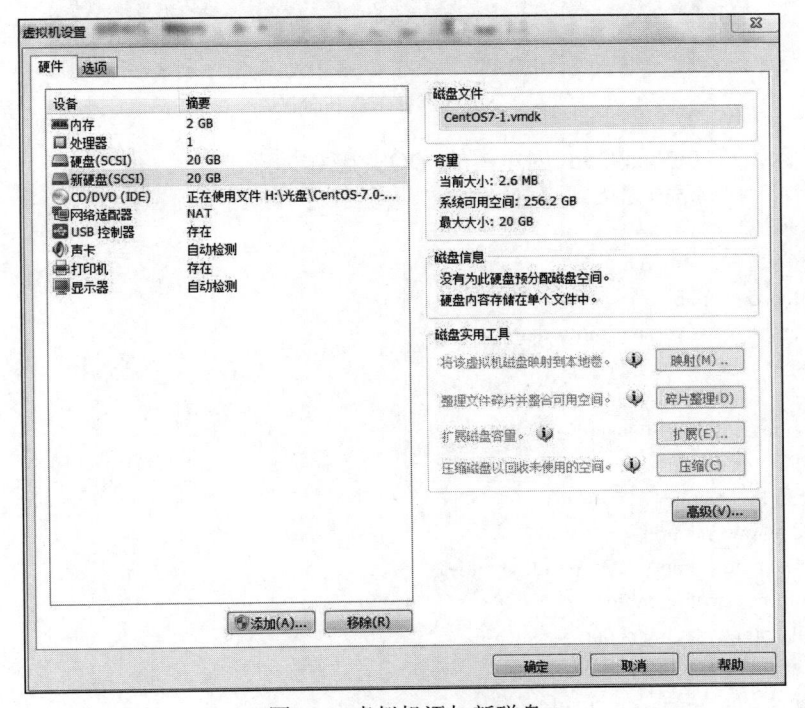

图 8.7 虚拟机添加新磁盘

第二步：启动登录后，使用 fdisk -l 命令查看磁盘和分区。运行结果如图 8.8 所示。

从图 8.8 可以看出，系统有两块磁盘，主磁盘为/dev/sda，有两个分区，第二块磁盘为/dev/sdb，没有分区。

第三步：使用 fdisk 命令对 /dev/sdb 进行分区。运行结果如下：

[root@localhost ~]# fdisk /dev/sdb
欢迎使用 fdisk (util-linux 2.23.2)。
更改将停留在内存中，直到您决定将更改写入磁盘。
使用写入命令前请三思。
Device does not contain a recognized partition table

```
[root@localhost ~]# fdisk -l
Disk /dev/sda: 21.5 GB, 21474836480 bytes, 41943040 sectors
Units = sectors of 1 * 512 = 512 bytes
Sector size (logical/physical): 512 bytes / 512 bytes
I/O size (minimum/optimal): 512 bytes / 512 bytes
Disk label type: dos
Disk identifier: 0x000ae924

   Device Boot      Start         End      Blocks   Id  System
/dev/sda1   *        2048     1026047      512000   83  Linux
/dev/sda2         1026048    41943039    20458496   8e  Linux LVM

Disk /dev/sdb: 21.5 GB, 21474836480 bytes, 41943040 sectors
Units = sectors of 1 * 512 = 512 bytes
Sector size (logical/physical): 512 bytes / 512 bytes
I/O size (minimum/optimal): 512 bytes / 512 bytes

Disk /dev/mapper/centos-swap: 2147 MB, 2147483648 bytes, 4194304 sectors
Units = sectors of 1 * 512 = 512 bytes
Sector size (logical/physical): 512 bytes / 512 bytes
I/O size (minimum/optimal): 512 bytes / 512 bytes

Disk /dev/mapper/centos-root: 18.8 GB, 18798870528 bytes, 36716544 sectors
Units = sectors of 1 * 512 = 512 bytes
Sector size (logical/physical): 512 bytes / 512 bytes
I/O size (minimum/optimal): 512 bytes / 512 bytes
```

图 8.8　查看磁盘和分区

使用磁盘标识符 0xfbca935d 创建新的 DOS 磁盘标签。

```
命令(输入 m 获取帮助): m
命令操作
   a   toggle a bootable flag
   b   edit bsd disklabel
   c   toggle the dos compatibility flag
   d   delete a partition
   g   create a new empty GPT partition table
   G   create an IRIX (SGI) partition table
   l   list known partition types
   m   print this menu
   n   add a new partition
   o   create a new empty DOS partition table
   p   print the partition table
   q   quit without saving changes
   s   create a new empty Sun disklabel
   t   change a partition's system id
   u   change display/entry units
   v   verify the partition table
   w   write table to disk and exit
   x   extra functionality (experts only)
```

fdisk 命令常用的参数如下：

n：新建分区。

d：删除分区。

p：列出当前磁盘的分区表。

t：修改分区的类型。

l：列出已知分区表类型。

q：不保存修改直接退出。

w：保存分区并退出。

第四步：划分主分区。相关步骤及运行结果如下：

命令(输入 m 获取帮助)：n   //新建分区
Partition type:
    p   primary (0 primary, 0 extended, 4 free)   //主分区
    e   extended   //扩展分区
Select (default p): p
分区号(1-4，默认 1)：1   //分区编号，默认从 1 开始
起始 扇区 (2048-41943039，默认为 2048)：2048 //起始扇区编号
Last 扇区,+扇区 or +size{K,M,G} (2048-41943039，默认为 41943039)：+2G 分区 1 已设置为 Linux 类型，大小设为 2 GiB   //分区结束可以由扇区编号或者大小表示

命令(输入 m 获取帮助)：P   //查看分区

磁盘 /dev/sdb：21.5 GB, 21474836480 字节，41943040 个扇区
Units = 扇区 of 1 * 512 = 512 bytes
扇区大小(逻辑/物理)：512 字节/512 字节
I/O 大小(最小/最佳)：512 字节/512 字节
磁盘标签类型：dos
磁盘标识符：0xfbca935d

设备 Boot   Start   End   Blocks   Id   System
/dev/sdb1   2048   4196351   2097152   83   Linux

第五步：划分扩展分区。相关步骤及运行结果如下：

命令(输入 m 获取帮助)：n
Partition type:
    p   primary (1 primary, 0 extended, 3 free)
    e   extended
Select (default p): e
分区号 (2-4，默认 2)：2
起始 扇区 (4196352-41943039，默认为 4196352)：
将使用默认值 4196352
Last 扇区,+扇区 or +size{K,M,G} (4196352-41943039，默认为 41943039)：+10G
分区 2 已设置为 Extended 类型，大小设为 10 GiB

命令(输入 m 获取帮助)：p

磁盘 /dev/sdb：21.5 GB, 21474836480 字节，41943040 个扇区
Units = 扇区 of 1 * 512 = 512 bytes
扇区大小(逻辑/物理)：512 字节 / 512 字节
I/O 大小(最小/最佳)：512 字节 / 512 字节
磁盘标签类型：dos
磁盘标识符：0xfbca935d

设备 Boot	Start	End	Blocks	Id	System
/dev/sdb1	2048	4196351	2097152	83	Linux
/dev/sdb2	4196352	25167871	10485760	5	Extended

第六步：划分逻辑分区并保存修改。相关步骤及运行结果如下：

命令(输入 m 获取帮助)：n
Partition type:
    p   primary (1 primary, 1 extended, 2 free)
    l   logical (numbered from 5)   //逻辑分区
Select (default p): l
添加逻辑分区 5   //逻辑分区的编号系统指定从 5 开始
起始 扇区 (4198400-25167871，默认为 4198400)：
将使用默认值 4198400
Last 扇区，+扇区 or +size{K,M,G} (4198400-25167871，默认为 25167871)：+2G
分区 5 已设置为 Linux 类型，大小设为 2 GiB

命令(输入 m 获取帮助)：p

磁盘 /dev/sdb: 21.5 GB, 21474836480 字节，41943040 个扇区
Units = 扇区 of 1 * 512 = 512 bytes
扇区大小(逻辑/物理)：512 字节/512 字节
I/O 大小(最小/最佳)：512 字节/512 字节
磁盘标签类型：dos
磁盘标识符：0xfbca935d

设备 Boot	Start	End	Blocks	Id	System
/dev/sdb1	2048	4196351	2097152	83	Linux
/dev/sdb2	4196352	25167871	10485760	5	Extended
/dev/sdb5	4198400	8392703	2097152	83	Linux

命令(输入 m 获取帮助)：w   //保存并退出
The partition table has been altered!

Calling ioctl() to re-read partition table.
正在同步磁盘。

第七步：将分区格式化为 XFS 格式。

分区完成后，使用 mkfs 文件系统类型命令进行格式化。Linux 常用的文件系统有 XFS、EXT2、EXT4、fat、btrfs 等。mkfs 命令用于在设备上（通常为磁盘）创建 Linux 文件系统。mkfs 本身并不执行建立文件系统的工作，而是去调用相关程序来执行。

语法：mkfs [-v] [-t fstype] [fs-options] filesys [blocks]
    fs：指定建立文件系统时的参数。
    -t<文件系统类型>：指定要建立何种文件系统。
    -v：显示格式化进程。
运行结果如下：

```
[root@localhost ~]# mkfs.xfs /dev/sdb1
meta-data=/dev/sdb1       isize=256      agcount=4, agsize=131072 blks
         =                sectsz=512     attr=2, projid32bit=1
         =                crc=0
data     =                bsize=4096     blocks=524288, imaxpct=25
         =                sunit=0        swidth=0 blks
naming   =version 2       bsize=4096     ascii-ci=0 ftype=0
log      =internal log    bsize=4096     blocks=2560, version=2
         =                sectsz=512     sunit=0 blks, lazy-count=1
realtime =none            extsz=4096     blocks=0, rtextents=0
```

第八步：查看/dev/sdb1 的 UUID。相关步骤及运行结果如下：

```
[root@localhost ~]# blkid
/dev/sda1: UUID="24556f52-1f65-4a37-b585-7153ba805869" TYPE="xfs"
/dev/sda2: UUID="TygSk0-ZW2h-KlQw-hqG2-5pbQ-dcfU-sEOocc" TYPE="LVM2_member"
/dev/sdb1: UUID="f9adc097-b6ac-4a6c-bf5f-0456b8a8e7a9" TYPE="xfs"
/dev/sr0: UUID="2014-07-06-17-32-07-00" LABEL="CentOS 7 x86_64" TYPE="iso9660" PTTYPE="dos"
/dev/mapper/centos-swap: UUID="2c95db9b-0888-40c0-8db8-75b7b62381b9" TYPE="swap"
/dev/mapper/centos-root: UUID="0a04cd03-bbe3-41b0-b1f9-b1c3a6e14a4c" TYPE="xfs"
```

说明：Linux 系统中，可以使用 blkid 命令对系统的块设备（包括交换分区）所使用的文件系统类型、LABEL、UUID 等信息进行查询。每次磁盘进行分区格式化操作都会改变磁盘的 UUID。

第九步：使用 lsblk 命令查看磁盘及分区相关步骤及运行结果如下：

```
[root@localhost ~]# lsblk
NAME               MAJ:MIN RM   SIZE RO TYPE MOUNTPOINT
sda                  8:0    0    20G  0 disk
├─sda1               8:1    0   500M  0 part /boot
└─sda2               8:2    0  19.5G  0 part
  ├─centos-swap    253:0    0     2G  0 lvm  [SWAP]
  └─centos-root    253:1    0  17.5G  0 lvm  /
sdb                  8:16   0    20G  0 disk
├─sdb1               8:17   0     2G  0 part
├─sdb2               8:18   0     1K  0 part
└─sdb5               8:21   0     2G  0 part
sr0                 11:0    1   3.9G  0 rom  /run/media/root/CentOS 7 x86_64
```

说明：

NAME	MAJ:MIN	RM	SIZE	RO	TYPE	MOUNTPOINT
设备名称	主/次设备号	是否为移动设备	容量	是否只读	类型	挂载点

任务 8.2　文件系统的挂载与卸载

1. 挂载磁盘分区

将磁盘分区/sev/sdb1 挂载到系统的/mnt 目录下，并用 df -h 查看挂载情况。命令及运行结果如下：

```
[root@localhost ~]# mount /dev/sdb1    /mnt
```

```
[root@localhost ~]# df -h
文件系统                       容量      已用      可用      已用%     挂载点
/dev/mapper/centos-root        18G       4.7G      13G       27%       /
devtmpfs                       985M      0         985M      0%        /dev
tmpfs                          994M      140K      994M      1%        /dev/shm
tmpfs                          994M      8.9M      986M      1%        /run
tmpfs                          994M      0         994M      0%        /sys/fs/cgroup
/dev/sda1                      497M      119M      379M      24%       /boot
/dev/sr0                       3.9G      3.9G      0         100%      /run/media/root/CentOS 7 x86_64
/dev/sdb1                      2.0G      33M       2.0G      2%        /mnt
```

2. 卸载磁盘分区

设备挂载后,如果不使用该设备(此处为磁盘分区)了,则使用 umount 卸载命令解除挂载。

语法:umount 磁盘分区

命令及运行结果如下:

```
[root@localhost ~]# umount /dev/sdb1
[root@localhost ~]# df -h
文件系统                       容量      已用      可用      已用%     挂载点
/dev/mapper/centos-root        18G       4.7G      13G       27% /
devtmpfs                       985M      0         985M      0%        /dev
tmpfs                          994M      140K      994M      1%        /dev/shm
tmpfs                          994M      8.9M      986M      1%        /run
tmpfs                          994M      0         994M      0%        /sys/fs/cgroup
/dev/sda1                      497M      119M      379M      24%       /boot
/dev/sr0                       3.9G      3.9G      0         100%      /run/media/root/CentOS 7 x86_64
```

3. 自动挂载/dev/sdb1

使用 mount 命令实现的磁盘挂载是一次性的,当系统重启后,使用 mount 挂载的/dev/sdb1 又会处于未挂载状态。如果想要/dev/sdb1 每次开机时自动挂载,可编辑/etc/fstab 文件。命令及运行结果如下:

```
[root@localhost ~]# cat /etc/fstab
#
# /etc/fstab
# Created by anaconda on Sun Jan 30 16:53:17 2022
#
# Accessible filesystems, by reference, are maintained under '/dev/disk'
# See man pages fstab(5), findfs(8), mount(8) and/or blkid(8) for more info
#
/dev/mapper/centos-root /                       xfs     defaults        1 1
UUID=24556f52-1f65-4a37-b585-7153ba805869 /boot xfs     defaults        1 2
/dev/mapper/centos-swap swap                    swap    defaults        0 0
/dev/sdb1        /mnt      xfs     defaults     0 0     //添加此行实现自动挂载
[root@localhost ~]# mount -a              //按照/etc/fstab 重新挂载
[root@localhost ~]# df -h                 //查看挂载结果
文件系统                       容量      已用      可用      已用%     挂载点
/dev/mapper/centos-root        18G       4.7G      13G       27%       /
```

devtmpfs	985M	0	985M	0%	/dev
tmpfs	994M	140K	994M	1%	/dev/shm
tmpfs	994M	8.9M	986M	1%	/run
tmpfs	994M	0	994M	0%	/sys/fs/cgroup
/dev/sda1	497M	119M	379M	24%	/boot
/dev/sr0	3.9G	3.9G	0	100%	/run/media/root/CentOS 7 x86_64
/dev/sdb1	2.0G	33M	2.0G	2%	/mnt

任务 8.3 磁盘阵列 RAID 0 的配置

1. mdadm 命令

RAID 既可以由硬件来实现，也可以由软件来实现。CentOS 7 是通过 mdadm 软件工具来实现的。如果系统没有 mdadm 命令，可以使用 yum 安装：yum install mdadm -y。

mdadm 命令格式如下：

mdadm [mode] [device] [options] [member-devices...]

其中，[mode] 为 mdadm 命令操作的模式，常见模式见表 8.2。

表 8.2 mdadm 命令操作的模式

模式名字	主要功能	对于存储管理系统
Create	使用空闲的设备创建一个新的阵列，每个设备具有元数据块	创建 RAID 时使用的命令
Assemble	将原来属于一个阵列的每个块设备组装为阵列	在存储管理系统一般不使用该模式
Build	创建或组装不需要元数据的阵列，每个设备没有元数据块	在存储管理系统一般不使用该模式
Manage	管理已经存储阵列中的设备，比如增加设备磁盘或者设置某个磁盘失效，然后从阵列中删除这个磁盘	用于增加设备磁盘 移除失效盘
Misc	报告或者修改阵列中相关设备的信息，比如查询阵列或者设备的状态信息	用于查询 RAID 信息
Grow	改变阵列中每个设备被使用的容量或阵列中的设备的数目，改变阵列属性（不能改变阵列的级别）	在存储管理系统一般不使用该模式
Monitor	监控一个或多个阵列，上报指定的事件，可以实现全局热备	监控 RAID，写入日志

创建 RAID 的语法格式如下：

mdadm -C /dev/md0 -a yes -l 0 -n 2 /dev/sdb1 /dev/sdb2

参数说明：

-C：创建新的 RAID 模式，后面接 RAID 的名字，这里新名字为 md$n$，n 为数字。

-a yes：自动创建 md 阵列文件，此为固定搭配。

-l：RAID 的等级，后接 0、1、4、5、6 等。

-n：后接数字和设备名称，表示由几个和具体哪些设备创建 RAID。

2. 使用两块磁盘创建 RAID 0

（1）先添加两块 20GB 的磁盘，如图 8.9 所示。

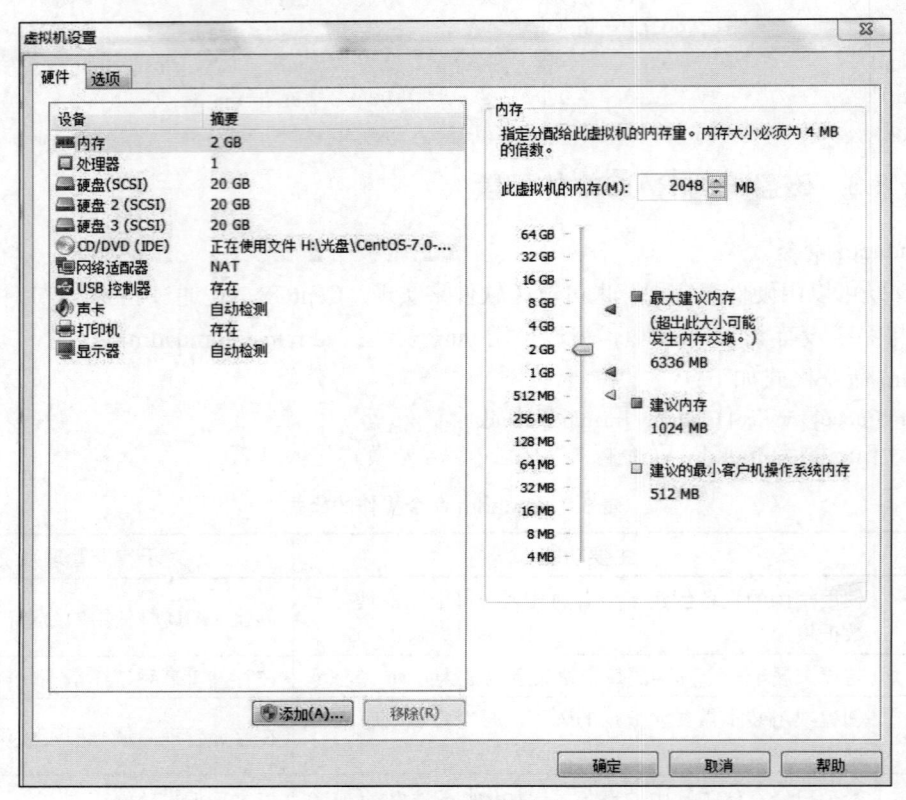

图 8.9 添加两块磁盘

（2）使用 mdadm 命令创建 RAID 0，命令及运行结果如下：

```
[root@localhost ~]# mdadm -C /dev/md0 -l 0 -n 2 /dev/sdb /dev/sdc
mdadm: chunk size defaults to 512K
mdadm: Defaulting to version 1.2 metadata
mdadm: array /dev/md0 started.
```

（3）使用 lsblk 命令查看是否成功，命令及运行结果如下：

```
[root@localhost ~]# lsblk
NAME              MAJ:MIN RM  SIZE RO TYPE  MOUNTPOINT
sda                 8:0    0   20G  0 disk
├─sda1              8:1    0  500M  0 part  /boot
└─sda2              8:2    0 19.5G  0 part
  ├─centos-swap   253:0    0    2G  0 lvm   [SWAP]
  └─centos-root   253:1    0 17.5G  0 lvm   /
sdb                 8:16   0   20G  0 disk
└─md0               9:0    0   40G  0 raid0
sdc                 8:32   0   20G  0 disk
└─md0               9:0    0   40G  0 raid0
sr0                11:0    1  3.9G  0 rom   /run/media/root/CentOS 7 x86_64
```

（4）查看 RAID 0 属性，命令及运行结果如下：

```
[root@localhost ~]# mdadm -D /dev/md0
/dev/md0:
           Version : 1.2
     Creation Time : Tue Mar 15 10:50:31 2022
        Raid Level : raid0
        Array Size : 41942016 (40.00 GiB 42.95 GB)
      Raid Devices : 2
     Total Devices : 2
       Persistence : Superblock is persistent

       Update Time : Tue Mar 15 10:50:31 2022
             State : clean
    Active Devices : 2
   Working Devices : 2
    Failed Devices : 0
     Spare Devices : 0

        Chunk Size : 512K

              Name : localhost.localdomain:0  (local to host localhost.localdomain)
              UUID : bb5a2799:c9907768:369dea6a:8421c287
            Events : 0

    Number   Major   Minor   RaidDevice State
       0       8       16        0      active sync   /dev/sdb
       1       8       32        1      active sync   /dev/sdc
```

（5）为/dev/md0 分区，命令及运行结果如下：

```
[root@localhost ~]# fdisk /dev/md0
欢迎使用 fdisk (util-linux 2.23.2)。

更改将停留在内存中，直到您决定将更改写入磁盘。
使用写入命令前请三思。

Device does not contain a recognized partition table
使用磁盘标识符 0x41bc09e8 创建新的 DOS 磁盘标签。

命令(输入 m 获取帮助)：n
Partition type:
   p   primary (0 primary, 0 extended, 4 free)
   e   extended
Select (default p): p
分区号 (1-4，默认 1)：
起始 扇区 (2048-83884031，默认为 2048)：
将使用默认值 2048
Last 扇区,+扇区 or +size{K,M,G} (2048-83884031，默认为 83884031)：
将使用默认值 83884031
```

分区 1 已设置为 Linux 类型，大小设为 40 GiB

命令(输入 m 获取帮助)：p

磁盘 /dev/md0：42.9 GB, 42948624384 字节, 83884032 个扇区
Units = 扇区 of 1 * 512 = 512 bytes
扇区大小(逻辑/物理)：512 字节 / 512 字节
I/O 大小(最小/最佳)：524288 字节 / 1048576 字节
磁盘标签类型：dos
磁盘标识符：0x41bc09e8

设备 Boot	Start	End	Blocks	Id	System
/dev/md0p1	2048	83884031	41940992	83	Linux

命令(输入 m 获取帮助)：w
The partition table has been altered!

Calling ioctl() to re-read partition table.
正在同步磁盘。

（6）格式化文件系统，命令及运行结果如下：

```
[root@localhost ~]# mkfs -t xfs /dev/md0p1
log stripe unit (524288 bytes) is too large (maximum is 256KiB)
log stripe unit adjusted to 32KiB
meta-data=/dev/md0p1        isize=256    agcount=16, agsize=655232 blks
         =                  sectsz=512   attr=2, projid32bit=1
         =                  crc=0
data     =                  bsize=4096   blocks=10483712, imaxpct=25
         =                  sunit=128    swidth=256 blks
naming   =version 2         bsize=4096   ascii-ci=0 ftype=0
log      =internal log      bsize=4096   blocks=5120, version=2
         =                  sectsz=512   sunit=8 blks, lazy-count=1
realtime =none              extsz=4096   blocks=0, rtextents=0
```

（7）创建挂载点，命令及运行结果如下：

```
[root@localhost ~]# mkdir /mnt/raid0
```

（8）把/dev/md0p1 挂载到/mnt/raid0 中，命令及运行结果如下：

```
[root@localhost ~]# mount /dev/md0p1 /mnt/raid0
```

（9）使用 df -h 查看挂载情况，命令及运行结果如下：

```
[root@localhost ~]# df -h
```

文件系统	容量	已用	可用	已用%	挂载点
/dev/mapper/centos-root	18G	3.3G	15G	19%	/
devtmpfs	985M	0	985M	0%	/dev
tmpfs	994M	140K	994M	1%	/dev/shm
tmpfs	994M	9.0M	986M	1%	/run
tmpfs	994M	0	994M	0%	/sys/fs/cgroup
/dev/sda1	497M	119M	379M	24%	/boot
/dev/sr0	3.9G	3.9G	0	100%	/run/media/root/CentOS 7 x86_64
/dev/md0p1	40G	33M	40G	1%	/mnt/raid0

（10）通过 UUID 的方式编辑/etc/fstab 设置开机自动挂载，命令及运行结果如下：

```
[root@localhost ~]# blkid|grep md0
/dev/md0: PTTYPE="dos"
/dev/md0p1: UUID="170a22f0-83b0-466b-a4cb-8d8226a9a5b6" TYPE="xfs"
[root@localhost ~]# vim /etc/fstab
[root@localhost ~]# cat /etc/fstab
#
# /etc/fstab
# Created by anaconda on Sun Jan 30 16:53:17 2022
#
# Accessible filesystems, by reference, are maintained under '/dev/disk'
# See man pages fstab(5), findfs(8), mount(8) and/or blkid(8) for more info
#
/dev/mapper/centos-root /                              xfs       defaults        1 1
UUID=24556f52-1f65-4a37-b585-7153ba805869 /boot        xfs       defaults        1 2
/dev/mapper/centos-swap swap                           swap      defaults        0 0
  UUID="170a22f0-83b0-466b-a4cb-8d8226a9a5b6" /mnt/raid0    xfs    defaults   0 0
[root@localhost ~]# mount -a                    //按照/etc/fstab 重新挂载
```

任务 8.4　磁盘阵列 RAID 1 的配置

1. 磁盘准备

第一步：先按图 8.10 所示添加两块 20GB 的磁盘。

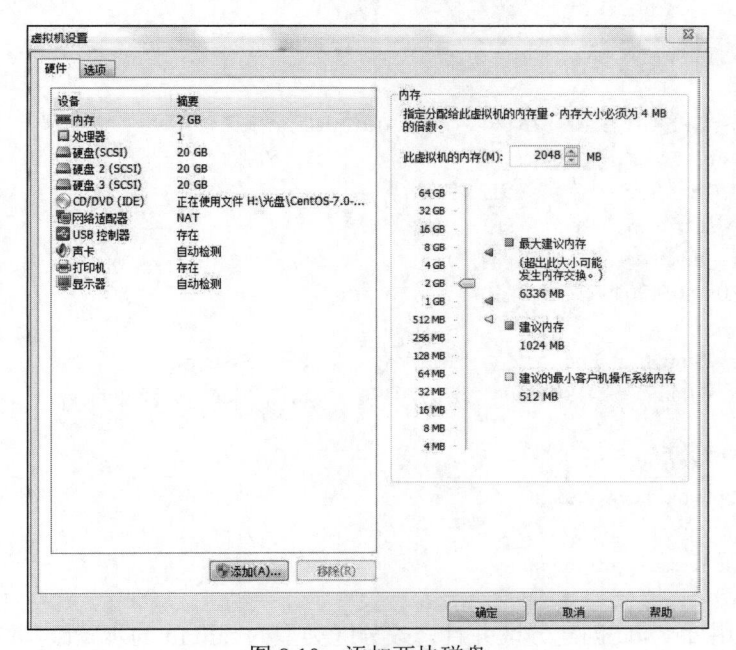

图 8.10　添加两块磁盘

第二步：使用/dev/sdb 创建分区并且修改分区类型为 raid fd。命令及运行结果如下：

```
[root@localhost ~]# fdisk /dev/sdb
欢迎使用 fdisk (util-linux 2.23.2)。

更改将停留在内存中，直到您决定将更改写入磁盘。
```

使用写入命令前请三思。

Device does not contain a recognized partition table
使用磁盘标识符 0x3fb51304 创建新的 DOS 磁盘标签。

命令(输入 m 获取帮助)：n
Partition type:
    p   primary (0 primary, 0 extended, 4 free)
    e   extended
Select (default p): p
分区号 (1-4，默认 1)：
起始 扇区 (2048-41943039，默认为 2048)：
将使用默认值 2048
Last 扇区, +扇区 or +size{K,M,G} (2048-41943039，默认为 41943039)：
将使用默认值 41943039
分区 1 已设置为 Linux 类型，大小设为 20 GiB

命令(输入 m 获取帮助)：t
已选择分区 1
Hex 代码(输入 L 列出所有代码)：fd
已将分区 Linux 的类型更改为 Linux raid autodetect

命令(输入 m 获取帮助)：p

磁盘 /dev/sdb: 21.5 GB, 21474836480 字节，41943040 个扇区
Units = 扇区 of 1 * 512 = 512 bytes
扇区大小(逻辑/物理)：512 字节 / 512 字节
I/O 大小(最小/最佳)：512 字节 / 512 字节
磁盘标签类型：dos
磁盘标识符：0x3fb51304

设备 Boot	Start	End	Blocks	Id	System
/dev/sdb1	2048	41943039	20970496	fd	Linux raid autodetect

命令(输入 m 获取帮助)：w
The partition table has been altered!

Calling ioctl() to re-read partition table.
正在同步磁盘。

第三步：使用/dev/sdc 创建分区并且修改分区类型为 raid fd 的步骤跟第二步相同。
第四步：分区后查看结果。命令及运行结果如下：

[root@localhost ~]# lsblk

NAME	MAJ:MIN	RM	SIZE	RO	TYPE	MOUNTPOINT
sda	8:0	0	20G	0	disk	
├─sda1	8:1	0	500M	0	part	/boot
└─sda2	8:2	0	19.5G	0	part	

	centos-swap	253:0	0	2G	0	lvm	[SWAP]
	centos-root	253:1	0	17.5G	0	lvm	/
sdb		8:16	0	20G	0	disk	
└─sdb1		8:17	0	20G	0	part	
sdc		8:32	0	20G	0	disk	
└─sdc1		8:33	0	20G	0	part	
sr0		11:0	1	3.9G	0	rom	/run/media/root/CentOS 7 x86_64

2. RAID 1 配置

第一步：创建 RAID 1。命令及运行结果如下：

[root@localhost ~]# mdadm -C /dev/md1 -l 1 -n 2 /dev/sd[b-c]1

第二步：查看 RAID 1 的详细信息。命令及运行结果如下：

```
[root@localhost ~]# mdadm -D /dev/md1
/dev/md1:
          Version : 1.2
    Creation Time : Tue Mar 15 19:07:51 2022
       Raid Level : raid1
       Array Size : 20953984 (19.98 GiB 21.46 GB)
    Used Dev Size : 20953984 (19.98 GiB 21.46 GB)
     Raid Devices : 2
    Total Devices : 2
      Persistence : Superblock is persistent

      Update Time : Tue Mar 15 19:09:36 2022
            State : clean
   Active Devices : 2
  Working Devices : 2
   Failed Devices : 0
    Spare Devices : 0


             Name : localhost.localdomain:1   (local to host localhost.localdomain)
             UUID : 2e266c8b:ce71e5aa:0c797fa2:90d99095
           Events : 17

    Number   Major   Minor   RaidDevice State
       0       8       17        0      active sync   /dev/sdb1
       1       8       33        1      active sync   /dev/sdc1
```

第三步：格式化并挂载设备。命令及运行结果如下：

```
[root@localhost ~]# mkfs -t xfs /dev/md1
meta-data=/dev/md1         isize=256    agcount=4, agsize=1309624 blks
         =                 sectsz=512   attr=2, projid32bit=1
         =                 crc=0
data     =                 bsize=4096   blocks=5238496, imaxpct=25
         =                 sunit=0      swidth=0 blks
naming   =version 2        bsize=4096   ascii-ci=0 ftype=0
log      =internal log     bsize=4096   blocks=2560, version=2
```

```
         =                      sectsz=512    sunit=0 blks, lazy-count=1
realtime =none                  extsz=4096    blocks=0, rtextents=0
```
[root@localhost ~]# mkdir /mnt/raid1
[root@localhost ~]# mount /dev/md1 /mnt/raid1
[root@localhost ~]# df -h|grep /dev/md1
/dev/md1   20G   33M   20G   1% /mnt/raid1

第四步：设置开机自动挂载。命令及运行结果如下：

[root@localhost ~]# umount /mnt/raid1
[root@localhost ~]# echo "/dev/md1 /mnt/raid1 xfs defaults 0 0" >> /etc/fstab
[root@localhost ~]# tail -1 /etc/fstab
/dev/md1 /mnt/raid1 xfs defaults 0 0
[root@localhost ~]# mount -a

3. RAID 1 自动恢复测试，测试损坏掉 RAID 1 其中一个磁盘对数据的影响

第一步：创建一个 test.txt 文件。命令及运行结果如下：

[root@localhost ~]# echo "hello world" >> /mnt/raid1/test.txt
[root@localhost ~]# cat /mnt/raid1/test.txt
hello world

第二步：模拟坏掉一块磁盘。命令及运行结果如下：

[root@localhost ~]# mdadm /dev/md1 -f /dev/sdc1
mdadm: set /dev/sdc1 faulty in /dev/md1

第三步：查看详细信息。命令及运行结果如下：

[root@localhost ~]# mdadm -D /dev/md1
/dev/md1:
           Version : 1.2
     Creation Time : Tue Mar 15 19:07:51 2022
        Raid Level : raid1
        Array Size : 20953984 (19.98 GiB 21.46 GB)
     Used Dev Size : 20953984 (19.98 GiB 21.46 GB)
      Raid Devices : 2
     Total Devices : 2
       Persistence : Superblock is persistent

       Update Time : Tue Mar 15 19:42:01 2022
             State : clean, degraded
    Active Devices : 1
   Working Devices : 1
    Failed Devices : 1
     Spare Devices : 0

              Name : localhost.localdomain:1   (local to host localhost.localdomain)
              UUID : 2e266c8b:ce71e5aa:0c797fa2:90d99095
            Events : 19

    Number   Major   Minor   RaidDevice State
       0   8   17   0   active sync   /dev/sdb1

| | 1 | 0 | 0 | 1 | | removed | |
| | 1 | 8 | 33 | - | | faulty | /dev/sdc1 |

第四步：查看 test.txt 文件。命令及运行结果如下：

[root@localhost ~]# cat /mnt/raid1/test.txt
hello world

任务 8.5 磁盘阵列 RAID 5 的配置

（1）磁盘准备：按图 8.11 所示添加四块 20GB 的磁盘。

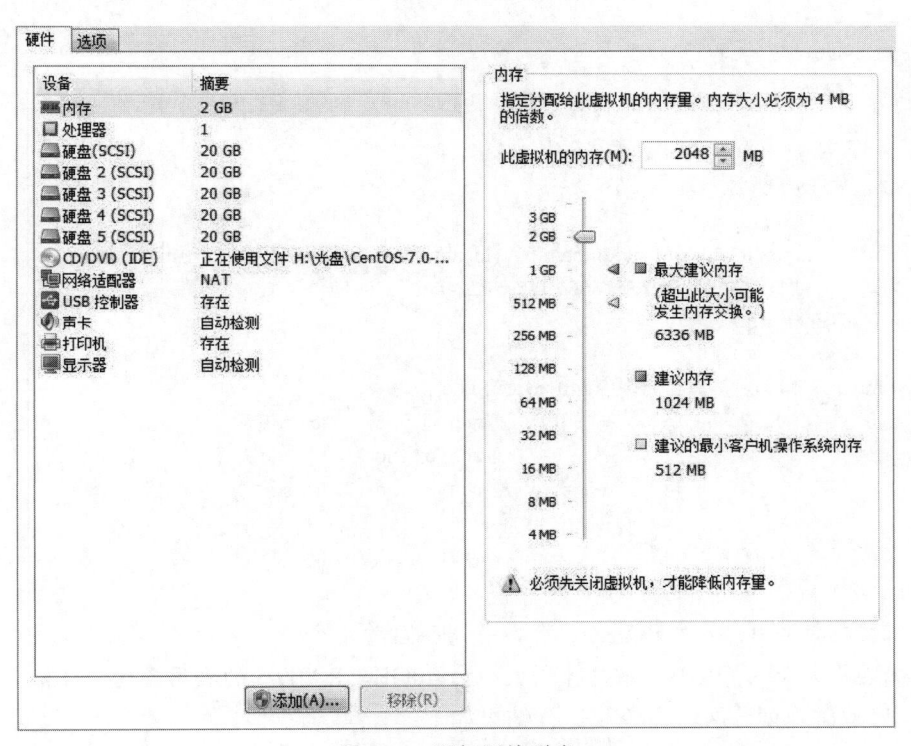

图 8.11 添加四块磁盘

（2）创建 RAID 5，名称为 md5。新添加的四块磁盘里前三块为组成磁盘阵列的主磁盘，最后一块为备用磁盘。备用磁盘可以在创建阵列后添加或删除。命令及运行结果如下：

[root@localhost ~]# mdadm -C /dev/md5 -l 5 -n 3 -x 1 /dev/sdb /dev/sdc /dev/sdd /dev/sde
mdadm: Defaulting to version 1.2 metadata
mdadm: array /dev/md5 started.
[root@localhost ~]# [root@localhost ~]# mdadm -C /dev/md5 -l 5 -n 3 -x 1 /dev/sdb /dev/sdc /dev/sdd /dev/sde

说明：-l 表示 RAID 等级，-n 表示阵列主磁盘数量 -x 表示备用磁盘数量。

（3）查看创建的 RAID 信息。命令及运行结果如下：

[root@localhost ~]# mdadm -D /dev/md5
/dev/md5:
          Version : 1.2
    Creation Time : Mon Mar 21 13:47:45 2022

```
        Raid Level : raid5
        Array Size : 41909248 (39.97 GiB 42.92 GB)
     Used Dev Size : 20954624 (19.98 GiB 21.46 GB)
      Raid Devices : 3
     Total Devices : 4
       Persistence : Superblock is persistent

       Update Time : Mon Mar 21 13:49:41 2022
             State : clean
    Active Devices : 3
   Working Devices : 4
    Failed Devices : 0
     Spare Devices : 1

            Layout : left-symmetric
        Chunk Size : 512K


              Name : localhost.localdomain:5  (local to host localhost.localdomain)
              UUID : 0ecddb05:b5626567:f45e8fc2:44ebd399
            Events : 18

    Number   Major   Minor   RaidDevice State
       0       8      16        0      active sync   /dev/sdb
       1       8      32        1      active sync   /dev/sdc
       4       8      48        2      active sync   /dev/sdd

       3       8      64        -      spare         /dev/sde
```

说明：
- 磁盘总数为 4，阵列磁盘为 3 个，备用磁盘为 1 个。
- 磁盘总大小为 60GB，磁盘阵列大小为 40GB，RAID 5 的利用率为 $1-1/n$。

（4）将磁盘阵列分区。命令及运行结果如下：

```
[root@localhost ~]# fdisk /dev/md5
欢迎使用 fdisk (util-linux 2.23.2)。

更改将停留在内存中，直到您决定将更改写入磁盘。
使用写入命令前请三思。

Device does not contain a recognized partition table
使用磁盘标识符 0xe3384053 创建新的 DOS 磁盘标签。

命令(输入 m 获取帮助)：n
Partition type:
   p   primary (0 primary, 0 extended, 4 free)
   e   extended
Select (default p): p
```

分区号 (1-4，默认 1)：
起始 扇区 (2048-83818495，默认为 2048)：
将使用默认值 2048
Last 扇区，+扇区 or +size{K,M,G} (2048-83818495，默认为 83818495)：+5G
分区 1 已设置为 Linux 类型，大小设为 5 GiB

命令(输入 m 获取帮助)：w
The partition table has been altered!

Calling ioctl() to re-read partition table.
正在同步磁盘。
[root@localhost ~]# lsblk

NAME	MAJ:MIN	RM	SIZE	RO	TYPE	MOUNTPOINT
sda	8:0	0	20G	0	disk	
├─sda1	8:1	0	500M	0	part	/boot
└─sda2	8:2	0	19.5G	0	part	
├─centos-swap	53:0	0	2G	0	lvm	[SWAP]
└─centos-root	253:1	0	17.5G	0	lvm	/
sdb	8:16	0	20G	0	disk	
└─md5	9:5	0	40G	0	raid5	
└─md5p1	259:0	0	5G	0	md	
sdc	8:32	0	20G	0	disk	
└─md5	9:5	0	40G	0	raid5	
└─md5p1	259:0	0	5G	0	md	
sdd	8:48	0	20G	0	disk	
└─md5	9:5	0	40G	0	raid5	
└─md5p1	259:0	0	5G	0	md	
sde	8:64	0	20G	0	disk	
└─md5	9:5	0	40G	0	raid5	
└─md5p1	259:0	0	5G	0	md	
sr0	11:0	1	3.9G	0	rom	/run/media/root/CentOS 7 x86_64

说明：分区名称为/dev/md5p1。

（5）读取/proc/mdstat。命令及运行结果如下：

[root@localhost ~]# cat /proc/mdstat
Personalities : [raid6] [raid5] [raid4]
md5 : active raid5 sdd[4] sde[3](S) sdc[1] sdb[0]
     41909248 blocks super 1.2 level 5, 512k chunk, algorithm 2 [3/3] [UUU]

unused devices: <none>

说明：/proc/mdstat 是显示 RAID 阵列的状态，[UUU]表示三个阵列成员都在使用中，如果有一个为不活跃状态，则为[U_U]。

（6）磁盘阵列的更改模式 manage：此处将成员/dev/sdd 设置为 fail。命令及运行结果如下：

[root@localhost ~]# mdadm --manage /dev/md5 --fail /dev/sdd
mdadm: set /dev/sdd faulty in /dev/md5

说明：
- --manage：更改一个现有的 RAID，比如添加新的备用成员和删除故障设备。
- --fail 或 -f：把 RAID 列为有问题成员，以便移除该成员。

（7）再多次读取/proc/mdstat，命令及运行结果如下：

[root@localhost ~]# cat /proc/mdstat
Personalities : [raid6] [raid5] [raid4]
md5 : active raid5 sdd[4](F) sde[3] sdc[1] sdb[0]
      41909248 blocks super 1.2 level 5, 512k chunk, algorithm 2 [3/2] [UU_]
      [=>...................]   recovery = 7.6% (1597412/20954624) finish=1.4min speed=228201K/sec

unused devices: <none>
[root@localhost ~]# cat /proc/mdstat
Personalities : [raid6] [raid5] [raid4]
md5 : active raid5 sdd[4](F) sde[3] sdc[1] sdb[0]
      41909248 blocks super 1.2 level 5, 512k chunk, algorithm 2 [3/2] [UU_]
      [========>............]   recovery = 43.5% (9130880/20954624) finish=1.0min speed=195984K/sec

unused devices: <none>
[root@localhost ~]# cat /proc/mdstat
Personalities : [raid6] [raid5] [raid4]
md5 : active raid5 sdd[4](F) sde[3] sdc[1] sdb[0]
      41909248 blocks super 1.2 level 5, 512k chunk, algorithm 2 [3/2] [UU_]
      [===============>.....]   recovery = 79.2% (16614016/20954624) finish=0.3min speed=205336K/sec

unused devices: <none>
[root@localhost ~]# cat /proc/mdstat
Personalities : [raid6] [raid5] [raid4]
md5 : active raid5 sdd[4](F) sde[3] sdc[1] sdb[0]
      41909248 blocks super 1.2 level 5, 512k chunk, algorithm 2 [3/3] [UUU]

unused devices: <none>

说明：可以看到磁盘阵列正在自动恢复，状态由[UU_]恢复到[UUU]。

（8）再次查看 RAID 信息。命令及运行结果如下：

[root@localhost ~]# mdadm -D /dev/md5
/dev/md5:
          Version : 1.2
    Creation Time : Mon Mar 21 16:32:04 2022
       Raid Level : raid5
       Array Size : 41909248 (39.97 GiB 42.92 GB)
    Used Dev Size : 20954624 (19.98 GiB 21.46 GB)
     Raid Devices : 3
    Total Devices : 4
      Persistence : Superblock is persistent

      Update Time : Mon Mar 21 16:36:43 2022
            State : clean

```
         Active Devices : 3
        Working Devices : 3
         Failed Devices : 1
          Spare Devices : 0

                 Layout : left-symmetric
             Chunk Size : 512K

                   Name : localhost.localdomain:5    (local to host localhost.localdomain)
                   UUID : b45ebc21:db664826:9a386a41:1a50cef7
                 Events : 39

    Number   Major   Minor   RaidDevice State
       0       8      16         0      active sync     /dev/sdb
       1       8      32         1      active sync     /dev/sdc
       3       8      64         2      active sync     /dev/sde

       4       8      48         -      faulty          /dev/sdd
```

说明：可以看到上一步是通过将备用盘/dev/sde 代替 faulty 的/dev/sdd 恢复的。

任务 8.6　LVM 的创建

1. 部署逻辑卷

第一步：添加两块磁盘。

第二步：让两块磁盘支持 LVM 技术。命令及运行结果如下：

```
[root@localhost ~]# pvcreate /dev/sdb /dev/sdc
  Physical volume "/dev/sdb" successfully created.
  Physical volume "/dev/sdc" successfully created.
```

第三步：创建卷组。命令及运行结果如下：

```
[root@localhost ~]# vgcreate lvm /dev/sdb /dev/sdc
  Volume group "lvm" successfully created
```

第四步：创建逻辑卷。

切割出一个 100MB 的逻辑卷设备。

这里需要注意切割单位的问题。在对逻辑卷进行切割时有两种计量单位。第一种以容量为单位，所使用的参数为-L。例如，使用-L 150M 生成一个大小为 150MB 的逻辑卷。第二种以基本单元的个数为单位，所使用的参数为-l。每个基本单元的大小默认为 4MB。例如，使用-l 37 可以生成一个大小为 37×4MB=148MB 的逻辑卷。

```
[root@localhost ~]# lvcreate -n lvm1 -L 100M lvm
  Logical volume "lvm1" created
```

第五步：将生成好的逻辑卷格式化。命令及运行结果如下：

```
[root@localhost ~]# mkfs.ext4 /dev/lvm/lvm1
mke2fs 1.42.9 (28-Dec-2013)
文件系统标签=
OS type: Linux
```

块大小=1024 (log=0)
　　分块大小=1024 (log=0)
　　Stride=0 blocks, Stripe width=0 blocks
　　25688 inodes, 102400 blocks
　　5120 blocks (5.00%) reserved for the super user
　　第一个数据块=1
　　Maximum filesystem blocks=33685504
　　13 block groups
　　8192 blocks per group, 8192 fragments per group
　　1976 inodes per group
　　Superblock backups stored on blocks:
　　　　8193, 24577, 40961, 57345, 73729

　　Allocating group tables: 完成
　　正在写入 inode 表: 完成
　　Creating journal (4096 blocks): 完成
　　Writing superblocks and filesystem accounting information: 完成

第六步：挂载使用。命令及运行结果如下：

[root@localhost ~]# mkdir /test1
[root@localhost ~]# mount /dev/lvm/lvm1 /test1
[root@localhost ~]# df -h

文件系统	容量	已用	可用	已用%	挂载点
/dev/mapper/centos-root	18G	3.3G	15G	19%	/
devtmpfs	985M	0	985M	0%	/dev
tmpfs	994M	84K	994M	1%	/dev/shm
tmpfs	994M	9.0M	986M	1%	/run
tmpfs	994M	0	994M	0%	/sys/fs/cgroup
/dev/sda1	497M	119M	379M	24%	/boot
/dev/sr0	3.9G	3.9G	0	100%	/run/media/root/CentOS 7 x86_64
/dev/mapper/lvm-lvm1	93M	1.6M	85M	2%	/test1

2. Linux 扩容逻辑卷 EXT4 格式

第一步：卸载。命令及运行结果如下：

[root@localhost ~]# umount /test1

第二步：把 lvm1 逻辑卷扩展到 300MB。命令及运行结果如下：

[root@localhost ~]# lvextend -L 300M /dev/lvm/lvm1
　　Extending logical volume lvm1 to 300.00 MiB
　　Logical volume lvm1 successfully resized

第三步：检查磁盘完整性。命令及运行结果如下：

[root@localhost ~]# e2fsck -f /dev/lvm/lvm1
e2fsck 1.42.9 (28-Dec-2013)
Pass 1: Checking inodes, blocks, and sizes
Pass 2: Checking directory structure
Pass 3: Checking directory connectivity
Pass 4: Checking reference counts

Pass 5: Checking group summary information
/dev/lvm/lvm1: 11/25688 files (9.1% non-contiguous), 8896/102400 blocks

第四步：重置磁盘容量。命令及运行结果如下：

[root@localhost ~]# resize2fs /dev/lvm/lvm1
resize2fs 1.42.9 (28-Dec-2013)
Resizing the filesystem on /dev/lvm/lvm1 to 307200 (1k) blocks.
The filesystem on /dev/lvm/lvm1 is now 307200 blocks long.

第五步：重新挂载。命令及运行结果如下：

[root@localhost ~]# mount /dev/lvm/lvm1 /test1
[root@localhost ~]# df -h

文件系统	容量	已用	可用	已用%	挂载点
/dev/mapper/centos-root	18G	3.3G	15G	19%	/
devtmpfs	985M	0	985M	0%	/dev
tmpfs	994M	84K	994M	1%	/dev/shm
tmpfs	994M	8.9M	986M	1%	/run
tmpfs	994M	0	994M	0%	/sys/fs/cgroup
/dev/sda1	497M	119M	379M	24%	/boot
/dev/sr0	3.9G	3.9G	0	100%	/run/media/root/CentOS 7 x86_64
/dev/mapper/lvm-lvm1	287M	2.0M	266M	1%	/test1

可以发现现在已经是 300MB 了。

3. Linux 扩容逻辑卷 XFS 格式

注意：XFS 格式只能扩容，不能减小；XFS 格式无须卸载，支持在线扩容。

第一步：创建一个逻辑卷并格式化为 XFS 格式。命令及运行结果如下：

[root@localhost ~]# lvcreate -n lv_xfs -L 300M lvm
    Logical volume "lv_xfs" created
[root@localhost ~]# mkfs.xfs /dev/lvm/lv_xfs

meta-data=/dev/lvm/lv_xfs	isize=256	agcount=4, agsize=19200 blks
=	sectsz=512	attr=2, projid32bit=1
=	crc=0	
data =	bsize=4096	blocks=76800, imaxpct=25
=	sunit=0	swidth=0 blks
naming =version 2	bsize=4096	ascii-ci=0 ftype=0
log =internal log	bsize=4096	blocks=853, version=2
=	sectsz=512	sunit=0 blks, lazy-count=1
realtime =none	extsz=4096	blocks=0, rtextents=0

第二步：挂载使用。命令及运行结果如下：

[root@localhost ~]# mount /dev/lvm/lv_xfs /mnt
[root@localhost ~]# df -h

文件系统	容量	已用	可用	已用%	挂载点
/dev/mapper/centos-root	18G	3.3G	15G	19%	/
devtmpfs	985M	0	985M	0%	/dev
tmpfs	994M	84K	994M	1%	/dev/shm

tmpfs	994M	8.9M	986M	1%	/run
tmpfs	994M	0	994M	0%	/sys/fs/cgroup
/dev/sda1	497M	119M	379M	24%	/boot
/dev/sr0	3.9G	3.9G	0	100%	/run/media/root/CentOS 7 x86_64
/dev/mapper/lvm-lvm1	287M	2.0M	266M	1%	/test1
/dev/mapper/lvm-lv_xfs	297M	16M	282M	6%	/mnt

第三步：在线扩容至 600MB。命令及运行结果如下：

```
[root@localhost ~]# lvextend -L 600M /dev/lvm/lv_xfs
  Extending logical volume lv_xfs to 600.00 MiB
  Logical volume lv_xfs successfully resized
```

第四步：查看磁盘信息。命令及运行结果如下：

```
[root@localhost ~]# df -h
```

文件系统	容量	已用	可用	已用%	挂载点
/dev/mapper/centos-root	18G	3.3G	15G	19%	/
devtmpfs	985M	0	985M	0%	/dev
tmpfs	994M	84K	994M	1%	/dev/shm
tmpfs	994M	8.9M	986M	1%	/run
tmpfs	994M	0	994M	0%	/sys/fs/cgroup
/dev/sda1	497M	119M	379M	24%	/boot
/dev/sr0	3.9G	3.9G	0	100%	/run/media/root/CentOS 7 x86_64
/dev/mapper/lvm-lvm1	287M	2.0M	266M	1%	/test1
/dev/mapper/lvm-lv_xfs	297M	16M	282M	6%	/mnt

发现 XFS 格式的逻辑卷已经扩容至 600MB 了。

4. Linux 缩小逻辑卷

相较于扩容逻辑卷，在对逻辑卷进行缩容操作时，其丢失数据的风险更大。所以在生产环境中执行相应操作时，一定要提前备份好数据。另外 Linux 系统规定，在对 LVM 逻辑卷进行缩容操作之前，要先检查文件系统的完整性（当然这也是为了保证数据安全）。在执行缩容操作前记得先把文件系统卸载掉。

第一步：卸载。命令及运行结果如下：

```
[root@localhost ~]# umount /test1/
```

第二步：检查系统完整性。命令及运行结果如下：

```
[root@localhost ~]#   e2fsck -f /dev/lvm/lvm1
e2fsck 1.42.9 (28-Dec-2013)
Pass 1: Checking inodes, blocks, and sizes
Pass 2: Checking directory structure
Pass 3: Checking directory connectivity
Pass 4: Checking reference counts
Pass 5: Checking group summary information
/dev/lvm/lvm1: 11/75088 files (9.1% non-contiguous), 15637/307200 blocks
```

第三步：大小重置。命令及运行结果如下：

```
[root@localhost ~]# resize2fs /dev/lvm/lvm1 200M
resize2fs 1.42.9 (28-Dec-2013)
```

Resizing the filesystem on /dev/lvm/lvm1 to 204800 (1k) blocks.
The filesystem on /dev/lvm/lvm1 is now 204800 blocks long.

第四步：缩小到 200MB。命令及运行结果如下：

[root@localhost ~]# lvreduce -L 200M /dev/lvm/lvm1
　　WARNING: Reducing active logical volume to 200.00 MiB
　　THIS MAY DESTROY YOUR DATA (filesystem etc.)
Do you really want to reduce lvm1? [y/n]: y
　　Reducing logical volume lvm1 to 200.00 MiB
　　Logical volume lvm1 successfully resized

第五步：重新挂载使用。命令及运行结果如下：

[root@localhost ~]# mount /dev/lvm/lvm1 /test1/
[root@localhost ~]# df -h

文件系统	容量	已用	可用	已用%	挂载点
/dev/mapper/centos-root	18G	3.3G	15G	19%	/
devtmpfs	985M	0	985M	0%	/dev
tmpfs	994M	140K	994M	1%	/dev/shm
tmpfs	994M	9.0M	986M	1%	/run
tmpfs	994M	0	994M	0%	/sys/fs/cgroup
/dev/sda1	497M	119M	379M	24%	/boot
/dev/sr0	3.9G	3.9G	0	100%	/run/media/root/CentOS 7 x86_64
/dev/mapper/lvm-lv_xfs	297M	16M	282M	6%	/mnt
/dev/mapper/lvm-lvm1	190M	1.6M	175M	1%	/test1

5. Linux 删除逻辑卷

第一步：取消挂载。命令及运行结果如下：

[root@localhost ~]# umount /test1/

第二步：删除逻辑卷设备。命令及运行结果如下：

[root@localhost ~]# umount /test1/
[root@localhost ~]# lvremove /dev/lvm/lvm1
Do you really want to remove active logical volume lvm1? [y/n]: y
　　Logical volume "lvm1" successfully removed
[root@localhost ~]# umount /mnt

第三步：删除卷组。命令及运行结果如下：

[root@localhost ~]# vgremove lvm
　　Do you really want to remove volume group "lvm" containing 1 logical volumes? [y/n]: y
Do you really want to remove active logical volume lv_xfs? [y/n]: y
　　Logical volume "lv_xfs" successfully removed
　　Volume group "lvm" successfully removed

第四步：删除物理卷。命令及运行结果如下：

[root@localhost ~]# pvremove /dev/sdb /dev/sdc
　　Labels on physical volume "/dev/sdb" successfully wiped.
　　Labels on physical volume "/dev/sdc" successfully wiped.

8.4 习题

一、选择题

1. Linux 文件都按照其作用分门别类地存放在相关目录中，对于外部设备文件，一般将其放在（　　）目录中。
   A．/bin　　　　　B．/etc　　　　　C．/dev　　　　　D．/opt
2. 下面（　　）目录中包含 Linux 使用的用户文件。
   A．/etc　　　　　B．/home　　　　C．/bin　　　　　D．/var
3. 在/ect/fstab 文件中指定的文件系统加载参数中，（　　）参数一般用于 CD-ROM 等移动设备。
   A．noaotu　　　　B．defaults　　　C．rw　　　　　　D．sw
4. 每个设备文件名由主设备号和从设备号描述，第二块 IDE 磁盘的设备名为（　　）。
   A．sda　　　　　B．sdb　　　　　C．had　　　　　D．hdb
5. 当使用 mount 进行设备或者文件系统挂载时，需要用到的设备名称位于（　　）目录。
   A．/bin　　　　　B．/etc　　　　　C．/dev　　　　　D．/home

二、简答题

1. 简述 RAID 的概念和基本术语。
2. 简述 RAID 0、RAID 1、RAID 5 的工作原理。
3. 简述逻辑卷管理的概念。
4. 简述磁盘配额管理的工作原理。

拓展阅读　中国操作系统往事[1]

"如果他们突然断了我们的粮食，Android 系统不给我用了，Windows Phone 8 系统也不给我用了，我们是不是就傻了？" 2012 年，华为创始人任正非曾在一场对话中这样谈到。

7 年以后，在整个科技行业中，无论是 PC 还是移动端，国产操作系统仍近乎空白。

并非没有过尝试。在过去 20 年中，研究机构、高校、国企、民企，宣布研发自主操作系统的不计其数，其中不乏中科院、中国移动、阿里等明星机构和企业。最终，却在内外的多重压力下，纷纷走向没落。

如果一定要给国产操作系统的发展定义一些"亮点时刻"，可能是在 2001 年红旗 Linux

---

[1] 华尔街见闻．中国操作系统往事．https://baijiahao.baidu.com/s?id=1634102261483560138&wfr=spider&for=pc．

中标北京市政府订单时，也可能是在 2015 年，阿里云 OS 赢得 7%国内手机系统市场占有率时。但这些微不足道的亮点，早已消失在近 20 年的沉浮中。

从 20 世纪 90 年代开始，以中科院院士倪光南、中科院软件研究所副所长孙玉芳为首的一批科学家，在"中国必须拥有自主知识软件操作系统"的共识下，推出国产操作系统红旗 Linux。

2000 年，在红旗 Linux 发布半年后，中科院软件所和上海联创以 6∶4 的出资方式，共同成立了中科红旗。

红旗 Linux 曾有过"辉煌时刻"，在成立仅 1 年后，红旗 Linux 成为北京市政府采购的中标平台。这次采购在行业内影响重大，当时，包括红旗、永中、金山等国产软件均中标，而微软却意外出局。此后不久，微软中国总裁高群耀辞职，据内部人士透露，此次为"被迫辞职"，原因与业绩不佳有关。

在微软价格高企、盗版 Windows 猖獗的当时，在政府订单之外，为了降低成本，联想、戴尔、惠普等公司也曾预装红旗系统。上线一年多以后，时任中科红旗总裁的刘博表示，国内 Linux 的使用量比去年增加三四倍，已经达到 100 万套。

正如倪光南所说，操作系统的成功与否，关键在于生态系统，需要能够搭建起完整的软件开发者、芯片企业、终端企业、运营商等产业链上的各个主体。出于这样的考虑，2002 年，红旗宣布与国产办公软件永中合作，将红旗 Linux 和永中 Office 联合销售。

也正是软件，成为国产操作系统的致命伤。作为倪光南的助手，梁宁在 2000—2002 年期间参与了 Linux、永中 Office 联合销售相关工作。她回忆这段历史时，提到当时一个"要命的问题"：永中 Office、金山 WPS 等国产软件均基于 Linux，这也意味着，他们与微软 Office 有兼容性问题。

她回忆说，时任北京市科委主任的俞慈声带头启动"启航工程"，召集中、日、韩三国技术人员，一起研究如何破解微软的文档格式，以实现读写和存储的完美兼容，但效果并不理想。我们"没有搞定用户体验"，梁宁写道。

厄运接踵而至，2005 年，中科红旗董事长、国产系统力主者孙玉芳突发脑出血去世，此后，公司连续曝出合资各方意见不一、管理不善等问题。

两年以后，微软向国际标准化组织提交了自己的 Office 标准 OOXML；与此同时，金山、红旗、永中等国内办公软件企业联合提出的 UOF 被确立为中国国家标准。制定标准者能够决定市场走向，早已是业内共识，在国际标准争论中，倪光南四处奔走，希望中国投出反对票，在他看来，OOXML 一旦通过，中国软件及操作系统将面临空前压力。

最终，微软仍然以 51 票支持、18 票反对获胜。

伴随着微软在全球包括中国市场压倒性优势的胜利，国产桌面操作系统日渐式微，其余国产操作系统中标麒麟、StartOS 也鲜有用户。

2011 年，永中科技宣告破产，两年后，中科红旗贴出清算公告，宣布团队解散。

项目 9 网络配置基础

项目导读

Linux 具有强大的网络功能，它提供了许多完善的网络工具，可以帮助用户轻松完成各种复杂的网络配置，实现任何所需要的网络服务。为了让 Linux 主机能够访问局域网和 Internet，应当正确设置网络接口。用户既可以通过命令行的方式，也可以通过友好的图形界面，轻松完成网络配置。

学习完本项目，将了解常用网络配置文件，熟练掌握常用的网络配置命令，掌握图形化配置网络的方法，还将学会 DHCP 服务器的配置方法等。

项目要点

- 常用网络配置文件
- 常用的网络配置命令
- 图形化配置网络的方法
- DHCP 服务器的配置方法

9.1 项目基础知识

9.1.1 常用网络配置文件

Linux 是一个性能稳定的多用户网络操作系统，它提供了很多网络服务，要配置这些网络服务，首先需要搭建基本的网络环境，如网卡的配置、IP 地址配置、网关配置、DNS 配置等，可以通过手工静态配置，也可以通过 DNS 动态分配。

在 Linux 系统中，网络是通过若干个文本文件进行配置的，这些配置文件都可以通过 vi、vim 来进行修改配置，表 9.1 列出了 CentOS 7 中的配置网络使用的配置文件。通过配置文件可以配置计算机的 IP 地址、子网掩码、网关、DNS 等地址信息，也可以配置主机名、域名与 IP 地址的解析等。

表 9.1 常用网络配置文件说明

配置文件名	功能说明
/etc/sysconfig/network	包含了主机最基本的网络信息，用于系统启动
/etc/sysconfig/network-script	此目录下就是系统启动时用来初始化网络的一些信息，例如 CentOS 7 下默认以太网接口文件为 ifcfg-ens33
/etc/hosts	完成主机名映射为 IP 地址的功能
/etc/host.conf	配置域名服务客户端的控制文件
/etc/resolv.conf	配置域名服务客户端的配置文件，用于指定域名服务器的位置

9.1.2 查看网卡信息

在 CentOS 7 中系统网络设备配置文件位于/etc/sysconfig/network-scripts 目录下，ifcfg-ens33 表示系统的网卡配置文件，如果还有其他网卡，会有相应的 ifcfg-eths 文件。ifcfg-ens33 文件中的主要代码及含义如下：

- TYPE=Ethernet：设置网卡类型，此类型通常是 Ethernet，表示以太网。
- PROXY_METHOD=none：设置代理方式，none 为关闭状态。
- BROWSER_ONLY=no：设置是否只是浏览器，no 为否。
- BOOTPROTO=dhcp：设置网卡获取 IP 地址的方式，其中 static 表示静态，dhcp 表示动态，none 表示不指定，不指定容易出现各种各样的网络受限问题。
- DEFROUTE=yes：表示是否设置默认路由器。
- IPV4_FAILURE_FATAL=no：设置是否开启 IPV4 致命错误检测。
- IPV6INIT=no：设置是否自动启动 IPV6。
- IPV6_AUTOCONF=yes：设置 IPV6 是否自动配置。
- IPV6_DEFROUTE=yes：设置 IPV6 是否可以为默认路由。
- IPV6_FAILURE_FATAL=no：设置是否开启 IPV6 致命错误检测。
- IPV6_ADDR_GEN_MODE=stable-privacy：设置 IPV6 地址生产模型。
- NAME=ens33：设置网卡名称。
- UUID=852acbb3-46a9-0f09-bdf8-c701c12b5b33：设置通用唯一识别码，每个网卡都会有，不能重复。
- DEVICE=ens33：设置网卡设备名称，必须和 NAME 值相同。
- ONBOOT=yes：设置开机启动时是否激活网卡，想要网卡开机启动必须设置为 yes。
- NM_CONTROLLED=yes：表示是否通过 NetworkManager 管理网卡设备。
- USERCTL=no：设置是否允许非 root 用户控制该设备。

若将网络由动态地址分配方式修改为静态地址分配方式，并设置 IP 地址、子网掩码、默认网关和 DNS，可使用 vim 编辑/etc/sysconfig/network-scripts/ifcfg-ens33，命令示例如下：

```
BOOTPROTO=static
IPADDR=192.168.3.217        #本机 IP 地址
NETMASK=255.255.255.0       #子网掩码
```

```
GATEWAY=192.168.3.1        #默认网关
DNS1=8.8.8.8
```
一旦配置完机器的网络配置文件，应该重启网络服务使修改生效，此步骤命令如下：
```
Service network restart
```

9.1.3 DNS 配置文件

在 CentOS 7 中 DNS 配置文件路径是/etc/resolv.conf，用于配置 DNS 客户，它包含了主机的域名搜索顺序和 DNS 服务器的地址，里面主要有四个字段，分别是 nameserver、domain、search、sortlist，具体介绍如下：

- nameserver：表明 DNS 服务器的 IP 地址。可以有很多行的 nameserver，每一个带一个 IP 地址。在查询时就按 nameserver 在本文件中的顺序进行，且只有当第一个 nameserver 没有反应时才查询下面的 nameserver。
- domain：声明主机的域名。很多程序用到它，如邮件系统；当为没有域名的主机进行 DNS 查询时，也要用到。如果没有域名，主机名将被使用，删除所有在第一个点前面的内容。
- search：它的多个参数指明域名查询顺序。当要查询没有域名的主机时，主机将在由 search 声明的域中分别查找。domain 和 search 不能共存，如果同时存在，前者失效，后者将会被使用。

sortlist：表示允许将得到的域名结果进行特定的排序。

9.1.4 网络配置文件

在 CentOS 7 中网络配置文件路径是/etc/sysconfig/network，该文件用来指定服务器上的网络配置信息，包含了和网络控制有关的文件与守护程序行为的参数。该文件里主要有三个字段，具体如下：

- NETWORKING=yes：表示系统是否使用网络，一般设置为 yes。如果设为 no，则不能使用网络。
- HOSTNAME=centos：设置本机的主机名，这里设置的主机名要和/etc/hosts 中设置的主机名对应。
- GATEWAY=192.168.1.1：设置本机连接的网关的 IP 地址。

9.1.5 本地主机名解析文件

本地主机名解析文件路径是/etc/hosts，该文件用来设置主机名和 IP 地址的映射关系，还包括主机的别名。计算机容易识别 IP 地址，但是对于人来说却很难记住它们。为了解决这个问题，创建了/etc/hosts 这个文件。

/etc/hosts 文件通常包含主机名、localhost 和系统管理员经常使用的系统别名，Linux 系统在向 DNS 服务器发出域名解析请求之前会查询/etc/hosts 文件，如果里面有相应的记录，就会使用 hosts 里面的记录获得对应计算机的 IP 地址。

9.2 项目准备知识

9.2.1 DHCP 配置

1. DHCP 概述

DHCP 是 Dynamic Host Configuration Protocol（动态主机配置协议）的简称，是一个简化主机 IP 地址分配管理的 TCP/IP 协议。网络上的主机作为 DHCP 的客户端，可以从网络中的 DHCP 服务器下载网络的配置信息。这些信息包括 IP 地址、子网掩码、网关、DNS 服务器和代理服务器地址。使用 DHCP 服务器，不再需要手工设定网络的配置信息，从而为集中管理不同的系统带来了方便，网络管理员可以通过配置 DHCP 服务器来实现对网络中不同系统的网络配置。

DHCP 的原理：网络中有一台设置成通过 DHCP 获取网络配置参数的客户端计算机，这台客户端计算机发送一个 DHCP 广播，本地网络中的 DHCP 服务器收到广播后，会根据收到的物理地址在服务器上查找相应的配置，并从划定的 IP 地址区中发送某个 IP 地址、附加选项（如租期和到期时间）、子网掩码、网关和 DNS 等信息给该计算机，该计算机收到响应后还要发送一条注册信息，以告诉服务器该 IP 地址已被租用，防止 IP 地址冲突。整个注册过程实际上是一套相当复杂的程序，双方要进行多次信息交换，最终才能注册成功，注册成功后该计算机即可直接使用 IP 地址。

DHCP 服务器支持三种方式的 IP 地址分配：自动方式、手动方式和动态方式。在自动分配中，不需要进行任何 IP 地址手工分配。当 DHCP 客户机第一次向 DHCP 服务器租用到 IP 地址后，这个地址就永久地分配给了该 DHCP 客户机，而不会再分配给其他客户机。在手动分配中，网络管理员在 DHCP 服务器通过手工方法配置 DHCP 客户机的 IP 地址。当 DHCP 客户机要求网络服务时，DHCP 服务器把手工配置的 IP 地址传递给 DHCP 客户机。在动态分配中，当 DHCP 客户机向 DHCP 服务器租用 IP 地址时，DHCP 服务器只是暂时分配给客户机一个 IP 地址。只要租约到期，这个地址就会还给 DHCP 服务器，以供其他客户机使用。如果 DHCP 客户机仍需要一个 IP 地址来完成工作，则可以再要求另外一个 IP 地址。

动态分配方法是唯一能够自动重复使用 IP 地址的方法，它对于暂时连接到网上的 DHCP 客户机来说尤其方便，对于永久性与网络连接的新主机来说也是分配 IP 地址的好方法。DHCP 客户机在不再需要时才放弃 IP 地址，如 DHCP 客户机要正常关闭时，它可以把 IP 地址释放给 DHCP 服务器，然后 DHCP 服务器就可以把该 IP 地址分配给申请 IP 地址的 DHCP 客户机。动态分配方式的 IP 地址并不固定分配给某一客户机，只要有空闲的 IP 地址，DHCP 服务器就可以将它分配给要求地址的客户机；当客户机不再需要 IP 地址时，就由 DHCP 服务器重新收回，使用动态分配方法可以解决 IP 地址不够用的困扰。

CentOS 7 安装程序默认没有安装 DHCP 服务，可以使用图形化界面安装或者使用命令方式安装。图形界面安装方法：执行"软件包集"→Servers→"网络基础设施服务器"命令，勾选 Dynamic host configuration protocol software 复选框，单击"应用更改"按钮就可以安装 DHCP 服务了，如图 9.1 所示。

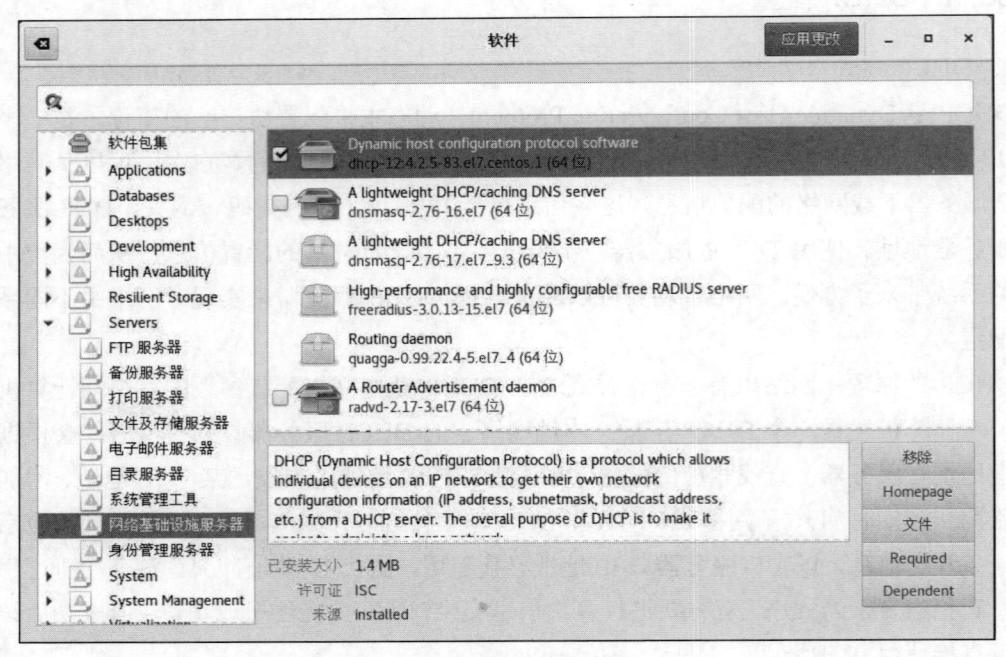

图 9.1　图形界面安装

2. DHCP 配置文件

DHCP 的配置文件为/etc/dhcpd.conf，默认情况下没有该文件，只能通过系统提供的模板来创建。模板的路径为/usr/share/doc/dhcp*/dhcp.conf.example，复制该文件到/etc/dhcpd.conf。下面来看一下 dhcpd.conf 里的主要参数。

（1）option domain-name：此配置项用来为客户端指定默认的域。

（2）option domain-name-servers：此配置项用来为客户端指定解析域名时使用的 DNS 服务器地址。

（3）default-lease-time：设置默认租约时间，表示客户端可以从 DHCP 服务器租用某个 IP 地址的默认时间。

（4）max-lease-time：设置允许客户端请求的最大租约时间，客户机会在 default-lease-time 快到期时向服务器续租，如果此时客户机死机/重启，而默认租约时间到期了，服务器并不会立即回收 IP 地址，而是等到最大租约时间到期，客户机还没有过来续约，才会回收 IP 地址。

（5）log-facility local7：定义日志服务，可以在日志配置文件中查看具体日志位置，默认是/var/log/boog.log。

（6）ddns-update-style：用来设置与 DHCP 服务相关联的 DNS 数据动态更新模式，一般为 none。

（7）subnet 网络号 netmask 子网掩码：定义一个作用域，指定子网掩码。

（8）range：用来提供动态分配 IP 地址的范围。

（9）option routers：配置分配给客户机的路由网关。

（10）option broadcast-address：为客户端指定广播地址。

（11）hardware：设置网卡接口类型和 MAC 地址。

（12）host：用于设置单个主机的网络属性，通常用于为网络打印机或个别服务器分配固定的 IP 地址（保留地址），这些主机的共同特点是：每次动态获取的 IP 地址必须相同，以确保服务的稳定性。

9.2.2 图形化配置网络

很多发布版本的 Linux 操作系统提供友好的图形工具，用于系统配置。在 CentOS 7 中也提供了图形化的网络配置工具。使用该配置工具，可以配置各种网络连接。选择"系统工具"→"设置"→"网络"，打开如图 9.2 所示的界面。

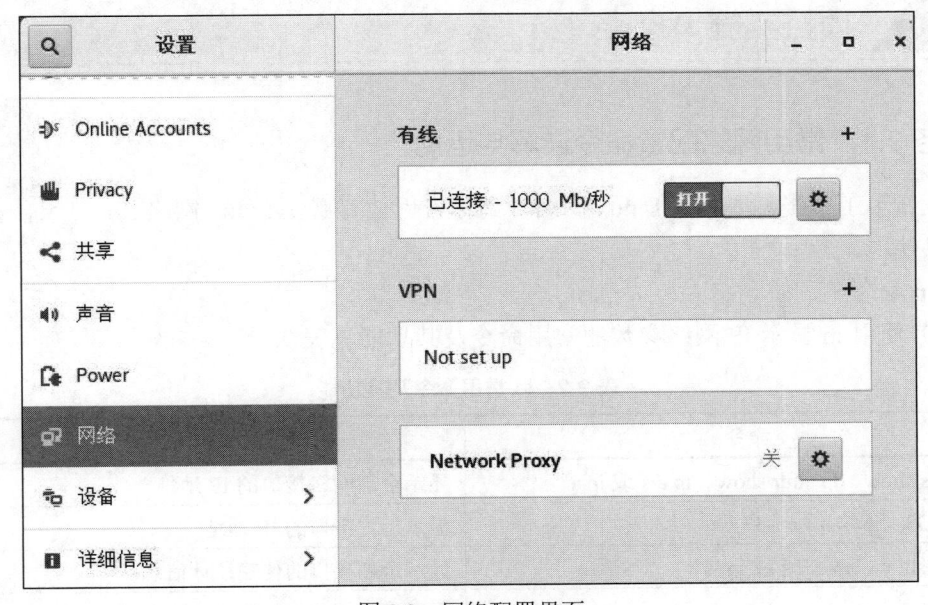

图 9.2 网络配置界面

单击"有线"下面的设置按钮，进入 IPv4 配置界面，选择 IPv4 选项，如图 9.3 所示，这里可以选择是自动方式获取 IP 地址还是手动设置固定 IP 地址，如果选择手动方式，需要填写下面的 IP 地址、子网掩码、网关和 DNS，配置完成后单击"应用"按钮，然后关闭 IPv4 配置界面再重新打开就可以了。

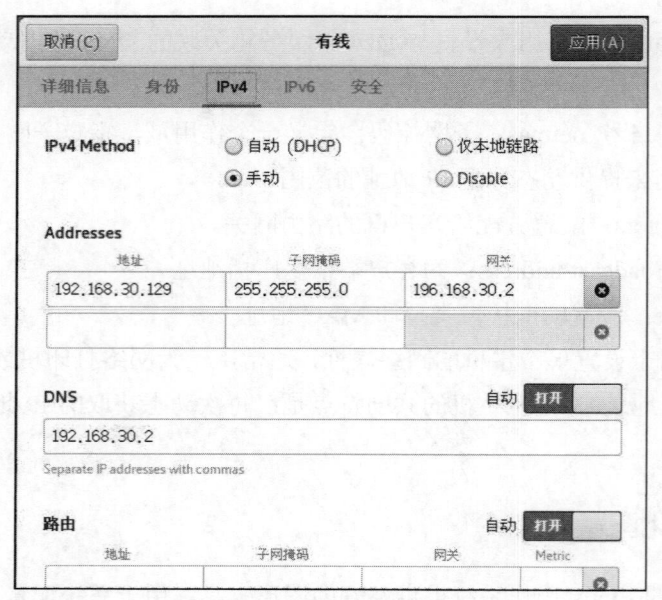

图 9.3　IPv4 配置界面

9.3　项目实施

任务 9.1　常用网络配置命令详解与运用

企业新员工小张需要配置 Linux 网络，请你告诉他有哪些 Linux 网络命令可以使用。

1. ip 命令

（1）使用 ip 显示 IP 网络参数的常用命令及其功能见表 9.2。

表 9.2　ip 常用命令及其功能

命令	功能
ip address show、ip addr show、ip a s 或 ip a	显示全部网络接口的 IP 地址
ip a s ens33（ip -4 a s ens33）	显示指定接口的 IP 地址
ip -s link show、ip -s l s 或 ip -s l	显示全部接口的传输统计信息
ip -s l s ens33	显示指定接口的传输统计信息
ip route show、ip r s 或 ip r	显示路由信息
ip neighbor show、ip n 或 ip n	显示 arp 缓存信息

（2）使用 ip 命令更改 IP 地址。命令格式如下：

ip addr [add|del] dev <网络设备接口>

【例 9.1】为 ens33 接口设置 IP 地址为 192.168.140.3，子网掩码为 24 位。

ip addr 192.168.140.3/24 dev ens33

【例 9.2】为 ens33 接口重新设置 IP 地址为 192.168.10.3，子网掩码为 24 位。

ip addr del 192.168.140.3/24 dev ens33
ip addr 192.168.10.3/24 dev ens33

（3）使用 ip 命令设置静态路由。命令格式如下：

ip route[add|del] default|<>|<>via<>[dev<流出设备接口>]

【例 9.3】使用 ip 命令来修改数据包的默认路由。

ip route add default via 192.168.0.150/24

这样所有的网络数据包通过 192.168.0.150 来转发，而不是以前的默认路由了。

若要修改某个网卡的默认路由，执行如下命令：

ip route add 172.16.32.32 via 192.168.0.150/24 dev enss33

特别注意：使用 ip 命令配置，立即生效，但是在系统重启后所有的改动都会丢失。

2. ifconfig 命令

（1）显示网络设备信息，命令如下：

ifconfig

（2）启动和关闭指定网卡，命令如下：

ifconfig ens33 up/down

（3）配置 IP 地址，命令如下：

  ifconfig eth0 192.168.1.56
//给 eth0 网卡配置 IP 地址
  ifconfig eth0 192.168.1.56 netmask 255.255.255.0
// 给 eth0 网卡配置 IP 地址，并加上子掩码
  ifconfig eth0 192.168.1.56 netmask 255.255.255.0 broadcast 192.168.1.255
// 给 eth0 网卡配置 IP 地址，加上子掩码，加上个广播地址

（4）启用和关闭 arp 协议，命令如下：

ifconfig eth0 arp   //开启
  ifconfig eth0 -arp   //关闭

（5）设置最大传输单元，命令如下：

ifconfig eth0 mtu 1500
//设置能通过的最大数据包大小为 1500 byte

3. route 命令

route 命令可以用来配置或查看内核路由表的配置情况。route 命令设置的路由主要是静态路由。要实现两个不同的子网之间的通信，需要一台连接两个网络的路由器，或者同时位于两个网络的网关来实现。

在 Linux 系统中，设置路由通常是为了解决以下问题：该 Linux 系统在一个局域网中，局域网中有一个网关，能够让机器访问 Internet，那么就需要将这台机器的 IP 地址设置为 Linux 机器的默认路由。要注意的是，直接在命令行下执行 route 命令来添加路由，不会永久保存，当网卡重启或者机器重启之后，该路由就失效了；可以在/etc/rc.local 中添加 route 命令来保证该路由设置永久有效。

（1）查看内核路由表的配置：route。

（2）添加到主机的路由：route add-host 192.168.3.1 dev ens33。

（3）添加到网络的路由：route add-net 10.10.20.40 netmask 255.255.255.248 netmask 255.255.255.248 ens33。

（4）添加默认网关：route add default gw 192.168.120.240。

（5）删除默认网关：route del default gw 192.168.120.240。

（6）删除路由：route del -net 10.10.20.40 netmask 255.255.255.248 netmask 255.255.255.248 ens33。

4. traceroute 命令

traceroute 命令用于追踪数据包在网络上传输时的全部路径，它默认发送的数据包大小是 40byte。通过 traceroute 可以知道信息从一个计算机到互联网另一端的主机是走的什么路径。每次数据包由某一同样的出发点（source）到达某一同样的目的地（destination）走的路径可能会不一样，但基本上来说大部分时候所走的路由是相同的。traceroute 通过发送小的数据包到目的设备直到其返回，来测量其需要多长时间。一条路径上的每个设备 traceroute 要测 3 次。输出结果中包括每次测试的时间（ms）和设备的名称（如有的话）及其 IP 地址。下面举例示范 traceroute 命令的常见用法。

（1）追踪网页。追踪到百度的路径的命令如下：

traceroute www.baidu.com

说明：记录按序列号从 1 开始，每个记录就是一跳，每跳表示一个网关，可看到每行有三个时间，单位是 ms，其实就是-q 的默认参数，探测数据包向每个网关发送三个数据包后，网关响应后返回时间；如果使用 traceroute -q 4 www.58.com，表示向每个网关发送四个数据包。

有时 traceroute 时，会看到有一些行是以星号表示的。出现这样的情况，可能是防火墙封掉了 ICMP 的返回信息，所以得不到什么相关的数据包返回数据。

有时在某一网关处延时比较长，有可能是某台网关比较阻塞，也可能是物理设备本身的原因。当然如果某台 DNS 出现问题时，不能解析主机名、域名时，也会有延时长的现象；可以加-n 参数来避免 DNS 解析，以 IP 格式输出数据。

在局域网中的不同网段之间，可以通过 traceroute 来排查问题所在，是主机的问题还是网关的问题。

（2）设置跳数。使用 traceroute 设置跳数的命令如下：

traceroute -m 10 www.baidu.com

（3）设置等待响应时间。把对外发探测包的等待响应时间设置为 3 秒的命令如下：

traceroute -w 3 www.baidu.com

5. ping 命令

可以使用 ping 命令来测试网络的连通性，它通常用来测试与目标主机的连通性，它发送 ICMP 数据包到网络主机，并显示响应情况，这样就可以根据它输出的信息来确定目标主机是否可访问。有些服务器为了防止通过 ping 探测到，通过防火墙设置了禁止 ping 或者在内核参数中禁止 ping，这样就不能通过 ping 确定该主机是否可达。ping 命令每秒发送一个数据报并且为每个接收到的响应打印一行输出。ping 命令计算信号往返时间和（信息）包丢失情况的统计信息，并且在完成之后显示一个简要总结。

Linux 下的 ping 和 Windows 下的 ping 稍有区别，Linux 下 ping 不会自动终止，需要按 Ctrl+C 组合键终止或者用参数-c 指定要求完成的回应次数，下面举例示范 ping 命令的常见用法。

（1）ping 主机命令：ping 10.103.1.53。

（2）ping 公网站点命令：ping www.baidu.com。

（3）ping 指定次数命令：ping -c 10 192.168.120.206。

（4）多参数使用命令：ping -i 3 -s 1024 -t 255 192.168.120.206。其中，-i 3 表示发送周期为 3 秒；-s 表示设置发送包的大小为 1024byte；-t 表示设置 TTL 值为 255。

6. netstat 命令

netstat 用于显示与 IP、TCP、UDP 和 ICMP 协议相关的统计数据，是一种监控 TCP/IP 网络的有效工具，可以显示网络连接状况、路由表的信息和网络接口的状态。

netstat 命令使用方法如下：

（1）显示所有的端口信息（包括监听和未监听的）：netstat -a。

（2）列出所有的 TCP 协议的端口：netstat -at。

（3）显示每个协议的统计信息：netstat -s。

（4）显示内核路由信息：netstat -r。

（5）显示正在使用 Socket 的程序识别码和程序名称：netstat -p。

（6）显示多播组信息：netstat -g。

（7）显示接口信息：netstat -i。

（8）显示监控中的服务器的 Socket：netstat -l。

（9）直接使用 IP 地址，而不通过域名服务器：netstat -n。

7. arp 命令

arp 命令用于操作主机的 arp 缓存，可以用来显示 arp 缓存中的所有条目、删除指定的条目或者添加静态的 IP 地址与 MAC 地址对应关系。

（1）显示 arp 缓存的所有条目：arp -a。

（2）删除指定的 arp 缓存条目：arp -d 192.168.30.254。

（3）绑定 IP 与物理地址：arp -s 192.168.30.254 00:50:56:e2:6b:ef。

8. hostname 命令

hostname 用于显示主机名字，其主要命令用法如下：

（1）hostname -d：显示机器所属域名。

（2）hostname -f：显示完整的主机名和域名。

（3）hostname -i：显示当前机器的 IP 地址。

使用"hostname+新的主机名"命令还可以临时设置主机名（如 hostname newname）。这样用的好处是，可以临时修改主机名称而不用重启。而通过/etc/sysconfig/network 文件来修改主机名则需要重启才能生效。当然，在在执行这个命令后，必须记得手动修改/etc/sysconfig/network 文件里面的 HOSTNAME 的值，以便后续重启生效。

9. telnet 命令

telnet 命令通常用来远程登录。telnet 程序是基于 TELNET 协议的远程登录客户端程序。

TELNET 协议是 TCP/IP 协议族中的一员,是 Internet 远程登录服务的标准协议和主要方式。它为用户提供了在本地计算机上完成远程主机工作的能力。可在终端使用者的计算机上使用 telnet 程序,用它连接到服务器。终端使用者可以在 telnet 程序中输入命令,这些命令会在服务器上运行,就像直接在服务器的控制台上输入一样。可以在本地就能控制服务器。要开始一个 telnet 会话,必须输入用户名和密码来登录服务器。telnet 是常用的远程控制 Web 服务器的方法。

但是,telnet 因为采用明文传送报文,安全性不好,很多 Linux 服务器都不开放 telnet 服务,而改用更安全的 ssh 方式了。但仍然有很多别的系统可能采用了 telnet 方式来提供远程登录,因此弄清楚 telnet 客户端的使用方式仍是很有必要的。

telnet 命令还有别的用途,比如确定远程服务的状态,确定远程服务器的某个端口是否能访问。

telnet 命令示例:telnet 192.168.0.5(该命令用于登录主机)。

任务 9.2　DHCP 服务器配置

企业员工刘某需要配置一个作用域,用于为本地局域网中的计算机发放 IP 信息。要求如下:

(1)本地网段:192.168.11.0/24。

(2)发放 IP 地址:192.168.11.153~192.168.11.252。

(3)网关:192.168.11.254。

(4)DNS1:202.106.0.20。

(5)DNS2:114.114.114.114。

(6)默认租约为两个小时。

(7)最大租约为三个小时。

(8)本 DHCP 服务器为本地权威 DHCP,要求:本地所有计算机获得 IP 都由本 DHCP 发放。

dhcpd.conf 配置文件应该怎么写呢?

配置文件内容如下:

```
cat /etc/dhcp/dhcpd.conf
option domain-name-servers 4.2.2.2, 4.2.2.1;
default-lease-time 28800;
max-lease-time 43200;
authoritative;
log-facility local7;
subnet 192.168.11.0 netmask 255.255.255.0 {
    range 192.168.11.153 192.168.11.252;
    option domain-name-servers 202.106.0.20, 114.114.114.114;
    option routers 192.168.11.254;
    option broadcast-address 192.168.11.255;
    default-lease-time 7200;
    max-lease-time 10800;
}
```

配置完成后，使用 systemctl restart dhcpd 语句重启生效。

9.4 习题

一、填空题

1. _____中包含了 IP 地址和主机名的映射，还包含主机名的别名。
2. DHCP 支持_____、_____、_____三种方式的 IP 地址分配。
3. _____命令用于测试网络的连通性。
4. 若要配置该计算机的域名解析客户端，则需要配置_____文件。
5. 一般用_____命令来配置或查看内核路由表。

二、简答题

1. DHCP 的原理是什么？
2. 请使用 ip 命令为 ens33 接口设置 IP 地址为 192.168.120.9，子网掩码为 24 位。

拓展阅读　神威·太湖之光——中国最快超级计算机[1]

"神威·太湖之光"是由中国国家并行计算机工程技术研究中心研制的超级计算机，是世界首台运行速度超十亿亿次的超级计算机，被称为"国之重器"。每年 3 月，国家气候中心都会利用这台性能强大的设备，来预测当年 6—8 月的汛期气候。

超级计算机指的是拥有强大计算和存储能力的计算机，规格与性能比个人计算机强大许多，大多用于国家高科技领域和尖端技术研究。中国最快的超算"神威·太湖之光"就位于国家超级计算无锡中心。它诞生于 2016 年，由 40 个运算机柜和 8 个网络机柜组成，共有 40960 颗国产芯片，峰值运算速度为 12.5 亿亿次/秒，曾经连续 4 次位列世界超算 500 强榜单第一名。在最新一期全球超级计算机 500 强榜单中，中国的"神威·太湖之光"和"天河二号"排名第六和第九。中国共有 173 台超算上榜，总量位居世界第一。

"神威·太湖之光"的性能结束了"中国智能依靠西方技术才能在超算领域拔得头筹"的时代。

---

[1] 国训网．大国神器．http://www.guoxuncn.cn/vip_doc/16966129.html.

项目 10　系统救援管理

项目导读

目前在日常运维工作中，经常会遇到服务器异常断电、忘记 root 密码、系统引导文件损坏无法进入系统等操作系统层面的问题，给运维带来诸多不便。本项目将详细介绍如何破解密码和启动文件的救援。

项目要点

- 单用户模式的基本概念
- 如何启动单用户模式
- 救援模式的基本概念
- 救援模式的作用
- 如何启动救援模式
- 单用户模式与救援模式的区别
- 破解密码
- 启动文件的救援

10.1　项目基础知识

10.1.1　用户模式的分类

1. 单用户模式

单用户模式是类似在 Linux 系统上工作时的一种拥有超级用户权限的模式。通常在开机选单给予 1 或 S 参数进入这个模式。这个模式只在面对主机实体时才有机会通过开机选单进入，因此也确保超级权限授予的对象是能接触到主机的超级用户。此操作通常用于维护硬盘分区或更改超级用户密码等需在磁盘挂载前操作的维护。

2. 救援模式的基本概念

救援模式是用来把使用者从某种情况中解救出来的模式，可以对系统进行各种修复，还可以对 Linux 进行只读数据的冷备份操作。救援模式只是在内存中运行，不会对真实系统的数据造成影响。在正常操作中，使用者的 Linux 系统使用位于系统硬盘上的文件来处理一切事务，如运行程序、存储文件等。然而，在有些情况下，Linux 可能无法完整运行，可能无法存取系统硬盘上的文件。使用救援模式，即便无法从硬盘上运行 Linux，使用者也可以存取存储在该系统硬盘上的文件。

救援模式的作用如下：

（1）更改 root 密码。

（2）恢复硬盘、文件系统操作。

（3）系统无法启动时，只能通过救援模式来启动。

10.1.2 单用户模式与救援模式的区别

单用户模式是系统安装完毕后就在系统中的一个运行级别和 Windows 的安全模式是相同的，救援模式则相当于 Windows 系统的 Windows PE 系统，Windows PE 是一个很小的内存操作系统，所以单用户模式只要系统安装好就可以用，而救援模式需要一张系统光盘。

单用户模式可以对系统进行修复，如：修改 root 密码，修改因配置不正确而导致系统启动失败的配置文件等。救援模式就是从其他介质启动（能够自己选择挂载的分区），从而获得一个 runlevel（如果按照流程，会进入 level1 的单用户模式），因为不需要从硬盘启动并且可以将硬盘中的系统以及文件挂载,可以从安装介质中获取硬盘系统中受损或丢失的文件或者将重要数据复制出来。

10.2 项目准备知识

10.2.1 单用户模式的启动

1. 启动单用户模式的方法

引导 Linux 系统的方式有很多，常见的有三种。

（1）软盘引导：在软盘启动之后出现 "BOOT:" 时，可以对启动的参数进行设置，在这里输入 Linux single 之后启动系统即可以运行单用户模式。

（2）LILO 方式：在 LILO 方式启动时，出现 LILO 提示之后，应该快速输入 kernel/boot/vmlinuz-2.4.7-10 single roo=/dev/hda3，在这里使用 RedHat 7.2，内核为 2.4.7-10，在使用时一般文件名为 vmlinuz，可以在系统正常时对这个内核文件进行复制,或建立连接。single 为单用户模式。root=/dev/hda3 为 Linux 系统根所在的分别，使用者的计算机装有 Windows 98，如果只有 Linux，可能是/dev/hda1，在第二个硬盘上时，就是/dev/hdb1。这里是 Linux 对分区进行标识。

（3）GRUB 方式：这种方式进行引导就复杂一些，进入 GRUB 启动画面时按 C 进入 GRUB 命令行，有密码时按 P 之后输入密码再进入 GRUB 命令行。

以 RedHat 7.2 为例，在命令行中输入以下命令可以进入单用户模式：

Kernel /boot/vmlinuz-2.4.7-10 single root=/dev/had3initrd/boot/initrd-2.4.7-10.img boot (hd0,2)

2. 进入单用户模式

首先进入开机界面，按 E 进行选择，开机界面如图 10.1 所示。

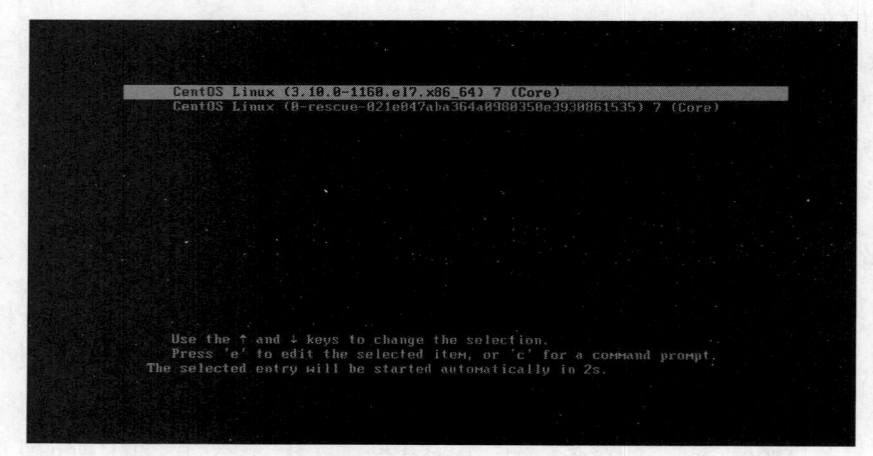

图 10.1　Linux 开机界面

按 E 键之后使用上下按键进行选择，找到 N.UTF-8，如图 10.2 所示。

图 10.2　E 界面

然后在图中标注的 N.UTF-8 的行尾添加 init=/bin/sh 命令，如图 10.3 所示。

图 10.3　添加初始化参数

按住 Ctrl+X 执行，可以进入单用户模式，如图 10.4 所示。

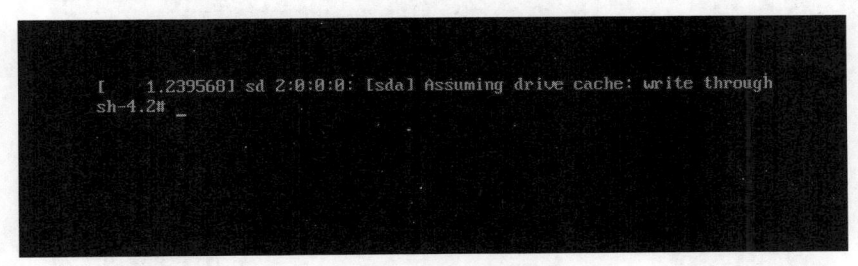

图 10.4　单用户模式

执行 exec /sbin/init 命令即可退出单用户模式。

10.2.2　救援模式的启动

救援模式启动的步骤如下：

（1）首先开机进入 BIOS 设置界面（电源→打开电源时进入固件），Boot 启动顺序为光盘优先启动 CD-ROM Drive（使用小键盘的+和-号调整上下顺序），运行结果如图 10.5 所示；设置好后保存并退出，如图 10.6 所示。

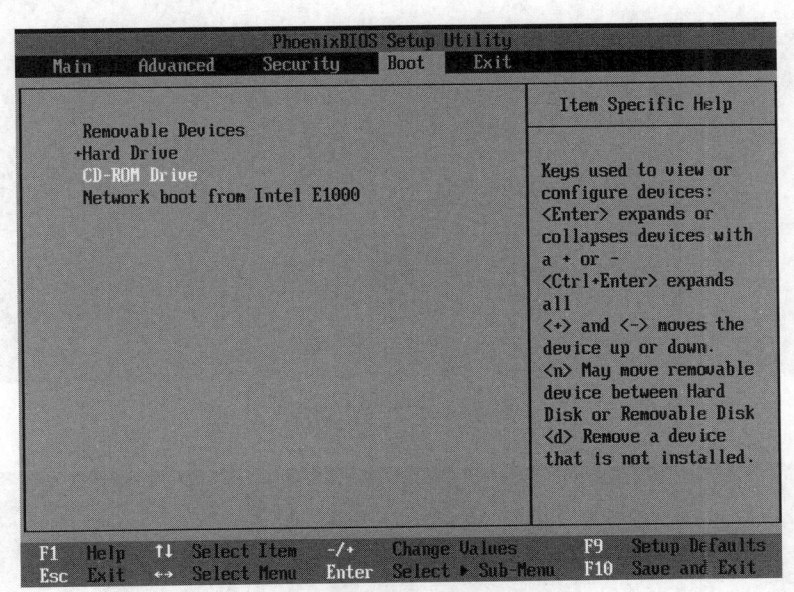

图 10.5　BIOS 设置界面

（2）重启系统后，进入 GRUP 引导界面，选中第一项然后按 E 进入编辑模式，如图 10.7 所示。

（3）通过↓键找到 linux16 开头行，如图 10.8 所示 ro 处（ro 表示只读），将 ro 替换为 rw init=/sysroot/bin/sh，如图 10.9 所示，然后按 Ctrl+X 组合键使系统重启进入救援模式，如图 10.10 所示。

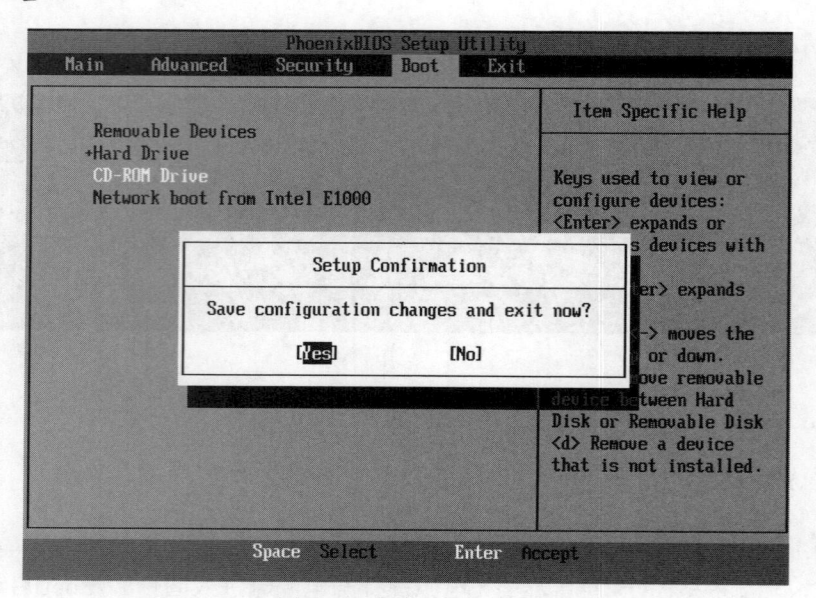

图 10.6 保存 BIOS 修改

图 10.7 GRUP 引导界面

图 10.8 找到 linux16 开头行

图 10.9　将 ro 更改为 rw init=/sysroot/bin/sh

图 10.10　救援模式

（4）输入 chroot /sysroot 后按 Enter 键执行命令，获取 root 权限，然后通过 vi 对相应的错误配置进行修复，最终重启系统。

10.3　项目实施

任务 10.1　密码破解

在 Linux 系统操作中，如果忘记了 root 密码，我们该如何找回呢？下面重点介绍密码破解。

（1）启动系统，进入开机界面，先让光标停在上面这个内核（Core）上，在界面中按 E 键进入编辑界面（这个操作要快一些，因为这个界面显示时间是 5s），如图 10.11 所示。

（2）在编辑界面中，使用键盘上的向下键把光标往下移动，找到以 linux16 开头的内容并在 UTF-8 后面输入 init=/bin/sh，如图 10.12 所示。

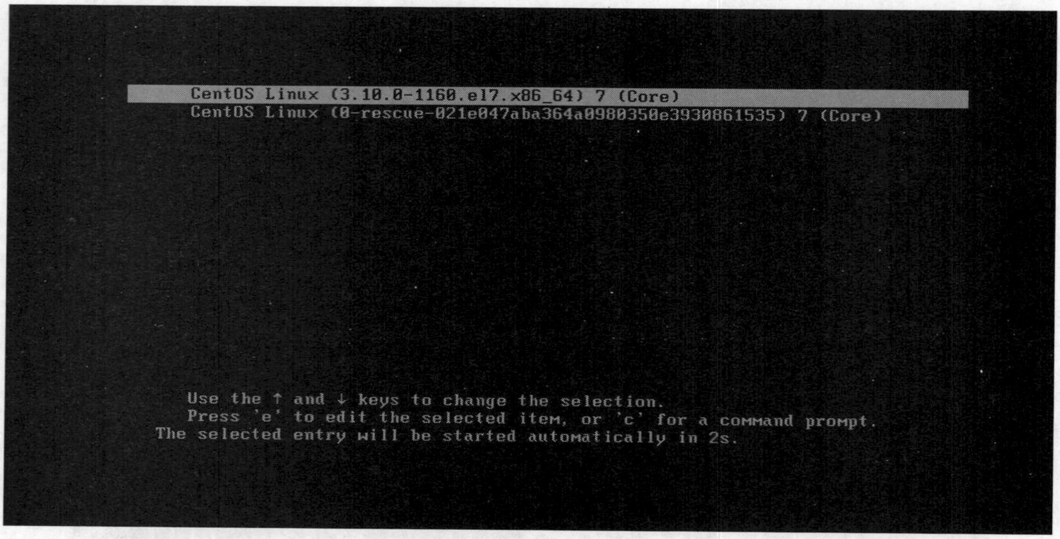

图 10.11 Linux 开机界面

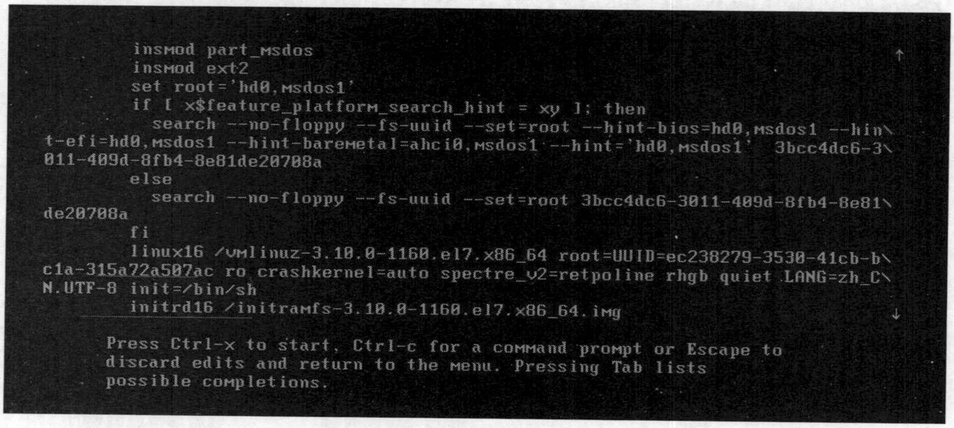

图 10.12 添加初始化参数

（3）输入完成后，直接按 Ctrl+X 组合键进入单用户模式。

（4）在光标闪烁的位置输入 mount -o remount, rw /（各个单词间有空格），完成后按 Enter 键，如图 10.13 所示。

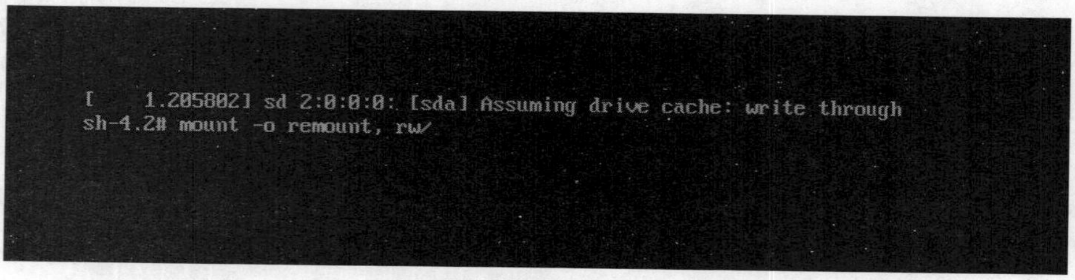

图 10.13 对根系统拥有写的操作权限

（5）在新一行最后输入 passwd，完成后按 Enter 键。输入密码，然后再次确认密码即可

（密码长度最好 8 位以上，但不是必需的），密码修改成功后，会显示 passwd...的样式，说明密码修改成功，如图 10.14 所示。

图 10.14 密码修改成功

（6）在光标闪烁的位置（最后一行）输入 touch /.autorelabel（touch 与/后面有一个空格），完成后按 Enter 键。

（7）继续在光标闪烁的位置输入 exec / sbin/ init（exec 与/后面有一个空格），完成后按 Enter 键，等待系统自动修改密码（这个过程时间可能有点长，耐心等待，不要随意单击界面），完成后系统会自动重启，新的密码生效了。

任务 10.2 启动文件的救援

对不同文件进行修复，操作方式也不同。如果是 EXT 文件系统，可以直接进行检查修复操作，如果是 XFS 系统则需要卸载文件系统检查或修复，如图 10.15 和图 10.16 所示。

图 10.15 df 命令查看硬盘使用情况

图 10.16 EXT4 的显示结果

10.4 习题

简答题

1. 简述救援模式的作用。
2. 简述单用户模式常用的启动方法。
3. 简述 Linux 系统中,单用户模式与救援模式的区别。

拓展阅读　中国又创世界第一,光量子计算原型机"九章二号"研制成功[1]

我国中国科学技术大学的科研人员,与中科院上海微系统与信息技术研究所,以及国家并行计算机工程技术研究院中心,共同合作研制出了 113 个光子 114 模式的量子计算机"九章二号"。

中国研制"九章二号"量子计算机,比超算快亿亿亿倍。它在技术上,主要有三个重大突破。第一,提高了量子光源的生产率、品质、收集效率,光源关键指标提升到 92%。第二,光子量子干涉路线维度增加了,从原来的 100 增加到 144,这样操纵光子数也跟着从 76 个增加到 113 个。第三,加入了可编程功能。因此"九章二号"一经问世,它的算力就非常强悍。具体强悍到什么程度呢?"九章二号"计算高斯玻色取样问题的速度,比全球最快的超级计算机可以快上 10^{24} 倍,也就是亿亿亿倍。

要知道玻色取样问题,在量子世界一直被称为"高尔顿板",我们可以理解为,极限。而如此难的题,"九章二号"却能在 1ms 内计算完成,而全世界最快的超算,解答这个问题却需要 30 万亿年。

可想而知,"九章二号"实力得有多么强悍,因此"九章二号"一经问世,就成了量子计算机界的天花板,更是为我国创下了又一个世界第一。

---

[1] 网易. 中国又创世界第一,"九章二号"量子计算机,比超算快亿亿亿倍. https://www.163.com/dy/article/GNF1029105421MW9.html.

参 考 文 献

[1] 崔升广. Ubuntu Linux 操作系统项目教程（微课版）[M]. 北京：人民邮电出版社，2022.

[2] 黑马程序员. Linux 系统管理与自动化运维[M]. 北京：清华大学出版社，2018.

[3] 梁建武. Linux 基础及应用教程[M]. 2 版. 北京：中国水利水电出版社，2017.

[4] 张运嵩. Linux 操作系统基础项目教程（CentOS 7.6）（微课版）[M]. 北京：人民邮电出版社，2021.

[5] 莫裕清. Linux 网络操作系统应用基础教程（RHEL 版）[M]. 北京：人民邮电出版社，2017.

[6] 于德海. Linux 操作系统实用教程[M]. 北京：人民邮电出版社，2016.

[7] 张平. Ubuntu Linux 操作系统案例教程[M]. 北京：人民邮电出版社，2021.

读书笔记